高等职业教育"新资源、新智造"系列精品教材

电工电子应用技术
（第2版）

陈祖新　主　编

周福平　游家发　副主编

何　琼　主　审

杨玲玲　冉　捷　万　文　参　编

电子工业出版社
Publishing House of Electronics Industry
北京·BEIJING

内 容 简 介

本书分两个模块，共 15 章。模块一为电工技术部分（第 1～7 章），具体包括第 1 章直流电路、第 2 章正弦交流电路、第 3 章三相交流电路、第 4 章磁路与变压器、第 5 章电路的暂态过程、第 6 章三相异步电动机及其控制和第 7 章供配电与安全用电；模块二为电子技术部分（第 8～15 章），具体包括第 8 章半导体器件、第 9 章放大电路及集成运算放大器、第 10 章直流稳压电源、第 11 章数字电路基础、第 12 章组合逻辑电路、第 13 章时序逻辑电路、第 14 章脉冲波形的产生和整形和第 15 章 D/A、A/D 转换电路。

本书可作为高职院校机电一体化、电气自动化、工业网络及机械自动化等相关专业电工电子应用技术课程的教学用书，也可供相关工程技术人员参考使用。

图书在版编目（CIP）数据

电工电子应用技术 / 陈祖新主编. —2 版. —北京：电子工业出版社，2021.11

ISBN 978-7-121-42261-4

Ⅰ．①电… Ⅱ．①陈… Ⅲ．①电工技术－高等学校－教材②电子技术－高等学校－教材 Ⅳ．①TM②TN

中国版本图书馆 CIP 数据核字（2021）第 215582 号

责任编辑：王昭松　　　　　　特约编辑：田学清
印　　　刷：大厂聚鑫印刷有限责任公司
装　　　订：大厂聚鑫印刷有限责任公司
出版发行：电子工业出版社
　　　　　北京市海淀区万寿路 173 信箱　　　邮编：100036
开　　本：787×1092　　1/16　　印张：19.25　　字数：543 千字
版　　次：2014 年 9 月第 1 版
　　　　　2021 年 11 月第 2 版
印　　次：2021 年 11 月第 1 次印刷
定　　价：58.00 元

随着科技的不断发展及各学科之间的相互渗透，电工电子应用技术课程覆盖面广、实践性强的特点越发突出，使其成为工科专业不可或缺的技术基础课程之一。

本书将当前高职教改理念和教材建设要求相结合，按照高职电工电子应用技术课程标准的要求，吸收了该课程教学改革的宝贵经验，将编写人员多年从事电工电子应用技术课程教学工作的实践经验与企业需求相结合，基于职业能力培养的要求确定教材内容，以职业能力为导向，以学生为主体，以基本理论教学"必需、够用"为原则，突出实践技能教学的地位，全面培养学生的工程思维和工程应用能力。

本书的主要特点如下。

（1）针对电工电子应用技术课程特点，全书以元件、器件的特性为基础，以电路的基础分析为主线，以工具、仪器及仪表的使用为手段，以电气及集成芯片的应用为目的，以职业技能培养为最终目标，将知识、技能、应用和工程素养有机地融为一体。

（2）针对高职学生的特点，从工程思维角度出发，对基本理论和思维方法的讲述力求简单、易于理解，较多地采用定性分析，弱化定量分析，在保证学生掌握必备的专业基础知识的基础上，突出基本技能和工程应用能力的培养。

（3）围绕培养学生职业技能这一宗旨，采用"基于工作过程"的编排结构，整合教学内容，强化理论联系实际。全书所选用的案例结合了当前电工电子应用技术领域的新技术、新工艺和新成果，力求做到与时俱进、新颖实用。

（4）考虑到电类工科专业教学需求的多样性，设置了带"*"号的章节作为选学内容，本书还增加了 Multisim 仿真实验内容，供授课老师根据实际教学需要选择授课内容及仿真内容。

（5）本次修订，增加了立体化教学资源，如微课（5 个）、微视频（30 个）等，学生在自主学习时可以扫描书中二维码观看相关视频，从而消化理解课程内容。

本书由武汉软件工程职业学院的陈祖新任主编，周福平和游家发任副主编，何琼任主审。本书第 1 章和第 5 章由杨玲玲编写；第 2 章和第 3 章由万文编写；第 4 章和第 6 章由冉捷编写；第 7、第 10、第 13 章及附录由陈祖新编写；第 8、第 11 和第 15 章由周福平编写；第 9、第 12 和第 14 章由游家发编写。此外，课程视频录制由陈祖新、周福平、游家发、杨玲玲完成；微课制作由汪洋、万文完成；本书的仿真实验内容由陈祖新和游家发编写；金婷参与了部分绘图工作。全书由何琼教授负责审稿，何琼教授给本书提出了许多具体和宝贵的意见，在此表示衷心的感谢。

由于时间仓促，编者水平有限，书中难免有不妥之处，欢迎广大读者予以批评、指正，以便后续不断修正和提高，谨以致谢！

编　者

2021 年 8 月

模块一　电工技术部分

模块二　电子技术部分

模块一　电工技术部分

第1章

直流电路

知识目标

①了解电路的组成及模型；②掌握电路中独立电源元件的电路模型及其等效变换；③掌握分析电路的三个基本定律：欧姆定律、基尔霍夫电压定律和基尔霍夫电流定律，会熟练运用这些定律对电路进行分析；④掌握电阻的串联、并联及其等效变换，能对复杂电阻电路进行化简；⑤掌握支路电流法、叠加原理、戴维南定理这三种电路分析方法。

技能目标

①能熟练利用欧姆定律分析电路；②能熟练利用基尔霍夫电压定律和基尔霍夫电流定律分析电路；③能熟练对电阻的串并联电路进行等效变换；④能运用支路电流法、叠加原理和戴维南定理分析电路。

电子电气设备已经渗透到人类生产与生活的各个领域，尽管这些电子电气设备用途不同、性能各异，但几乎都由各种基本电路组成。因此，学习电路的基础知识、掌握分析电路的规律与方法，是进一步学习电机、电气和电子技术的基础。

本章首先介绍有关电路的基本概念与基本定律，包括电路模型及其参考方向、电路中的电源元件和电阻的连接、欧姆定律和基尔霍夫定律；然后介绍电路的分析方法和电路分析中常用的叠加原理、戴维南定理。虽然这些电路分析方法及有关定理是基于直流电路论述的，但对于后面将要介绍的正弦交流电路的分析与计算仍然适用。

1.1　电路模型与参考方向

1.1.1　电路与电路模型

1．电路的组成

微课：电路模型与参考方向

将某些电气设备或元器件按一定方式连接起来，构成电流的通路，这就是电路。电路一般由三部分组成：电源、中间环节、负载。电源是一种将非电能转换成电能的装置；中间环节负责传输、分配和控制电能；负载是消耗电能的设备，其作用是将电能转换为其他形式的能量。

实际电路种类繁多，其形式和结构各不相同。按电路的基本功能，电路可分为两大类：第一类是对信号进行变换、传输和处理的电路；第二类是对能量进行转换和传输的电路。

第一类典型电路如图 1.1 所示：语音或音乐信号经过话筒（又称传声器）变换为电信号，放大器将变换后的电信号放大后传递到扬声器，扬声器将电信号还原为语音或音乐。在此电路中，话筒是输入设备，将语音或音乐变换为电信号，是信号源。扬声器是接收和转换电信号的设备，是负载。因为话筒输出的电信号十分微弱，不足以直接驱动扬声器，需要将信号处理放大，所以需要使用放大器。放大器是中间环节，负责对电信号进行传递和处理。

第二类典型电路如图 1.2 所示：发电厂的发电机工作产生电能，经升压变压器升压传输到各变电站，经变电站的降压变压器降压后送到各用户，供电灯、电动机等电器使用。其中，产生电能的发电机是电源，消耗电能的电灯、电动机等是负载，变压传输线路是电路的中间环节。

图 1.1　扩音系统电路示意图

图 1.2　电力系统电路示意图

2．电路的模型

实际的电路一般由实际电子设备与电子连接设备组成，这些设备的电磁性质较复杂，不容易理解。如果将实际元件理想化，在一定条件下突出其主要电磁性质，忽略其次要电磁性质，这样的元件所组成的电路称为实际电路的电路模型（简称电路）。若不加说明，则本书中的电路均指电路模型。

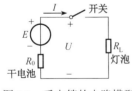

图 1.3　手电筒的电路模型

本书涉及的理想元件主要有电阻元件、电容元件、电感元件和电源元件，这些元件可用相应的参数和规定的图形符号表示。

以手电筒电路为例，实际手电筒电路由电池、筒体、筒体开关、小灯泡组成。将组成部件理想化：将电池视为内阻为 R_0 的理想电压源，忽略筒体电阻，筒体开关视为理想开关，将小灯泡视为阻值为 R_L 的负载电阻，则手电筒的电路模型如图 1.3 所示。

1.1.2　电路的基本物理量

1．电流强度

电流强度是表征电流强弱程度的物理量，定义为单位时间内流过某导体横截面的电荷量，用公式表示为

$$i = \frac{\mathrm{d}q}{\mathrm{d}t}$$

若通过导体横截面的电量不随时间变化，则电流为恒定电流，简称为直流，用大写字母 I 表示。电流的单位是安培（A，简称"安"），实际应用中，还有微安（μA）、毫安（mA）、千安（kA）等，它们之间的关系为

$$1A = 10^6 \mu A = 10^3 mA = 10^{-3} kA$$

2．电位和电压

电荷在电场中的不同位置所具有的能量（位能）不同，将单位正电荷在电路中某一点所具有的电位能称为该点的电位。电流在外电路中由高电位点流向低电位点，且电路中各电位的高低是相对的。通常在分析电路时先选定一个参考点，认为参考点的电位为零。在图 1.4 所示电路中，a 点电位高于 b 点电位，b 点电位高于 c 点电位。

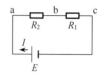

图 1.4 电位关系示意图

两点间的电压即这两点的电位差，若以 c 点为零电位参考点，则 b 点电位等于 b、c 两点间电压，a 点电位等于 a、c 两点间电压。

$$U_{bc} = U_b - U_c$$
$$U_{ac} = U_a - U_c$$

值得注意的是，对于不同的参考点，虽然各点的电位发生了变化，但任意两点间的电压没有变化。

电位和电压的单位都是伏特（V，简称"伏"），实际应用中，还有毫伏（mV）、千伏（kV）、兆伏（MV）等，它们之间的关系为

$$1V = 10^3 mV = 10^{-3} kV = 10^{-6} MV$$

3．电动势

电源的功能是把非电能转换成电能，供电路的负载使用。无论哪类电源，都必须由非电场力做功才能实现这一功能。电动势是衡量电源做功能力的物理量。把单位正电荷从低电位端经电源内部移动到高电位端，电源内部克服电场力所做的功，称为电源电动势，用 E 表示。

$$E_{ba} = \frac{W_{ab}}{Q}$$

电动势的单位也是伏特，与电压相同，但其物理意义与电压有本质的区别。前者表示电源内部做功的能力，后者表示电场力做功的能力；电动势的方向是由低电位点指向高电位点，而电压的方向是从高电位点指向低电位点。

1.1.3 电压和电流的方向

电流 I、电压 U 和电动势 E 是电路的基本物理量，并且均具有方向性。在进行电路分析时，首先需要确定电压和电流的方向（或称为极性），并在电路中标注，接着写出电路方程，最后进行正确分析并得出结果。

电压和电流的方向有实际方向和参考方向之分，需要加以区别。

1．电压和电流的实际方向

在外电场的作用下，带电粒子有规律地定向运动形成电流。电流 I 的实际方向习惯上规定为正电荷定向运动的方向。端电压 U 的方向规定为由高电位端（"+"极）指向低电位端（"−"极），即电位降低的方向。电源电动势 E 的方向规定为在电源内部由低电位端（"−"极）指向高电位端（"+"极），即电位升高的方向。在图 1.5 中，若电压的实际方向与图中标示方向一致，则正电荷运动的方向为从"+"端经过电阻 R_L 流向"−"端，即电流的实际方向如图 1.5 所示。

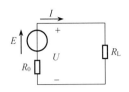

图 1.5 电压和电流的方向

2．电压和电流的参考方向

虽然实际电压、电流的方向是客观存在的，但是在分析计算某些电路时，有时难以直接判断其方向，因此，通常任意选定某一方向作为其参考方向。

确定电压、电流的参考方向是电路分析的第一步。只有参考方向选定后，电压、电流的值才有正、负。当实际方向与参考方向一致时为正，反之为负。图 1.6 表示了电流的实际方向与参考方向的关系，在规定的参考方向下，$I>0$ 表示实际方向与参考方向相同，$I<0$ 表示实际方向与参考方向相反。值得注意的是，电流用代数表示时，其绝对值表示电流的大小，正、负号表示电流实际方向与参考方向的关系。

图 1.6 电流的实际方向与参考方向的关系

电压参考方向和电流参考方向一样，也是任意指定的。分析电路时，假定某一方向是电位降低的方向（参考方向），若电压实际方向与参考方向一致，则电压为正（$U>0$）；若电压实际方向与参考方向相反，则电压为负（$U<0$）。图 1.7 表示了电压的实际方向与参考方向的关系。电压的正、负号仅表示电压实际方向与参考方向的关系。

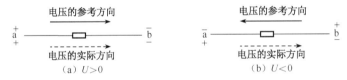

图 1.7 电压的实际方向与参考方向的关系

注：电压的方向也可以用双下标表示，如 a、b 两端间的电压为 U_{ab}，若 U_{ab}=5V，则说明实际 a 端电位比 b 端高 5V；若 U_{ab}=-5V，则说明实际 a 端电位比 b 端低 5V（b 端电位比 a 端高 5V）。

电路中所标注的电流、电压方向，通常均为参考方向，通过其符号可以判定实际电流、电压的方向。

对于一个电路元件，当它的电压和电流的参考方向一致时，通常称为关联参考方向，如图 1.8（a）所示；反之，当一个电路元件的电压和电流的参考方向相反时，则称为非关联参考方向，如图 1.8（b）所示。

图 1.8 关联与非关联参考方向

（a）关联参考方向　（b）非关联参考方向

【例 1.1】在图 1.9 中，已知 U_1=-4V，U_2=-2V，求 U_{ab}，并说明 a、b 哪点电位高？若取 c 点为零电位参考点，求 a、b 两点的电位。

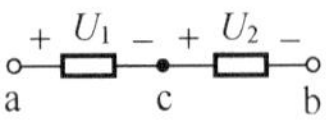

图 1.9 例 1.1 图

解：由图 1.9 可知

$$U_1 = U_{ac} = -4V$$
$$U_2 = U_{cb} = -2V$$

所以

$$U_{ab} = U_{ac} + U_{cb} = -4 + (-2) = -6（V）$$

由于 U_{ab} 为负值，所以 a 点电位比 b 点电位低 6V。

若 c 点为零电位参考点，即

$$U_c = 0$$

则由

$$U_{ac} = U_a - U_c$$

得 a 点电位

$$U_a = U_{ac} + U_c = -4\text{V}$$

同理得 b 点电位

$$U_b = U_c - U_{cb} = 0 - (-2) = 2 \text{（V）}$$

3. 电路中的功率

单位时间内电流所做的功称为电功率，用 P 表示。功率的单位是瓦特（W，简称"瓦"），较大功率的单位是千瓦（kW），它们之间的关系为

$$1\text{kW} = 10^3 \text{W}$$

当电压、电流为关联参考方向时

$$p = ui$$
$$P = UI$$

当电压、电流为非关联参考方向时

$$p = -ui$$
$$P = -UI$$

在关联参考方向情况下，若某元件或某网络的功率为正值，则表明该元件或该网络消耗功率；相反，若功率为负值，则表明该元件或该网络发出功率。

【例 1.2】如图 1.10 所示电路，已知 $U_S = 12\text{V}$，$I = 2\text{A}$，$U_2 = 8\text{V}$，$I_1 = -1\text{A}$，$I_2 = 1\text{A}$，$U_3 = -4\text{V}$。求各元件的功率，并说明是发出功率还是消耗功率。

解：对于电源，电压参考方向与电流参考方向非关联，故电源的功率

$$P_S = -U_S I = -12 \times 2 = -24 \text{（W）}$$

结果为负，故电源发出功率。

同理，可求其他元件的功率

$$P_{R1} = -U_2 I_1 = -8 \times (-1) = 8 \text{（W）}$$
$$P_{R2} = U_2 I_2 = 8 \times 1 = 8 \text{（W）}$$
$$P_{R3} = -U_3 I = -(-4) \times 2 = 8 \text{（W）}$$

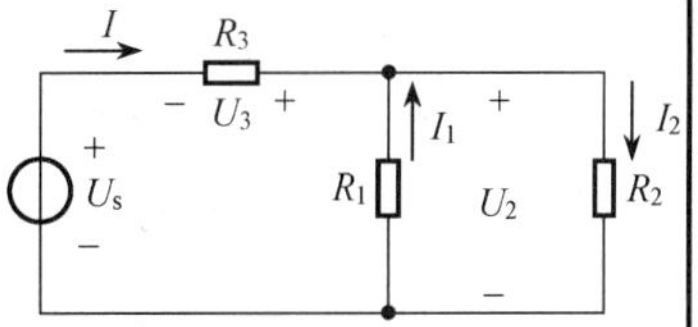

三个电阻都消耗功率。

$$\sum P = P_S + P_{R1} + P_{R2} + P_{R3} = -24 + 8 + 8 + 8 = 0 \text{（W）}$$

图 1.10 例 1.2 图

由上式可知，在电路中电源产生的功率和负载消耗的功率相等，两者是平衡的。

1.2 电路的电源元件

1.2.1 电压源与电流源

常用的电源是独立源，即电源能够独立给电路提供电压或电流，不受其他部分电压或电流的控制。实际应用的电源，按其外特性可分为电压源和电流源两种。

1．电压源

电压源可以用电动势 E 和其等效内阻 R_0 串联的电路模型来表示。其电路模型如图 1.11 所示。U_S 为电压源的恒定电压值，与电动势 E 大小相等，方向相反。

当电压源接外电路时，其两端电压（输出电压）U 与其输出电流 I 之间的关系可表示为

$$U = U_S - IR_0$$

由此可知，电压源的外特性曲线，即电压源的输出电压与输出电流之间的关系如图 1.12 所示。从电压源外特性曲线可以看出，电压源输出电压的大小与其内阻的阻值大小有关：理想电压源内阻为零，故输出电压恒为 E，与流过它的电流无关，电压源是恒压源；实际电压源内阻 R_0 越小，当输出电流变化时，输出电压变化就越小，电压源也就越稳定，当 $R_0 \ll R_L$ 时，可以认为是理想电压源。

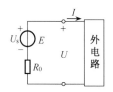

图 1.11　电压源电路模型

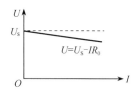

图 1.12　电压源的外特性曲线

【例 1.3】已知电源的开路电压 U_0 为 12V，其短路电流 I_S 为 30A，求电源的电动势 E 和内阻 R_0 各为多少？

解： 由题目知电源开路电压为

$$U_0 = 12\text{V}$$

由于电源短路时，短路电流

$$I_S = \frac{U_0}{R_0}$$

故电压内阻为

$$R_0 = \frac{U_0}{I_S} = \frac{12}{30} = 0.4（\Omega）$$

2．电流源

电流源可以用恒值电流 I_S 和内阻 R_0 相并联的电路模型来表示。其电路模型如图 1.13 所示。

当电流源与外电路相连时，电流源两端电压为 U，供给外电路的电流为 I，它们之间的关系为

$$I = I_S - \frac{U}{R_0}$$

由上式可知，电流源的外特性曲线，即电流源的输出电压 U 与输出电流 I 之间的关系如图 1.14 所示。从图中可以看出：理想电流源内阻 $R_0 = \infty$，输出电流 I 恒等于 I_S，电流源为恒流源；实际电流源内阻越大，输出电流越稳定，通常当 $R_0 \gg R_L$ 时，可近似视为恒流源。

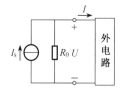

图 1.13　电流源电路模型

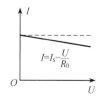

图 1.14　电流源的外特性曲线

1.2.2　电源的等效变换

实际电源的等效电路中，理想电压源与电阻的串联组合与理想电流源与电阻的并联组合可以相互变换。

图 1.15（a）所示电路为理想电压源 U_S 与电阻 R_0 的串联组合，它可以等效变换为理想电流源 I_S 与电阻 R_0 的并联组合，等效变换的条件为

$$I_S = \frac{U_S}{R_0}$$

变换后，电流源的方向应与电压源的方向保持一致，如图 1.15（b）所示，R_0 的值没有变化。

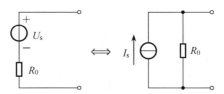

（a）理想电压源U_s与电阻R_0串联　　（b）理想电流源I_s与电阻R_0并联

图 1.15　电源的等效变换

同样，电流源也可以变换为电压源，变换条件为

$$U_S = I_S R_0$$

需要注意的是，上述两种电源电路的等效变换仅对外电路是等效的，而且只能在理想电压源与电阻的串联组合与理想电流源与电阻的并联组合之间进行，在单一的理想电压源同单一的理想电流源之间是不能够进行等效变换的。

【例 1.4】将图 1.16 所示的电源电路分别简化为电压源和电流源，其中 $R = 4\Omega$，$I_S = 5\text{A}$，$U_S = 3\text{V}$。

解：（1）简化为电压源。由电压源与电流源的等效关系，将电流源与 R 转化为恒压源 U_1 与内阻 R_1 的串联。

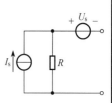

图 1.16　例 1.4 图

$$U_1 = I_S R = 5 \times 4 = 20（\text{V}）$$
$$R_1 = R = 4\Omega$$

其中，U_1 的方向为上正下负，如图 1.17（a）所示，U_1 与 U_S 串联，极性相反，故可化简为图 1.17（b）所示电路，其中等效恒压源 U_2 为

$$U_2 = U_1 - U_S = 20 - 3 = 17（\text{V}）$$

U_2 的方向为上正下负，如图 1.17（b）所示。

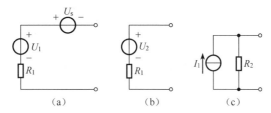

（a）　　　　（b）　　　　（c）

图 1.17　图 1.16 所示电路的等效电路

（2）简化为电流源。图 1.17（b）所示电压源可以等效为图 1.17（c）所示电流源，等效恒流源 I_1 的大小为

$$I_1 = \frac{U_2}{R_1} = \frac{17}{4} = 4.25 \text{（A）}$$

等效内阻 R_2 的大小为

$$R_2 = R_1 = 4\Omega$$

以上讨论的电源是独立电源，但要明确，在电子电路中，还有另外一种电源：电压源的输出电压（或电流源的输出电流）受电路中其他部分控制，这种电源称为受控电源。

1.3 分析电路的三个基本定律

1.3.1 欧姆定律

1. 欧姆定律的基本概念

电阻是构成电路的基本元件之一。流过电阻元件的电流与电阻元件两端的电压成正比，这就是欧姆定律。欧姆定律是电路分析中基本定律之一，用公式表示为

$$R = \frac{U}{I}$$

式中，R 为电阻元件的参数，简称电阻。由上式可见，如果电阻固定，则电流的大小与电压成正比；如果电压固定，电阻越大，则电流越小，电阻对电流起阻碍作用。

电阻的国际单位是欧姆（Ω）。当电路两端的电压为 1V 时，若流过的电流是 1A，则该段电路的电阻为 1Ω。电阻的单位还有千欧（$k\Omega$）、兆欧（$M\Omega$），它们之间的换算关系为

$$1k\Omega = 1000\Omega = 10^3\Omega$$

$$1M\Omega = 1000k\Omega = 10^6\Omega$$

在电路中，选取不同的电压、电流参考方向，欧姆定律具有不同的表达形式。当电压参考方向与电流参考方向一致时，如图 1.18（a）所示，欧姆定律的表示形式为

（a）　　　　　（b）

图 1.18　例 1.5 图

$$U = RI$$

在图 1.18（b）中，电压参考方向与电流参考方向不一致，此时欧姆定律的表示形式为

$$U = -RI$$

【例 1.5】在图 1.18 所示电路中，已知电流和电压的参考方向，试用欧姆定律求电阻的阻值 R，已知图 1.18（a）中，$U=10V$，$I=5mA$；图 1.18（b）中，$U=-10V$，$I=0.5A$。

解：（1）在图 1.18（a）中，电压 U 与电流 I 的参考方向相关联，欧姆定律的表达式为 $U = RI$，则电阻

$$R = \frac{U}{I} = \frac{10V}{5mA} = \frac{10V}{5 \times 10^{-3}A} = 2k\Omega$$

（2）在图 1.18（b）中，电压 U 与电流 I 的参考方向非关联，欧姆定律的表达式为 $U = -RI$，则电阻

$$R = -\frac{U}{I} = -\frac{-10V}{0.5A} = \frac{10V}{0.5A} = 20\Omega$$

此例中，图 1.18（a）和图 1.18（b）中 U 与 I 的实际方向都是一致的。

2．线性电阻及其伏安特性

线性电阻元件（简称电阻）定义为：在电压与电流关联参考方向下（图 1.19），任一时刻二端元件两端的电压和电流的关系服从欧姆定律，即

$$u = Ri$$

上式表明，电阻元件的电压和电流呈线性关系，R 称为线性电阻元件的电阻，单位为欧姆（Ω，简称"欧"）。导体的电阻越大，表示导体对电流的阻碍作用越强。不同的导体其电阻一般不同，电阻是导体本身的一种特性。

电阻的倒数称为线性电阻元件的电导，用 G 表示，即

$$G = 1/R$$

电导的单位是西门子（S，简称"西"），R、G 都是线性电阻元件的参数。

当用电导时，欧姆定律表示为

$$i = Gu$$

由于电压和电流的单位是伏特（V）和安培（A），因此电阻元件的特性称为伏安特性。在 u–i 平面上，一个线性电阻元件的伏安特性是通过坐标原点的一条直线，如图 1.20 所示，直线的斜率为 G，R 可由 G 的倒数求得。

图 1.19　线性电阻

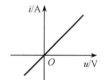

图 1.20　线性电阻的伏安特性

1.3.2　基尔霍夫电流定律

微课：基尔霍夫定律

基尔霍夫电流定律（Kirchhoff's Current Law，KCL）用于确定连接在同一节点上的各个支路电流之间的关系。可以从以下几个方面来理解。

1．支路

电路中的每个分支称为支路，一条支路流过同一个电流，称为支路电流。每条支路只流过一个电流，这是判别支路的基本方法。在图 1.21 所示的电路中，共有 3 个电流，因此有 3 条支路，分别为 acb、ab、adb，其中，acb、adb 两条支路中含有有源元件，称为有源支路；ab 支路不含有源元件，称为无源支路。

2．节点

电路中 3 条或 3 条以上的支路相连接的点称为节点。图 1.21 中节点 a 的示意图如图 1.22 所示。

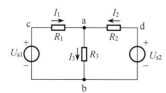

图 1.21　基尔霍夫电流定律

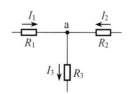

图 1.22　节点 a

3．基尔霍夫电流定律的含义

基尔霍夫电流定律也称节点电流定律，任一时刻在电路的任一节点上，所有支路电流的代数和恒等于 0。也就是说，对于电路中任一节点而言，任一时刻流入的电流之和必等于流出的电流之和，写成一般形式为

$$\sum I_\text{入} = \sum I_\text{出} \quad 或 \quad \sum I = 0$$

规定流出节点的电流前面取"+"号，流入节点的电流前面取"–"号。

对于图 1.22 所示的节点，流入该节点的电流之和应该等于由该节点流出的电流之和，即

$$I_1 + I_2 = I_3$$

上式可改写为如下形式

$$I_1 + I_2 - I_3 = 0 \quad （流入节点的电流取正号，流出节点的电流取负号）$$

4．基尔霍夫电流定律的推广

基尔霍夫电流定律通常应用于节点，但也可以应用于包围部分电路的任一假设的闭合面。任一时刻，通过任一闭合面的电流的代数和等于零，或者说任一时刻，流向某闭合面的电流之和等于由闭合面流出的电流之和。

在图 1.23 所示的电路中，闭合面包围的是一个三角形电路。从节点的定义出发，它有 a、b、c 三个节点，分别应用基尔霍夫电流定律有

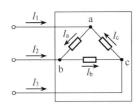

节点 a：$I_1 - I_a + I_c = 0$

节点 b：$I_2 + I_a - I_b = 0$

节点 c：$I_3 + I_b - I_c = 0$

将以上三式相加，可得

$$I_1 + I_2 + I_3 = 0$$

图 1.23　基尔霍夫电流定律的推广

由此可见，任一时刻，通过任一闭合面的电流的代数和恒等于零。

【例 1.6】在图 1.23 所示的节点示意图中，若 $I_1 = 2\text{A}$，$I_2 = -5\text{A}$，求 I_3 的值。

解：将闭合面看作一个整体，由基尔霍夫电流定律可知

$$I_1 + I_2 + I_3 = 0$$

代入 I_1 和 I_2 的值：

$$2 - 5 + I_3 = 0$$

得

$$I_3 = 3\text{A}$$

1.3.3　基尔霍夫电压定律

基尔霍夫电压定律（Kirchhoff's Voltage Law，KVL）也称回路电压定律，用于确定回路中各段电压间的关系。可以从以下几个方面来理解基尔霍夫电压定律。

1．回路

回路是一个闭合的电路。图 1.24 所示的电路中闭合路径 abcdefa 以及图 1.21 所示电路中闭合路径 abca、adba 都是回路。

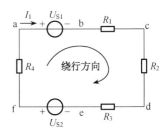

图 1.24　基尔霍夫电压定律

2．基尔霍夫电压定律的含义

在任一回路中，从任何一点以顺时针或逆时针方向沿回路循行一周，所有支路或元件电压的代数和等于零，这就是基尔霍夫电压定律的基本内容。也就是说，对于电路中任一回路而言，任一时刻沿回路绕行一周，回路中各电位升之和等于各电位降之和，写成一般形式为

$$\sum U_升 = \sum U_降 \text{ 或 } \sum U = 0$$

根据上式列方程解题，首先要确定回路的绕行方向。规定凡元件或支路的电压参考方向与绕行方向一致时，该电压取"+"号，反之取"−"号。

图 1.24 所示回路中，按顺时针方向可列出方程

$$U_{ab} + U_{bc} + U_{cd} + U_{de} + U_{ef} + U_{fa} = 0$$

代入电流、电阻值为

$$U_{S1} + R_1 I_1 + R_2 I_1 + R_3 I_1 - U_{S2} + R_4 I_1 = 0$$

上式可改写为

$$U_{S2} - U_{S1} = R_1 I_1 + R_2 I_1 + R_3 I_1 + R_4 I_1$$

写成一般形式为

$$\sum U_S = \sum (RI)$$

该式表明，对于电阻电路来说，基尔霍夫电压定律的另一种表述是：任一时刻在任意闭合电路中，所有电阻电压的代数和等于所有电压源电压的代数和。根据上式列方程解题时，若流过电阻的电流参考方向与绕行方向一致，则该电阻电压前面取"+"号，反之取"−"号。

3．基尔霍夫电压定律的推广

基尔霍夫电压定律不仅适用于闭合回路，还可以推广应用到回路的部分电路，用于求回路中的开路电压。例如，对图 1.25 所示的电路，求 U_{AB}。

可以想象 A、B 两点间存在一个如图 1.25 所示方向的回路，由基尔霍夫电压定律可知

$$U_{AB} = U_A - U_B$$

此即基尔霍夫电压定律的推广应用。

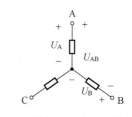

图 1.25　基尔霍夫电压定律的推广

【例 1.7】如图 1.26 所示电路中，各支路的元件是任意的，已知 $U_{ab} = 10V$，$U_{bc} = -6V$，$U_{da} = -5V$。求 U_{cd} 和 U_{ca}。

解：在 abcda 回路中，根据基尔霍夫电压定律可知

$$U_{ab} + U_{bc} + U_{cd} + U_{da} = 0$$

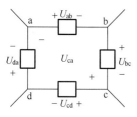

图 1.26　例 1.7 图

由上式得

$$U_{cd} = -U_{ab} - U_{bc} - U_{da} = -10 - (-6) - (-5) = 1 \text{（V）}$$

若 abca 不是闭合回路，则根据基尔霍夫电压定律可知

$$U_{ab} + U_{bc} + U_{ca} = 0$$

得

$$U_{ca} = -10 - (-6) = -4 \text{（V）}$$

1.4　电阻的连接及其等效变换

对于复杂电路，纯粹用基尔霍夫定律进行分析过于困难。因此，需要根据电路元件的连接特点来寻找分析、计算电路的简便方法。电阻元件是构成电路的基本元件之一，电阻元件的连接方式主要有串联连接、并联连接、混联等。

1.4.1　二端网络和等效网络

图1.27　二端网络的一般符号

图1.27所示电路模型中，N对外只有两个端钮，这样的网络称为二端网络，其本质上是只有两个外部接线端的电路块。每个二端元件就是一个二端网络的最简单形式。图1.27中U为端口电压，I为端口电流，U、I的参考方向对二端网络而言为关联参考方向。

一个二端网络的端口电压与电流的关系和另一个二端网络的端口电压与电流的关系相同时，这两个网络就称为等效网络。两个等效网络的内部结构虽然不同，但对外部而言，它们的影响是完全相同的。即等效网络互换后，它们的外部情况不变，故"等效"是指对外等效。

对于两个多端网络，如果对应各端口的电压与电流的关系相同，则它们是等效的。

1.4.2　电阻的串并联

1. 电阻的串联

如果电路中有两个或更多个电阻一个接一个地顺序相连，并且在这些电阻上通过同一电流，这样的连接方式称为电阻串联。图1.28（a）所示电路为n个电阻相串联。

由基尔霍夫电压定律可知

$$U = U_1 + U_2 + \cdots + U_n = IR_1 + IR_2 + \cdots + IR_n = I(R_1 + R_2 + \cdots + R_n)$$

当图1.28（b）中的电阻R满足$R = R_1 + R_2 + \cdots + R_n$时，图1.28（a）所示二端网络可以用图1.28（b）所示二端网络等效，因为两个二端网络对外的伏安特性是一致的。

2. 电阻的并联

如果电路中有两个或更多个电阻连接在两个公共的节点之间，每个电阻的两端电压都相同，这样的连接方式称为电阻并联。图1.29（a）所示电路为n个电阻连接在两个公共节点之间，即n个电阻相并联。

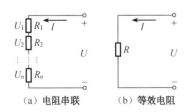

（a）电阻串联　　（b）等效电阻

图1.28　电阻的串联及其等效变换

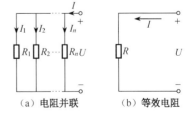

（a）电阻并联　　（b）等效电阻

图1.29　电阻的并联及其等效变换

由基尔霍夫电流定律可知

$$I = I_1 + I_2 + \cdots + I_n = \frac{U}{R_1} + \frac{U}{R_2} + \cdots + \frac{U}{R_n} = U\left(\frac{1}{R_1} + \frac{1}{R_2} + \cdots + \frac{1}{R_n}\right)$$

当图 1.29（b）中的电阻 R 满足 $\dfrac{1}{R}=\dfrac{1}{R_1}+\dfrac{1}{R_2}+\cdots+\dfrac{1}{R_n}$ 关系时，图 1.29（a）所示二端网络可

以用图 1.29（b）所示二端网络等效，因为两个二端网络对外的伏安特性是完全一致的。

1.4.3　电阻的混联

电路中既有电阻串联又有电阻并联，电阻的这种连接方式称为电阻的混联（也称复联），如图 1.30 所示。混联电阻也可简化为一个等效电阻。

【例 1.8】在图 1.30 所示电路中，已知 $R_1=R_2=8\Omega$，$R_3=R_4=R_5=6\Omega$，$R_6=3\Omega$，$R_7=7\Omega$。求 a、b 两端的等效电阻。

解： 先将图 1.30 所示电路整理变形为图 1.31 的形式。

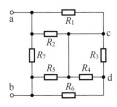

图 1.30　电阻的混联

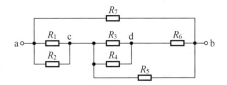

图 1.31　图 1.30 所示电路的变形

R_1 与 R_2 并联，故

$$R_{12}=\frac{1}{\dfrac{1}{R_1}+\dfrac{1}{R_2}}=\frac{1}{\dfrac{1}{8}+\dfrac{1}{8}}=4\ (\Omega)$$

同理，

$$R_{34}=\frac{1}{\dfrac{1}{R_3}+\dfrac{1}{R_4}}=\frac{1}{\dfrac{1}{6}+\dfrac{1}{6}}=3\ (\Omega)$$

$$R_{3456}=R_5 //(R_{34}+R_6)=3\ (\Omega)$$

a、b 两端的等效电阻大小为

$$R_{ab}=R_7 //(R_{12}+R_{3456})=3.5\ (\Omega)$$

【例 1.9】电路如图 1.32 所示，已知 $R_1=20\Omega$，$R_2=100\Omega$，$R_3=80\Omega$，$R_4=30\Omega$，$R_5=60\Omega$。

求：（1）a、b 两端的等效电阻；（2）c、d 两端的等效电阻。

解：（1）R_4 与 R_5 并联，电阻为

$$R_{45}=R_4 //R_5=\frac{30\times60}{30+60}=20\ (\Omega)$$

R_3 与 R_{45} 串联后与 R_2 并联，等效电阻为

$$R_{2345}=R_2 //(R_3+R_{45})=\frac{100\times(80+20)}{100+80+20}=50\ (\Omega)$$

a、b 两端的等效电阻为

$$R_{ab}=R_1+R_{2345}=20+50=70\ (\Omega)$$

（2）从 c、d 两端看，电路等效为如图 1.33 所示的形式。

$$R_{cd}=R_3 //\big[R_2+(R_4 //R_5)\big]=R_3 //(R_2+R_{45})=\frac{80\times(100+20)}{80+100+20}=48\ (\Omega)$$

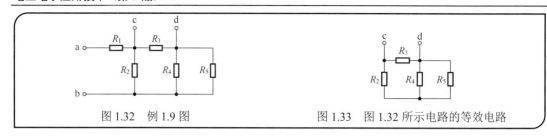

图 1.32　例 1.9 图　　　　　　　　图 1.33　图 1.32 所示电路的等效电路

1.5　电路分析的基本方法

对于复杂电路，仅用电阻的串并联等效也许仍无法进行分析。支路电流法、叠加原理和戴维南定理是常用的分析复杂电路的有效方法。

1.5.1　支路电流法

以支路电流作为未知量，在给定的电路结构、参数条件下，直接应用基尔霍夫电流定律（KCL）和基尔霍夫电压定律（KVL）分别对节点和回路列出求解电路参数所需要的方程组，通过求解方程组得出各支路电流，最终求出电路其他参数的分析方法即支路电流法。

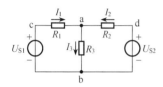

图 1.34　支路电流法分析电路

以图 1.34 所示电路为例介绍使用支路电流法分析电路的常规步骤。

（1）确定支路条数，选定各支路电流的参考方向。图 1.34 所示电路中共有 3 条支路，各支路电流的参考方向如图 1.34 所示。

（2）确定节点数 n，根据 KCL 列出（$n-1$）个节点电流方程。图 1.34 所示电路中共有两个节点（节点 a 和节点 b），根据 KCL 列出节点方程

$$I_1 + I_2 = I_3$$

（3）认定回路数 m，选定回路的绕行方向，根据 KVL 列出 $m-(n-1)$ 个回路电压方程。图 1.34 所示电路中共有 3 个回路（abca、abda、cadbc），选定任意两个回路及其参考方向如图 1.35 所示，应用 KVL 列出这两个回路方程

$$U_{S1} = I_1 R_1 + I_3 R_3$$
$$U_{S2} = I_2 R_2 + I_3 R_3$$

（4）联立方程组，求解各支路电流，整理结果。

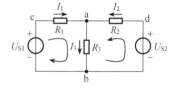

图 1.35　例 1.10 图

【例 1.10】在图 1.35 所示电路中，已知 U_{S1} =20V，U_{S2} =21V，R_1 =5Ω，R_2 =3Ω，R_3 =5Ω。求各支路电流 I_1、I_2、I_3。

解：应用 KCL 列出节点 a 的方程：

$$I_1 + I_2 = I_3$$

应用 KVL 列出图中两回路的方程：

$$U_{S1} = I_1 R_1 + I_3 R_3$$
$$U_{S2} = I_2 R_2 + I_3 R_3$$

代入数值，求解上述三个方程得

$$I_1 = 1A$$
$$I_2 = 2A$$
$$I_3 = 3A$$

【例 1.11】电路如图 1.36 所示，已知 $U_{S1} = 6V$，$U_{S2} = 16V$，$I_S = 2A$，$R_1 = R_2 = R_3 = 2\Omega$。试求各支路电流 I_1、I_2、I_3、I_4、I_5。

解：根据 KCL 分别列出节点 a、b、c 的电流方程为

$$I_1 = I_2 + I_4$$
$$I_1 + I_3 + I_5 = 0$$
$$I_5 + I_2 + I_S = 0$$

根据 KVL 列出图示两回路的电压方程为

$$U_{S1} = I_1R_1 + I_2R_2$$
$$U_{S2} + I_1R_1 = I_3R_3$$

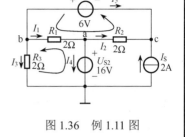

图 1.36　例 1.11 图

将已知量代入得

$$I_1 = I_2 + I_4$$
$$I_1 + I_3 + I_5 = 0$$
$$I_5 + I_2 + 2 = 0$$
$$6 = 2I_1 + 2I_2$$
$$16 + 2I_1 = 2I_3$$

解方程组，得各支路的电流分别为

$$I_1 = -1A \ ; \quad I_2 = 4A \ ; \quad I_3 = 7A \ ; \quad I_4 = -5A \ ; \quad I_5 = -6A$$

1.5.2　叠加原理

对于线性电路，任意一条支路的电流（或电压）都可看成由电路中各个电源（电压源或电流源）单独作用时分别在该支路所产生的电流（或电压）的代数和，这就是叠加原理。需要注意的是，当其中某一独立电源作用时，其余的独立电源应不作用（恒压源短路，恒流源开路）。

下面通过一个简单的例子来阐述叠加原理。

在图 1.37（a）所示电路中，假定要求支路电流 I_2，应用 KCL 和 KVL 可列出下列方程组

$$I_2 = I_1 + I_3$$
$$U_{S1} = I_1R_1 + I_2R_2$$
$$U_{S2} = I_3R_3 + I_2R_2$$

微课：叠加原理

解上述方程组，可得

$$I_2 = \frac{U_{S1} - I_2R_2}{R_1} + \frac{U_{S2} - I_2R_2}{R_3}$$

解得

$$I_2 = \frac{R_3}{R_1R_2 + R_1R_3 + R_2R_3}U_{S1} + \frac{R_1}{R_1R_2 + R_1R_3 + R_2R_3}U_{S2}$$

图 1.37　叠加原理电路示意图

电源 U_{S1} 单独作用（U_{S2} 短路）时的电路如图 1.37（b）所示，列方程组，解得

$$I_2' = \frac{R_3}{R_1R_2 + R_1R_3 + R_2R_3} \cdot U_{S1}$$

电源 U_{S2} 单独作用（U_{S1} 短路）时的电路如图 1.37（c）所示，列方程组，解得

$$I_2'' = \frac{R_1}{R_1R_2 + R_1R_3 + R_2R_3} \cdot U_{S2}$$

由此可知，I_2 为 I_2'、I_2'' 两部分的代数和，这便是叠加原理的含义。

从数学的角度，叠加原理就是线性方程的可加性，是分析计算线性问题的普遍原理。用叠加原理求解电路，可将多电源电路化为几个单电源电路，解题步骤如下。

（1）分析电路，选取一个电源，将电路中其他电流源开路、电压源短路，画出相应电路图，并根据电源从正到负的方向设定待求支路的参考电压或参考电流方向。

（2）重复步骤（1），对其余（$n-1$）个电源画出（$n-1$）个电路。

（3）分别对 n 个电源单独作用时的 n 个电路计算待求支路的电压或电流。

（4）应用叠加原理计算最终结果。

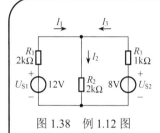

图 1.38　例 1.12 图

【例 1.12】试用叠加原理计算图 1.38 所示电路中的电流 I_2，电路参数已在图中给出。

解： 电源 U_{S1} 单独作用（U_{S2} 短路）时的电路如图 1.39（b）所示，此时流过电阻 R_2 的电流为

$$I_2' = \frac{R_3}{R_1R_2 + R_1R_3 + R_2R_3} \cdot U_{S1} = \frac{1}{2\times2 + 2\times1 + 2\times1} \times 12 = 1.5（A）$$

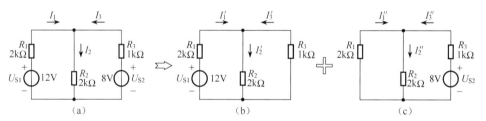

图 1.39　图 1.38 所示电路的叠加电路

电源 U_{S2} 单独作用（U_{S1} 短路）时的电路如图 1.39（c）所示，此时流过电阻 R_2 的电流为

$$I_2'' = \frac{R_1}{R_1R_2 + R_1R_3 + R_2R_3} \cdot U_{S2} = \frac{2}{2\times2 + 2\times1 + 2\times1} \times 8 = 2（A）$$

应用叠加原理，可得流过 R_2 的电流：

$$I_2 = I_2' + I_2'' = 1.5 + 2 = 3.5（A）$$

【例 1.13】电路如图 1.40 所示，已知 $U_S = 12V$，$I_S = 6A$，$R_1 = R_3 = 1\Omega$，$R_2 = R_4 = 2\Omega$。试求流过 R_4 支路的电流 I_4。

解： 利用叠加原理，图 1.40 所示电路可以视为图 1.41（a）所示电路和图 1.41（b）所示电路的叠加。

分析图 1.41（a）所示电路，当恒流源不接入电路（开路）时，电阻 R_4 上流过的电流为

$$I_4' = \frac{U_S}{R_3 + R_4}$$

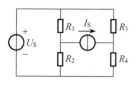
图 1.40　例 1.13 图

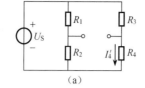
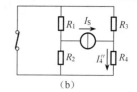
图 1.41　图 1.40 所示电路的叠加电路

将数值代入上式并计算得

$$I_4' = 4\text{A}$$

同理，分析图 1.41（b）所示电路，当恒压源不接入电路（短路）时，电阻 R_4 上流过的电流为

$$I_4'' = \frac{R_3}{R_3 + R_4} I_S = \frac{1}{1+2} \times 6 = 2\ (\text{A})$$

故流过电阻 R_4 的实际电流为

$$I_4 = I_4' + I_4'' = 4 + 2 = 6\ (\text{A})$$

1.5.3　戴维南定理

在某些情况下，只需要求出复杂电路中某一支路的电流，应用前面介绍的方法虽然能够求解，但可能过程非常复杂。为使计算简便，可以将待求电流或电压的支路画出，将其余部分看作一个有源二端网络，如图 1.42（a）所示。有源二端网络是指内含电源的二端网络。

戴维南（Thevenin）定理指出：任何一个有源二端线性网络都可以用一个理想电压源 U_0 和一个内阻 R_0 串联来替换，如图 1.42（b）所示，其中 U_0 等于有源二端线性网络的开路电压，R_0 等于有源二端线性网络除去独立源后（恒压源短路、恒流源开路）在其端口 a、b 间的等效电阻。

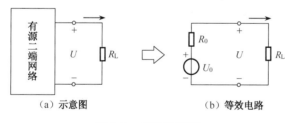

（a）示意图　　　　　　（b）等效电路

图 1.42　戴维南定理

对于复杂电路中某个支路的电流求解，用戴维南定理通常比较简单，常用的解题步骤如下。

微课：戴维南定理

（1）假定待求支路的参考电压或电流方向（通常取关联参考方向）。

（2）将待求支路开路，画出电路图，求出开路电压 U_0。

（3）除去有源二端网络中的所有独立源（恒压源短路、恒流源开路），求出无源二端网络两端之间的等效电阻 R_0；

（4）画出戴维南等效电路，求支路电流 I，计算最终结果。

应用戴维南定理的关键是正确求取有源二端网络的开路电压和除去独立源后的等效电阻。等效电阻可用下列方法之一求出。

（1）将有源二端网络除去独立源后，利用电阻串、并联的分析方法简化得到 R_0。

（2）在除去独立源后的端口处外加一个电压 U，求端口流出的电流 I，则等效电阻为

$$R_0 = \frac{U}{I}$$

（3）因为电压源的短路电流为

$$I_{SC} = \frac{U_0}{R_0}$$

所以有

$$R_0 = \frac{U_0}{I_{SC}}$$

【例 1.14】 在图 1.43 所示的桥式电路中，设 $U_S = 15V$，$R_1 = 2\Omega$，$R_2 = 3\Omega$，$R_3 = 9\Omega$，$R_4 = 6\Omega$，中间支路是一个检流计，其电阻 $R_g = 10.2\Omega$。试用戴维南定理求检流计中的电流 I_g。

解：（1）待求支路为 ab，假设参考电流方向向下，将图 1.43 所示电路中的 ab 支路开路，画出电路图，如图 1.44（a）所示。

（2）求 U_0。对图 1.44（a）所示电路，求支路电流 I_{12} 和 I_{34}，有

$$I_{12} = \frac{U_S}{R_1 + R_2} = \frac{15}{2+3} = 3 \text{（A）}$$

$$I_{34} = \frac{U_S}{R_3 + R_4} = \frac{15}{9+6} = 1 \text{（A）}$$

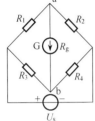

图 1.43 例 1.14 图

对电阻 R_2、R_4 应用 KVL，可得 a、b 间开路电压为

$$U_0 = R_2 I_{12} - R_4 I_{34} = 3 \times 3 - 6 \times 1 = 3 \text{（V）}$$

（3）求等效电阻 R_0。将恒压源 U_S 除去（短路），电路如图 1.44（b）所示，则 a、b 间的等效电阻为

$$R_0 = R_{ab} = (R_1 // R_2) + (R_3 // R_4) = \frac{2 \times 3}{2+3} + \frac{9 \times 6}{9+6} = 4.8 \text{（}\Omega\text{）}$$

（4）画出戴维南等效电路，如图 1.44（c）所示，求 I_g。

$$I_g = \frac{U_0}{R_0 + R_g} = \frac{3}{4.8 + 10.2} = 0.2 \text{（A）}$$

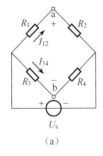
（a）

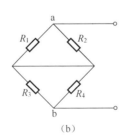
（b）

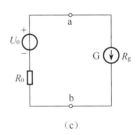
（c）

图 1.44 等效电路

【例 1.15】 电路如图 1.45 所示，用戴维南定理求电阻 R 中流过的电流 I，已知 $R = 2.5k\Omega$。

解： 将原电路图转换为图 1.46 所示电路，选取零电位参考点。

（1）待求支路为 ab，假设参考电流的方向如图 1.46 所示。将 a、b 两点间开路，如图 1.47 所示，求 U_{ab}。即用节点电压法求 a、b 两点间开路时 a、b 两点间的电压。

利用 KVL 列方程求节点 a 的电位，有

$$15\text{V}+12\text{V}=I_1R_1+I_2R_2$$

解得

$$I_1=I_2=3\text{A}$$

故

$$U_\text{a}=I_2R_2-12\text{V}=6\text{V}$$

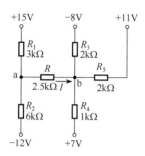

图 1.45 例 1.15 图

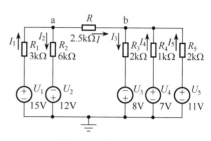

图 1.46 等效电路

用 KCL 列方程求节点 b 的电位，由 $I_4+I_5=I_3$ 得

$$\frac{U_4-U_\text{b}}{R_4}+\frac{U_5-U_\text{b}}{R_5}=\frac{U_3+U_\text{b}}{R_3}$$

代入数值

$$\frac{7-U_\text{b}}{1000}+\frac{11-U_\text{b}}{2000}=\frac{8+U_\text{b}}{2000}$$

求解得

$$U_\text{b}=4.25\text{V}$$

故

$$U_\text{ab}=U_\text{a}-U_\text{b}=1.75\text{V}$$

（2）求等效电源的内阻 R_0。将图 1.47 中所有的恒压源去掉（短路），则电路如图 1.48 所示。根据电阻的连接关系，可求得等效电源的内阻：

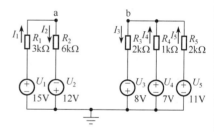

图 1.47 a、b 开路时的等效电路

$$R_0=(R_1//R_2)+(R_3//R_4//R_5)=\frac{3\times6}{3+6}+\frac{1}{\frac{1}{2}+1+\frac{1}{2}}=2.5\text{（k}\Omega\text{)}$$

（3）画出戴维南等效电路，如图 1.49 所示，求电阻 R 中的电流。

$$I=\frac{U_\text{ab}}{R_0+R}=\frac{1.75}{2500+2500}=0.35\times10^{-3}\text{（A）}=0.35\text{mA}$$

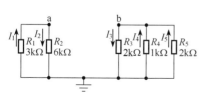

图 1.48 恒压源短路后的等效电路

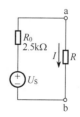

图 1.49 戴维南等效电路

1.6　Multisim 仿真实验：基尔霍夫定律验证

1．验证仿真原理图（见图 1.50）

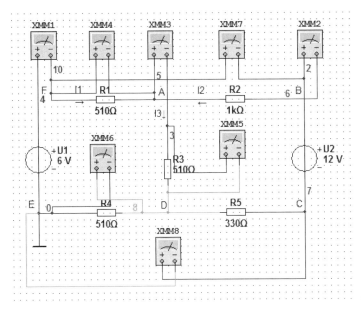

图 1.50　Multisim 电路图

2．验证基尔霍夫电流定律

（1）按图 1.50 连接仿真电路。

（2）将万用表 XMM1、XMM2、XMM3 调至直流电流挡，选择节点 A，按照已设定的参考方向分别测量三条支路 AF、AB、AD 的电流 I_1、I_2、I_3。

（3）将仿真数据填入表 1-1。

表 1-1　验证基尔霍夫电流定律

被 测 量	I_1/mA	I_2/mA	I_3/mA
测 量 值			
I_1、I_2、I_3 的关系			

3．验证基尔霍夫电压定律

（1）选择两个闭合回路 ADEFA 和 FBCEF。

（2）将万用表 XMM4、XMM5、XMM6、XMM7、XMM8 调至直流电压挡，按顺时针绕行方向测量各部分电压。

（3）将仿真数据填入表 1-2。

表 1-2　验证基尔霍夫电压定律

被 测 量	回路 ADEFA（顺时针绕行）				回路 FBCEF（顺时针绕行）			
	U_1/V	U_{FA}/V	U_{AD}/V	U_{DE}/V	U_{FB}/V	U_2/V	U_{CE}/V	U_1/V
测 量 值	-6					+12		-6
$\sum U =$								

本章小结

本章以直流电路为研究对象，介绍电路的基本概念、基本定律和一些分析方法。

（1）电路的基本概念包括电路的组成、电路模型、电压和电流的参考方向、电位的概念及其计算等。

① 电路模型：用理想电路元件组成的电路称为实际电路的电路模型。理想电路元件是指在一定条件下突出其主要的电磁性质，而忽略其次要因素的电路元件。

② 电压、电流的参考方向：在计算和分析电路时，必须任意选定某一方向为电压、电流的参考方向（或称正方向）。当选择的正方向与其实际方向一致时，电压或电流为正值；反之，则为负值。

注意：参考方向选定之后，电压、电流的正、负才有意义；在讨论某个元件的电压、电流关系时，常采用关联参考方向。

③ 电路中电位的概念：由于电路中某一点的电位是指由这一点到参考点的电压，所以电路中电位的计算与电压的计算并无本质区别。但要注意，电路中某一点的电位与参考点的选取有关，而电路中某两点之间的电压则与参考点无关。

（2）电路中的电源元件。运用电压源与电流源的等效变换可以简化电路的计算。电源模型等效变换的条件如图 1.51 所示。

（3）基尔霍夫定律适用于由各种不同元件构成的电路中任一瞬时任何波形的电压和电流的求解。

① 基尔霍夫电流定律（KCL），即 $\sum I = 0$，它反映了电路中某一节点各支路电流间互相制约的关系。KCL通常应用于节点，也可以推广应用到假设的封闭面。

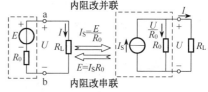

图 1.51　电源模型等效变换的条件

② 基尔霍夫电压定律（KVL），即 $\sum U = 0$，它反映了某一回路中各段电压间互相制约的关系。KVL 除应用于闭合回路外，也可以推广应用到假想的闭合回路。

（4）电阻元件及其串并联等效。理解电阻的串联关系和并联关系，运用串并联关系和等效电路对电阻电路进行等效化简。

（5）电路的分析方法。由于电路是由各种元件以一定的连接方式组成的，每个元件要遵循它两端的电压与电流的关系（伏安关系），而与节点相连的各条支路电流及回路中各部分电压分别受 KCL 和 KVL 的约束。因此，基尔霍夫定律和元件的伏安关系是分析电路的依据。

（6）分析电路的方法有支路电流法、叠加原理、戴维南定理等。在计算电路时选用哪一种方法应视要求解的问题及电路的具体结构和参数而定。

① 支路电流法。支路电流法以支路电流（或电压）为求解对象，直接应用 KCL 和 KVL列出所需方程组，而后解出各支路的电流（或电压）。它是计算复杂电路最基本的方法。但是，当电路中支路较多时，联立求解的方程也就较多，因此计算过程比较麻烦。只有当电路不是特别复杂又要求出所有支路电流（或电压）时，才采用支路电流法。

用支路电流法解题的步骤：确定支路数 m，假定各支路电流的参考方向；应用 KCL 对节点 a 列方程，对于有 n 个节点的电路，只能列出 $(n-1)$ 个独立的 KCL 方程；应用 KVL 列出余下的 $m-(n-1)$ 个方程；解方程组，求解出各支路电流。

② 叠加原理。在多个电源共同作用的线性电路中，某一支路的电压（或电流）等于每个

电源单独作用在该支路上所产生的电压（或电流）的代数和。

在应用叠加原理计算复杂电路的电压（或电流）时，由于每个电源单独作用在电路中，因此电路较为简单。但当原电路中电源数目较多时，计算就变得很烦琐。只有当电路的结构较为特殊时才采用叠加原理来求解电路的参数。

叠加原理的重要性不在于可用它计算复杂电路的电压（或电流），而在于它是分析线性电路的普遍原理。

③ 戴维南定理。任意有源二端线性网络 N 都可以用一个电压源与电阻串联的支路等效代替，其中，电压源的电动势等于有源二端网络的开路电压，串联电阻等于有源二端网络所有独立源都不作用时由端点看进去的等效电阻。戴维南定理是本章的重点之一，但不是难点。

戴维南定理把复杂的有源二端网络用一个恒压源与电阻串联的支路等效代替，从而使电路的分析得到简化。此法特别适用于只需求解复杂电路中某一支路的电流（或电压）的场合，尤其是这一支路的参数经常发生变化的情况。

运用戴维南定理时应注意：戴维南定理只适用于线性电路，但对网络外的电路没有任何限制；等效是对外部电路而言的。

自我评价

一、填空题

1. 电流所经过的路径称为_____，通常由_____、_____和_____三部分组成。

2. _____具有相对性，其大小、正负是相对于电路参考点而言的。

3. 对理想电压源而言，不允许_____路，但允许_____路。

4. _____定律体现了典型电路元件上电压、电流的约束关系，与电路的连接方式无关；_____定律反映了电路的整体规律，其中 KCL 体现了电路中任意节点上汇集的所有_____约束关系，KVL 体现了电路中任意回路上所有_____的约束关系，具有普遍性。

5. 实际电压源模型"20V，1Ω"等效为电流源模型时，其电流源 $I_S =$ _____，内阻 $R_0 =$ _____。

6. 图 1.52 所示电路中各电阻的阻值均为3Ω，则电路的等效电阻为_____。

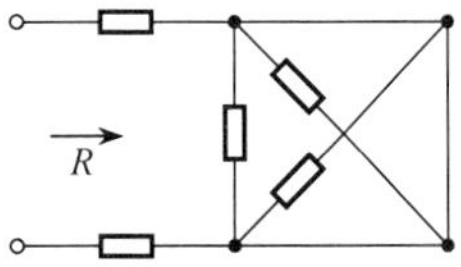

图 1.52　题 6 图

7. 以客观存在的支路电流为未知量，直接用_____定律和_____定律求解电路的方法，称为支路电流法。

8. 在多个电源共同作用的_____电路中，任一支路的电压（或电流）均可看成由各个电源单独作用下在该支路上所产生的电压（或电流）的叠加，称为_____。

9. 戴维南等效电路是指一个电阻和一个电压源的串联组合，其中，电阻等于原有源二端网络_____，电压源的电动势等于原有源二端网络_____。

10. 有一电源，当两端开路时，电源的端电压为10V，同6Ω的电阻连接时，端电压为9V，则电源电动势为_____V，内阻为_____Ω。

二、判断题

11. 电流由元件的低电位端流向高电位端的参考方向称为关联方向。　　　　　　（　　）

12. 电路分析中一个电流为负值，说明它小于零。　　　　　　　　　　　　　（　　）

13. 理想电压源输出的电压值恒定，输出的电流值由它本身和外电路共同决定；理想电流

源输出的电流值恒定，输出的电压值由它本身和外电路共同决定。　　　　（　　　）

14．理想电压源和理想电流源可以等效互换。　　　　　　　　　　　　　　（　　　）

15．电路中任意两个节点之间连接的电路统称为支路。　　　　　　　　　　（　　　）

16．应用基尔霍夫定律列写方程式时，可以不参照参考方向。　　　　　　　（　　　）

17．叠加定理只适用于直流电路的分析。　　　　　　　　　　　　　　　　（　　　）

18．回路电流是为了减少方程式数目而假想的绕回路流动的电流。　　　　　（　　　）

19．实际应用中，任何一个两孔插座对外都可视为一个有源二端网络。　　　（　　　）

三、选择题

20．当电路中电流的参考方向与电流的真实方向相反时，该电流（　　　）。

    A．一定为正值　　　　　　B．一定为负值　　　　C．不能肯定是正值或负值

21．已知空间有 a、b 两点，电压 $U_{ab}=10\text{V}$，a 点电位为 $U_a=4\text{V}$，则 b 点电位 U_b 为（　　　）。

    A．6V　　　　　　　　　　B．-6V　　　　　　　　C．14V

22．当阻值为 R 的电阻上的 u、i 参考方向非关联时，欧姆定律表达式应为（　　　）。

    A．$u=Ri$　　　　　　　　B．$u=-Ri$　　　　　　C．$u=R|i|$

23．有两个电阻 R_1 和 R_2 串联，已知 $R_1=2R_2$，R_1 消耗的功率为 8W，则 R_2 消耗的功率为（　　　）。

    A．4W　　　　　　　　　　B．-4W　　　　　　　　C．8W

24．理想电压源和理想电流源间（　　　）。

    A．没有等效变换关系　　　B．有等效变换关系　　　C．在一定条件下可进行等效变换

25．电路如图 1.53 所示，下列说法正确的是（　　　）。

    A．2A 电流源实际发出的功率为 8W

    B．2A 电流源实际消耗的功率为 8W

    C．10V 电压源实际发出的功率为-20W

    D．10V 电压源实际消耗的功率为 20W

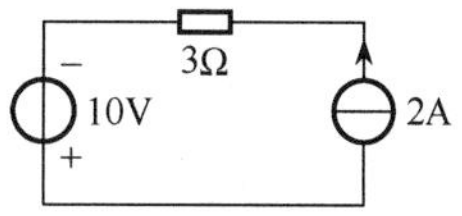

图 1.53　题 25 图

26．下列说法不正确的是（　　　）。

    A．理想电流源的输出电流始终是一个定值，与它两端的电压无关

    B．理想电压源和理想电流源之间不能进行等效变换

    C．叠加原理不仅可用于求各支路电流或电压，还可以用来计算功率

    D．由纯电阻组成的无源二端网络具有只消耗功率的单一特性

27．在图 1.54 所示电路中，$U_S=3\text{V}$，$I_S=2\text{A}$，则 U_{AB} 和 I 的值分别为（　　　）。

    A．3V，5A　　　　　　　　B．1V，5A　　　　　　　C．1V，2A

28．已知图 1.55 所示电路中电压 $U=4.5\text{V}$，则 R 的值为（　　　）。

    A．10Ω　　　　　　B．8Ω　　　　　　C．20Ω　　　　　　D．18Ω

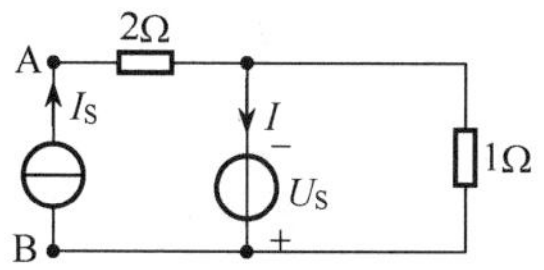

图 1.54　题 27 图

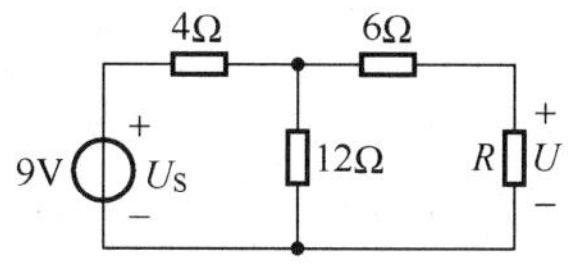

图 1.55　题 28 图

习题 1

1-1. 求图 1.56 所示电路中的 U_{ab}。

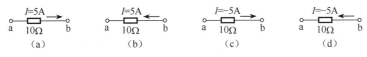

图 1.56　习题 1-1 图

1-2. 计算图 1.57 所示电路中电阻两端电压的 U 或流过电阻的电流 I。

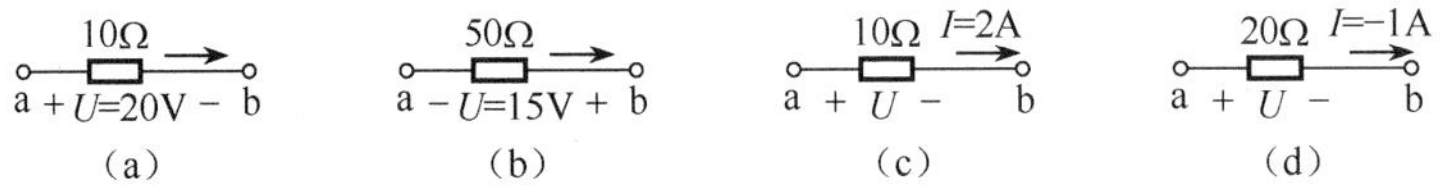

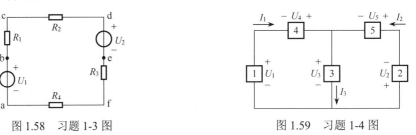

图 1.57　习题 1-2 图

1-3. 在图 1.58 所示电路中，已知 $U_1 = 36V$，$U_2 = 12V$，$R_1 = 3\Omega$，$R_2 = R_4 = 4\Omega$，$R_3 = 1\Omega$，（1）选 f 点为零电位参考点，计算 U_a、U_b、U_c、U_d、U_e 及 U_{be}；（2）选 d 点为零电位参考点，计算 U_a、U_b、U_c、U_d、U_e 及 U_{be}。

1-4. 图 1.59 中的方框代表电源或负载，各电流和电压的参考方向如图所示。经计算或实测得知：$I_1 = 4A$，$I_2 = -1A$，$I_3 = 3A$，$U_1 = 100V$，$U_2 = -80V$，$U_3 = 90V$，$U_4 = U_5 = -10V$。计算各方框的功率，并确定哪个方框是电源，哪个方框是负载，以及消耗功率与发出功率是否平衡。

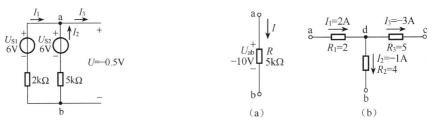

图 1.58　习题 1-3 图　　　　　　　图 1.59　习题 1-4 图

1-5. 在图 1.60 所示直流电源电路中，求电流 I_1、I_2、I_3。

1-6. 已知图 1.61 所示电路，求图（a）中的电流 I 和图（b）中的 U_{ab}、U_{bc}、U_{ca}。

图 1.60　习题 1-5 图　　　　　　　图 1.61　习题 1-6 图

1-7. 已知一电路如图 1.62 所示，求等效电阻 R_{ab}。

1-8. 已知一电路如图 1.63 所示，$R_1 = 4\Omega$，$R_2 = R_3 = 2\Omega$，$R_4 = R_5 = 8\Omega$，$U = 6V$，试求出 I、U_1。

1-9. 电路如图 1.64 所示，已知 $R_1 = 10\Omega$，$R_2 = 15\Omega$，$R_4 = 5\Omega$，如果 R_1 两端电压为 36V，试求 R_3。

1-10. 图 1.65 所示是一多量程伏特表的内部电路，已知表头电流为 $100\mu A$ 时满量程，其内

阻 $R_0 = 1\text{k}\Omega$ ，求表头所串联各电阻的值。

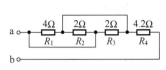

图 1.62　习题 1-7 图

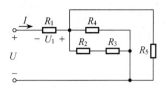

图 1.63　习题 1-8 图

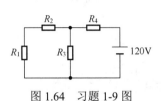

图 1.64　习题 1-9 图

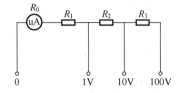

图 1.65　习题 1-10 图

1-11．电路如图 1.66 所示，已知 $R_1 = R_2 = R_3 = R_4 = R_5 = R_6 = R_7 = R_8 = 10\Omega$ ，且 $U_{ab} = 6.8\text{V}$ ，求各支路电流。

1-12．在图 1.67 所示电路中，已知 $I_a = 1\text{mA}$ ， $I_b = 10\text{mA}$ ， $I_c = 2\text{mA}$ ，试用 KCL 求电流 I_d 。

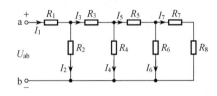

图 1.66　习题 1-11 图

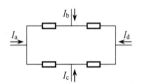

图 1.67　习题 1-12 图

1-13．求图 1.68 所示电路中节点 a、b、c 的电位 U_a 、 U_b 、 U_c 。

1-14．在图 1.69 所示电路中 $R_1 = 5\Omega$ ， $R_2 = 10\Omega$ ， $R_3 = 20\Omega$ ，试用支路电流法求各支路电流。

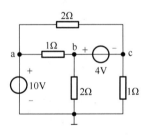

图 1.68　习题 1-13 图

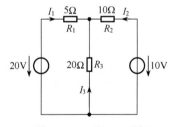

图 1.69　习题 1-14 图

1-15．在图 1.70 所示电路中，已知 $U_S = 20\text{V}$ ， $I_S = 1\text{A}$ ， $R_1 = 10\Omega$ ， $R_2 = 20\Omega$ ， $R_3 = 15\Omega$ 。求各支路电流及各电源的功率。

1-16．用叠加原理求图 1.71 所示电路中的电压 U_0 。

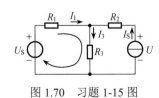

图 1.70　习题 1-15 图

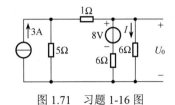

图 1.71　习题 1-16 图

1-17．用叠加原理求图 1.72 所示电路中的电流 I 和电压 U。

1-18．电路如图 1.73 所示，已知 $U_S = 1V$，$I_S = 1A$ 时，$U_0 = 0V$；$U_S = 10V$，$I_S = 0A$ 时，$U_0 = 1V$。试求当 $U_S = 0V$，$I_S = 10A$ 时，U_0 的值。

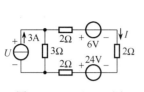

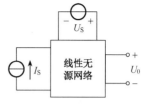

图 1.72　习题 1-17 图　　　　　　　　　图 1.73　习题 1-18 图

1-19．用戴维南定理求图 1.74 所示电路中流过 3Ω 电阻的电流。

1-20．电路如图 1.75 所示，已知 $U_{S1} = 40V$，$U_{S2} = 20V$，$R_1 = R_2 = 4\Omega$，$R_3 = 13\Omega$，试用戴维南定理求电流 I_3。

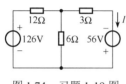

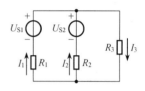

图 1.74　习题 1-19 图　　　　　　　　　图 1.75　习题 1-20 图

1-21．电路如图 1.76 所示，试用电压源与电流源等效变换的方法计算 2Ω 电阻中的电流。

1-22．求图 1.77 所示电路中流过 $\dfrac{2}{3}\Omega$ 电阻的电流 I。

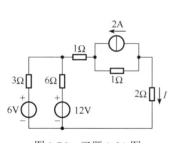

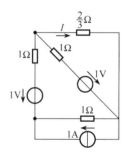

图 1.76　习题 1-21 图　　　　　　　　　图 1.77　习题 1-22 图

第 2 章

正弦交流电路

知识目标

①了解正弦交流电的基本概念及其相量表示方法；②理解并掌握基尔霍夫定律和元件的电压与电流关系的相量形式；③认识正弦交流电路中各种功率的概念；④会用相量法分析正弦交流电路。

技能目标

①能通过电压与电流的相位关系判断负载的类型；②能用相量图分析交流电路；③能正确选择提高电路功率因数的方法。

对比直流电路，正弦交流电路是激励信号的大小和方向都随时间按正弦规律变化的电路。人们所提的交流电路一般是指正弦稳态电路。

正弦交流电在产生、传输和应用上有很多优点，因而是目前世界上供电和用电的主要形式，广泛应用于电力工程、无线电技术和电磁测量等方面。

正弦交流电路中有电阻性、电感性和电容性三种负载元件，并且三种负载元件的性能差异很大，因此正弦交流电路的分析和计算要比直流电路复杂一些。

本章将介绍正弦交流电的基本概念、正弦量的三要素；引出相量表示法，用相量表示法对单一参数电路及 RLC 串联电路进行分析和计算；最后介绍电路的功率因数。

2.1 正弦交流电的三要素

2.1.1 正弦交流电简介

正弦交流电是指大小和方向都随时间按正弦规律周期变化的电流、电压、电动势的总称。因此，正弦交流电的电流、电压、电动势都可以用一个随时间变化的函数表示。这样的函数式被称为正弦交流电的瞬时表达式。例如，一个正弦交流电压可表示为

$$u(t) = U_{\mathrm{m}} \sin(\omega t + \phi_{\mathrm{u}}) \qquad (2.1)$$

它的波形可用图 2.1 表示。

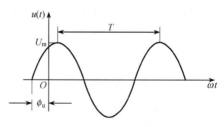

图 2.1 正弦交流电压波形图

2.1.2 正弦量的三要素

从式（2.1）可以看出，一个正弦量的特征可以由它的频率（或周期）、幅值和初相位来表示，这三个量称为正弦量的三要素或三特征量。同样，用正弦函数表示的正弦交流电，其特征也可以用三要素来表示。

微课：三要素及

相量表示法

1．频率与周期

正弦量的每个值在经过一定的时间后会重复出现，再次重复出现所需的最短时间间隔称为周期，即正弦量交变一次所需的时间。周期用 T 表示，单位为秒（s）。

每秒内重复出现的次数称为频率，用 f 表示，单位为赫兹（Hz）。

$$f = \frac{1}{T} \tag{2.2}$$

角频率 ω 表示在单位时间内正弦量所经历的角度。由于正弦量在时间上经过一整个周期时，刚好在角度上变化 2π 弧度，因此

$$\omega = \frac{2\pi}{T} = 2\pi f \tag{2.3}$$

角频率的单位为弧度/秒（rad/s）。角频率 ω 与频率 f 同样反映了正弦量变化的快慢，频率越高，角频率越大，正弦量变化得越快。例如，我国电力标准频率是 50Hz，又称为工频，它的周期为 0.02s，它的角频率为 314rad/s。显然，周期、频率和角频率都是用来表示正弦量变化快慢的物理量，它们相互之间的关系可以用式（2.2）和式（2.3）表示。注意，直流量可以看作频率为零。

画正弦波形时，横轴既可以以时间 t 为横坐标，也可以以角度 ωt 为横坐标。

2．幅值和有效值

正弦量在任意一个瞬间的值称为瞬时值，用小写字母表示，如 u、i 和 e 分别表示电压、电流和电动势的瞬时值。瞬时值中最大的值称为幅值或最大值（又称峰值），用带下标"m"的大写字母表示，如 U_m、I_m 和 E_m 分别表示电压、电流和电动势的幅值。幅值反映了正弦量变化幅度的大小，幅值越大，说明正弦量变化的幅度越大。

正弦量的大小随时间变化，正弦量的瞬时值并不能反映其在电路中的真实效果（如做功能力、发热的效果等），而交流电的幅值也不适宜用来表示交流电做功的效果。因此，常用有效值来表示交流电的大小。正弦交流电的有效值定义为：交流电流 i 通过阻值为 R 的电阻，在一个周期 T 内产生的热量如果与某直流电流 I 通过同一电阻、在相同时间内所产生的热量相等，则称此直流电流 I 的值是该交流电流 i 的有效值。可以看出，交流电的有效值是根据交流电的热效应来规定的，让交流电与直流电同时分别通过同样阻值的电阻，它们在同样的时间内产生的热量相等，即

$$\int_0^T i^2 R \mathrm{d}t = I^2 R T$$

那么，这个交流电流的有效值在数值上就等于这个直流电流的大小。

由上式可得交流电流 i 的有效值为

$$I = \sqrt{\frac{1}{T} \int_0^T i^2 R \mathrm{d}t}$$

对于正弦交流电流　　　　　　　　　$i(t) = I_m \sin \omega t$

因为

$$\int_0^T \sin^2 \omega t \mathrm{d}t = \int_0^T \frac{1-\cos \omega t}{2} \mathrm{d}t = \frac{T}{2}$$

所以

$$I = \sqrt{\frac{1}{T} I_m^2 \frac{T}{2}} = \frac{I_m}{\sqrt{2}} \tag{2.4}$$

同理，正弦电压的有效值为

$$U = \frac{U_m}{\sqrt{2}} \tag{2.5}$$

正弦交流电中，有效值 $= \dfrac{\text{幅值}}{\sqrt{2}}$。

习惯上规定，有效值都用大写字母表示。须特别注意，在做电路分析时，不同的大小写字母代表不同的含义，如 u、U_m、U 分别表示正弦电压的瞬时值、幅值和有效值。在交流电路中，通常所讲的正弦电压或电流都是指有效值。例如，交流电压 220V，其电压最大值即幅值为 $\sqrt{2} \times 220\mathrm{V} = 311\mathrm{V}$。注意，通常使用的交流电表（电压表、电流表）也是以有效值来作为刻度的。

> 【例 2.1】已知正弦电流 i 的幅值为 10A，试求该电流的有效值。
>
> **解：** $$I = \frac{I_m}{\sqrt{2}} = \frac{10}{\sqrt{2}} \mathrm{A} = 7.07\mathrm{A}$$
>
> 【例 2.2】现有耐压分别是 400V、500V 和 600V 的三个电容器，哪个电容器适合接在 380V 的电源上呢？
>
> **解：** 电源电压的最大值 $\quad U_m = \sqrt{2} U = \sqrt{2} \times 380\mathrm{V} = 537.3\mathrm{V}$
>
> 故应该选用耐压为 600V 的电容器。
>
> 电容器等元器件工作时都有一个使用电压限值（耐压值），超过此值会损坏设备。当这些元器件在交流电路中工作时，其耐压值须按交流电压的最大值进行考虑。

3．相位和初相位

在式（2.1）中，正弦符号后的 $(\omega t + \phi_u)$ 为正弦量随时间变化而变化的角度，称为相位。由于其单位是角度，所以又称为相位角（或相角）。相位表示正弦量在某一时刻所处的状态，不同的相位对应着不同的瞬时值。它不仅决定正弦量瞬时值的大小和方向，还能表示正弦量的变化趋势。

当 $t=0$ 时，相位为 $(\omega t + \phi_u) = \phi_u$，正弦量的初始值为

$$u(0) = U_m \sin \phi_u$$

这里，ϕ_u 反映了正弦电压初始时刻的状态，称为初相位，简称初相。它决定了正弦量在计时起点（$t=0$）时的大小。

这里的初相位 ϕ_u 和相位 $(\omega t + \phi_u)$ 用弧度作单位，工程上也常用度作单位。由于初相位和计时起点有关，而计时起点是可以任意规定的，所以初相位是一个任意数，可以为正，也可以为负，但一般规定，初相位的绝对值不超过 π，即 $|\phi_u| \leqslant \pi$，初相位在波形图上的表示如图 2.2 所示。

两个同频率的正弦量之间的相位之差等于初相位之差，称为相位差，与时间 t 无关。选取不同的计时起点，初相位 ϕ_1 和 ϕ_2 随之而改变，但二者之差却保持不变，在任何瞬间都是一个常数，用 φ 表示。

$$\varphi = (\omega t + \phi_1) - (\omega t + \phi_2) = \phi_1 - \phi_2 \tag{2.6}$$

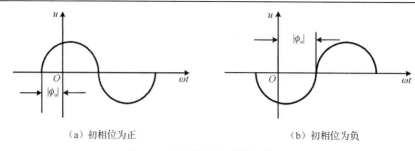

（a）初相位为正　　　　　　　　　　（b）初相位为负

图 2.2　初相位在波形图上的表示

所以，通常用相位差描述两个同频率的正弦量之间的相位关系。在正弦电路中，经常遇到同频率的正弦量，它们只在幅值及初相位上有所区别，如图 2.3 所示。

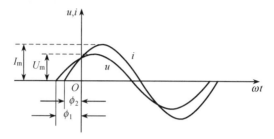

图 2.3　两个频率相同、初相位不同的电压和电流的波形图

这两个频率相同、幅值和初相位不同的正弦电压和电流分别表示为

$$u(t) = U_m \sin(\omega t + \phi_1)$$
$$i(t) = I_m \sin(\omega t + \phi_2)$$

初相位不同，表示它们随时间变化的步调不一致。例如，它们不能同时达到各自的最大值或零。图 2.3 中 $\phi_1 > \phi_2$，电压 u 比电流 i 先达到正的最大值，称为电压 u 比电流 i 超前（$\phi_1 - \phi_2$）角，或者称电流 i 比电压 u 滞后（$\phi_1 - \phi_2$）角。

这里的（$\phi_1 - \phi_2$）就是这两个正弦量的相位差。

若两个同频率的正弦量的相位差满足特定要求，则表示这两个正弦量具有特殊的相位关系，如图 2.4 所示。

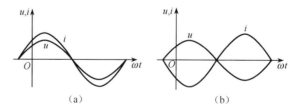

（a）　　　　　　　　　　　　　　　（b）

图 2.4　两个同频率正弦量的特殊相位关系

在图 2.4（a）中，$\varphi = \phi_u - \phi_i = 0°$，电压 u 和电流 i 同相位。在图 2.4（b）中，$\varphi = \phi_u - \phi_i = \pi$，电压 u 和电流 i 反相位。

需要注意的是，只有同频率的正弦量才能进行相位的比较，这是因为不同频率的正弦量的相位差不是一个常数，是随时间变化的函数，无法判断超前、滞后关系。

进行多个正弦量相位比较时，常任选一个正弦量为参考正弦量，即令其初相位为零，这时该电路中的其他正弦量的初相位也就确定下来，然后根据相位差确定各正弦量之间的相位关系。

分析交流电路时，应注意与直流电路进行比较。在交流电路中，各部分的电压、电流与交流电电源具有相同的频率，所以三要素中着重分析的是幅值和相位的问题。其中，正弦量的大小与直流电路的量值地位相当，而正弦量的相位、相位差则是直流电路中没有的概念，使交流电路出现新的物理现象，交流电路的复杂性和丰富性也表现在这里。

【例 2.3】已知电压 $u_A = 10\sqrt{2}\sin(\omega t - 30°)$ V 和 $u_B = 10\sin(\omega t + 60°)$ V，指出电压 u_A、u_B 的有效值、初相位、相位差，画出 u_A、u_B 的波形图。

解： $U_A = \dfrac{10\sqrt{2}}{\sqrt{2}}$V $= 10$V，$\phi_A = -30°$

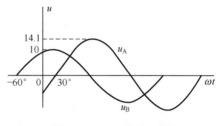

$U_B = \dfrac{10}{\sqrt{2}}$V $= 7.07$V，$\phi_B = 60°$

$\phi_A - \phi_B = -30° - 60° = -90°$

u_A、u_B 的波形如图 2.5 所示。

u_A、u_B 间的相位差等于初相位之差，与时间 t
无关，在任何瞬间都是一个定值。

图 2.5 u_A、u_B 的波形图

2.2 正弦交流电的相量表示法

如前所述，一个正弦量可以用三角函数和波形图表示，但是在分析正弦交流电流时，常会遇到同频率正弦量相加减的问题，这时若直接用正弦量的瞬时表达式或波形图来分析计算，计算过程相当烦琐。因此，工程中通常采用复数来表示正弦量，把正弦量的各种运算转换为复数的代数运算，从而使正弦量的分析与计算得以简化，将这种方法称为正弦量的相量表示法。

2.2.1 复数

复数及其运算是相量表示法的基础，下面对复数进行必要的复习。

1. 复数的表示形式

在复平面上的任意一点 A 对应着一个复数，如图 2.6 所示。复数 A 在实轴上的投影用 a 表示，称为复数的实部，单位是+1；复数 A 在虚轴上的投影用 b 表示，称为复数的虚部，单位用+j 表示（j$=\sqrt{-1}$）。这样得到复数 A 的代数式为

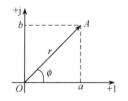

图 2.6 复数的矢量表示

$$A = a + jb \qquad (2.7)$$

复数在复平面上也可以用有向线段来表示。在图 2.6 中，把直线 OA 的长度记为 r，称作复数的模。把 OA 与实轴的夹角记作 ϕ，称为复数的辐角。于是式（2.7）又可表示成

$$A = a + jb = r\cos\phi + jr\sin\phi = r(\cos\phi + j\sin\phi)$$

上式称为复数 A 的三角函数形式。利用欧拉公式

$$e^{j\phi} = \cos\phi + j\sin\phi$$

上式可表示为

$$A = r\,e^{j\phi} \qquad (2.8)$$

式（2.8）称为复数 A 的指数形式。工程上又把此式记作

$$A = r\angle\phi \qquad (2.9)$$

式（2.9）称为复数 A 的极坐标形式。

2. 复数的四则运算

两个复数相加或相减就是将它们的实部和虚部分别相加和相减。

$$A_1 = a_1 + jb_1, \quad A_2 = a_2 + jb_2$$

则

$$A_1 \pm A_2 = (a_1 \pm a_2) + j(b_1 \pm b_2)$$

用复数的极坐标形式表示乘除运算比较方便。

$$A_1 = r_1 \angle \phi_1, \quad A_2 = r_2 \angle \phi_2$$

则

$$A_1 \cdot A_2 = r_1 \cdot r_2 \angle (\phi_1 + \phi_2)$$

$$\frac{A_1}{A_2} = \frac{r_1}{r_2} \angle (\phi_1 - \phi_2)$$

【例 2.4】 已知：$A=3+j4$，$B=10 \angle 36.9°$。求：$C=A+B$。

解： 将 B 从极坐标形式转换成复数形式

$$B = 10 \angle 36.9° = 10(\cos 36.9° + j\sin 36.9°) \approx 8 + j6$$

$$C = A+B = (3+j4) + (8+j6) = 11 + j10 \approx 14.86 \angle 42.27°$$

【例 2.5】 已知：$A=4-j3$，$B=6+j8$。求：$C=A/B$。

解： 将 A、B 从复数形式转换成极坐标形式

$$A = 4-j3 = 5 \angle -36.9°$$

$$B = 6+j8 = 10 \angle 53.1°$$

$$C = \frac{A}{B} = \frac{5 \angle -36.9°}{10 \angle 53.1°} = 0.5 \angle -90°$$

2.2.2　相量

任意一个正弦量都可以用旋转的有向线段表示，如图 2.7 所示。有向线段的长度表示正弦量的幅值；有向线段（初始位置）与横轴的夹角表示正弦量的初相位；有向线段旋转的角速度表示正弦量的角频率。正弦量的瞬时值由旋转的有向线段在纵轴上的投影表示。

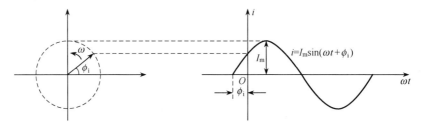

图 2.7　正弦量用旋转的有向线段表示

正弦量可以用旋转的有向线段表示，而有向线段可以用复数表示，因此正弦量可以用复数来表示，表示正弦量的复数称为相量，用大写字母表示，并在字母上加一点。

复数的模表示正弦量的幅值或有效值，复数的辐角表示正弦量的初相位。

正弦电流 $i(t) = I_m \sin(\omega t + \phi_i)$ 的相量形式为

幅值相量 $\qquad \dot{I}_m = I_m(\cos \phi_i + j\sin \phi_i) = I_m e^{j\phi_i} = I_m \angle \phi_i \qquad\qquad (2.10)$

有效值相量 $\qquad \dot{I} = I(\cos \phi_i + j\sin \phi_i) = I e^{j\phi_i} = I \angle \phi_i \qquad\qquad (2.11)$

相量 $\dot{I}_{\mathrm{m}}$ 包含了该正弦电流的幅值和初相位两个要素。给定角频率 ω，就可以完全确定一个正弦电流。

因为复数在复平面上可以用有向线段表示，相量是一种复数，所以相量也可以在复平面上表示为一个有向线段。相量在复平面上的图示称为相量图。经常把几个正弦量的有向线段画在一起，从而形象地表示出各正弦量的大小和相位关系。由相量图可以直观地看出各正弦量之间的大小和相位关系。如图 2.8 所示，电压 $\dot{U}_{\mathrm{m}}$ 超前电流 $\dot{I}_{\mathrm{m}}$，$\varphi = \phi_{\mathrm{u}} - \phi_{\mathrm{i}}$，但要注意，只有同频率的正弦量才能画在同一相量图上。

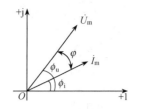

图 2.8　同频率正弦量的相量图

必须指出，正弦量是时间的正弦函数，而相量是一种复数，两者并不具有数值上的等价关系，相量只能表示正弦量，但相量并不等于正弦量，即

$$\dot{I}_{\mathrm{m}} \neq i(t) , \quad \dot{U}_{\mathrm{m}} \neq u(t)$$

两者只存在一一对应的关系。

注意： 实际上，当相量图中的幅值相量随时间在复平面上以某一角速度沿逆时针方向绕原点旋转时，就表示正弦量的三要素中的最后一项，即角频率 ω。在相量图中只是为了表示初相位才特定在某一位置，所以相量与一般空间的向量（如力、电场强度等）有着不同的概念。

【例 2.6】 写出表示 $u_{\mathrm{A}} = 220\sqrt{2}\sin 314t$ V，$u_{\mathrm{B}} = 220\sqrt{2}\sin(314t - 120°)$V，$u_{\mathrm{C}} = 220\sqrt{2}\sin(314t+120°)$V 的相量，并画出相量图。

解： 用有效值相量表示

$$\dot{U}_{\mathrm{A}} = 220\angle 0°\,\mathrm{V} , \quad \dot{U}_{\mathrm{B}} = 220\angle(-120°)\,\mathrm{V} , \quad \dot{U}_{\mathrm{C}} = 220\angle 120°\,\mathrm{V}$$

相量图如图 2.9 所示。

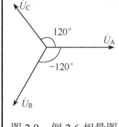

图 2.9　例 2.6 相量图

【例 2.7】 已知两个正弦电压 $u_1 = 3\sqrt{2}\sin(314t + 30°)$V，$u_2 = 4\sqrt{2}\sin(314t - 60°)$V 。求 $u = u_1 + u_2$。

解： 这是两个同频率的正弦量，其加法运算可以转换成对应的相量相加。先求出两个正弦量对应的相量

$$\dot{U}_1 = 3\angle 30°\,\mathrm{V} = (2.6 + \mathrm{j}1.5)\,\mathrm{V}$$
$$\dot{U}_2 = 4\angle(-60°)\,\mathrm{V} = (2 - \mathrm{j}3.46)\,\mathrm{V}$$

所以

$$\dot{U} = \dot{U}_1 + \dot{U}_2 = [(2.6 + 2) + \mathrm{j}(1.5 - 3.46)]\,\mathrm{V} = (4.6 - \mathrm{j}1.96)\,\mathrm{V}$$
$$u = 5\sqrt{2}\sin(314t - 23°)\,\mathrm{V}$$

2.3　单一参数的正弦交流电路

在交流电路中，除交流电源和电阻元件外，还常包括电感和电容元件。除电源外，只含有单个元件的电路称为单一参数电路，如照明电路及各种家用电器电路。掌握单一参数电路中的伏安关系和功率计算是分析复杂交流电路的基础。

本节将应用相量分析法，给出电阻、电感和电容元件伏安关系的相量表示式，并由此分析纯电阻电路、纯电感电路和纯电容电路的特性。

2.3.1　纯电阻电路

如图 2.10（a）所示，在阻值为 R 的线性电阻两端施加正弦交流电压 $u_{\mathrm{R}} = \sqrt{2}U_{\mathrm{R}}\sin(\omega t + \phi_{\mathrm{u}})$，在图示参考方向下，根据欧姆定律，流过电阻的电流为

$$i_{R} = \frac{u_{R}}{R} = \frac{\sqrt{2}U_{R}}{R}\sin(\omega t + \phi_{u}) = \sqrt{2}I_{R}\sin(\omega t + \phi_{i})$$

比较等式两端有
$$I_{R} = \frac{U_{R}}{R} \tag{2.12}$$

$$\phi_{i} = \phi_{u} \tag{2.13}$$

电阻元件上电压 u_{R} 和 i_{R} 电流的波形如图 2.10（b）所示。从式（2.13）和波形图可以看出，纯电阻电路中的电流和电压同相位。

用有效值相量表示为
$$\dot{U}_{R} = U_{R}\angle\phi_{u}$$

$$\dot{I}_{R} = \frac{U_{R}}{R}\angle\phi_{u} = \frac{\dot{U}_{R}}{R} \tag{2.14}$$

相量图如图 2.10（c）所示。

同理，幅值相量表示为
$$\dot{I}_{Rm} = \frac{\dot{U}_{Rm}}{R}$$

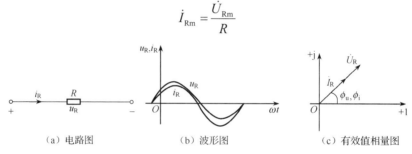

（a）电路图　　　　（b）波形图　　　　（c）有效值相量图

图 2.10　纯电阻元件的交流电路

【例 2.8】在交流电路中接有一段电热丝，已知电热丝的电阻 $R=100\Omega$，交流电压的表达式为 $u_{R} = 220\sqrt{2}\sin\left(314t + \frac{\pi}{3}\right)$A，求：①电路中电压有效值的大小；②写出通过电热丝的电流瞬时值表达式。

解：由题意得电压有效值为
$$U_{R} = 220\text{V}$$

所以
$$I_{R} = \frac{U_{R}}{R} = \frac{220}{100} = 2.2\text{（A）}$$

电热丝可看作纯电阻，因此其电流与电压同相位，所求电流瞬时值表达式为
$$i_{R} = 2.2\sqrt{2}\sin\left(314t + \frac{\pi}{3}\right)\text{A}$$

2.3.2　纯电感电路

空心线圈是典型的线性电感元件，当忽略线圈电阻时，线圈电路可视为纯电感电路，如图 2.11（a）所示，假定在任何瞬间，电压 u_{L} 和电流 i_{L} 在关联参考方向下，设流过电感的电流为 $i_{L} = \sqrt{2}I_{L}\sin(\omega t + \phi_{i})$，根据电感上电压和电流的关系式

$$u_{L} = L\frac{di_{L}}{dt}$$

$$u_{L} = \sqrt{2}\omega LI_{L}\sin\left(\omega t + \phi_{i} + \frac{\pi}{2}\right) = \sqrt{2}U_{L}\sin(\omega t + \phi_{u})$$

比较等式两端有
$$U_{L} = \omega LI_{L} = X_{L}I_{L} \tag{2.15}$$

$$\phi_{u}=\phi_{i}+\frac{\pi}{2} \tag{2.16}$$

其中，X_L 称为电感的电抗，简称为感抗，其值为

$$X_{L}=\frac{U_{L}}{I_{L}}=\omega L=2\pi f L \tag{2.17}$$

当频率的单位是 Hz、电感的单位是 H 时，感抗的单位为 Ω。感抗表示电感对交流电流的阻碍作用。由式（2.17）可以看出，感抗与频率有关，频率越高，感抗越大，这表明电感对高频电流的阻碍作用更大；对于直流电路而言，由于频率为零，所以感抗为零，可将电感视为短路，所以电感具有"通低频、阻高频"（通直流、阻交流）的作用。电感元件上的电压 u_L 和电流 i_L 的波形如图 2.11（b）所示。由式（2.16）和波形图可以看出，纯电感电路中的电压超前电流 $\frac{\pi}{2}$，用相量表示为

$$\dot{I}_{L}=I_{L}\angle\phi_{i}$$

$$\dot{U}_{L}=\omega L I_{L}\angle\left(\phi_{i}+\frac{\pi}{2}\right)=\omega L\angle\frac{\pi}{2}\cdot I_{L}\angle\phi_{i}$$

因为 $1\angle\frac{\pi}{2}=+\mathrm{j}$，所以上式可写为

$$\dot{U}_{L}=\mathrm{j}\omega L\dot{I}_{L}=\mathrm{j}X_{L}\dot{I}_{L} \tag{2.18}$$

相量图如图 2.11（c）所示。

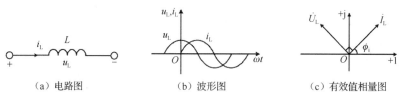

(a) 电路图　　　　　(b) 波形图　　　　　(c) 有效值相量图

图 2.11　纯电感元件的交流电路

式（2.18）和式（2.14）表明，电感元件和电阻元件的差别为：①电感元件上的电压与电流的相位不再相等，电压超前电流 90°，显然这是因为二者呈微分关系的缘故；②感抗表示电感电压值与电流值之间的关系，其物理含义与电阻相似，也表示对电流的阻碍作用，但感抗与频率有关，这是电阻所没有的特点。

【例 2.9】已知某线圈的电感 L=2.5mH，加在线圈两端的电压为 $u_{L}=15\sqrt{2}\sin\left(1570t+\frac{\pi}{3}\right)\mathrm{V}$，求：①线圈的感抗 X_L 和通过线圈的电流有效值 I_L；②写出通过线圈的电流瞬时值表达式。

解：由题意得感抗为

$$X_{L}=\omega L=(1570\times2.5\times10^{-3})$$

线圈中电流有效值为

$$I_{L}=\frac{U_{L}}{X_{L}}=\frac{15}{3.925}\approx3.82\,(\mathrm{A})$$

将线圈看作纯电感电路，因此其电流与电压的相位关系满足式（2.16），即

$$\phi_{i}=\phi_{u}-\frac{\pi}{2}=\frac{\pi}{3}-\frac{\pi}{2}=-\frac{\pi}{6}$$

所求电流瞬时值表达式为

$$i_{L}=3.82\sqrt{2}\sin\left(1570t-\frac{\pi}{6}\right)\mathrm{A}$$

2.3.3 纯电容电路

在图 2.12（a）中，假定在任何瞬间，电压 u_C 和电流 i_C 在关联参考方向下，设电容两端的电压为 $u_C=\sqrt{2}U_C\sin(\omega t+\phi_u)$，根据电容两端电压和电流的关系式

$$i_C = C\frac{\mathrm{d}u_C}{\mathrm{d}t}$$

$$i_C = \sqrt{2}\omega CU_C\sin\left(\omega t+\phi_u+\frac{\pi}{2}\right)=\sqrt{2}I_C\sin(\omega t+\phi_i)$$

比较等式两端有
$$I_C=\omega CU_C=\frac{U_C}{X_C} \tag{2.19}$$

$$\phi_i=\phi_u+\frac{\pi}{2} \tag{2.20}$$

其中，X_C 表示电容对交流电流的阻碍作用，称为电容的电抗，简称容抗，其值为

$$X_C=\frac{U_C}{I_C}=\frac{1}{\omega C}=\frac{1}{2\pi fC} \tag{2.21}$$

当频率的单位是 Hz，电容的单位是 F 时，容抗的单位为Ω。与感抗相似，容抗 X_C 也与频率有关，为反比关系，频率越高，容抗越小，其对高频电流有较大的传导作用。对于直流电路而言，频率为零，容抗 $X_C\to\infty$，可视为开路，因此，电容具有"通高频、阻低频"（通交流、阻直流）的作用。电容元件上电压 u_C 和电流 i_C 的波形如图 2.12（b）所示。由式（2.20）和波形图可以看出，纯电容电路中的电压滞后电流 $\frac{\pi}{2}$。注意，此结论正好与电感相反。

用相量表示为
$$\dot{U}_C=U_C\angle\phi_u$$

$$\dot{I}_C=\omega CU_C\angle\left(\phi_u+\frac{\pi}{2}\right)=\omega C\angle\frac{\pi}{2}\cdot U_C\angle\phi_u$$

因为 $1\angle\frac{\pi}{2}=+\mathrm{j}$，所以上式可写为

$$\dot{I}_C=\mathrm{j}\omega C\dot{U}_C=\frac{\dot{U}_C}{-\mathrm{j}X_C} \tag{2.22}$$

相量图如图 2.12（c）所示。

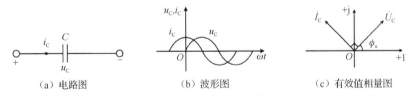

图 2.12　纯电容元件的交流电路

【例 2.10】已知某电容的容值 $C=72\,\mu\text{F}$，接通正弦电压 $u_C=380\sqrt{2}\sin(314t+52°)\text{V}$。求：①电容的容抗 X_C；②写出流过电容的电流瞬时值表达式。

解：由题意得容抗为 $X_C=\frac{1}{\omega C}=\frac{1}{314\times72\times10^{-6}}\Omega\approx44.23\Omega$

由式（2.22）可得

$$\dot{I}_{\mathrm{C}} = \frac{\dot{U}_{\mathrm{C}}}{-\mathrm{j}X_{\mathrm{C}}} = \frac{380\angle 52°}{44.32\angle -90°}\mathrm{A} \approx 8.57\angle 142°\mathrm{A}$$

所求电流瞬时值表达式为

$$i_{\mathrm{C}} = 8.57\sqrt{2}\sin(314t + \angle 142°)\mathrm{A}$$

2.4　正弦交流电路的一般分析方法

将正弦交流电路中的电压、电流用相量表示，元件参数用阻抗来代替，运用基尔霍夫定律的相量形式和元件欧姆定律的相量形式来分析正弦交流电路的方法称为相量法。运用相量法分析正弦交流电路时，直流电路中的结论、定理和分析方法同样适用于正弦交流电路。

2.4.1　基尔霍夫定律的相量形式

1. 基尔霍夫电流定律（KCL）

相量形式：对于电路中的任意一个节点，在任意时刻都有

$$\sum \dot{I} = 0 \tag{2.23}$$

该式表示，在任意时刻，流经电路任意一个节点的电流相量的代数和为零。

2. 基尔霍夫电压定律（KVL）

相量形式：在电路中，任意时刻沿任意一个闭合回路都有

$$\sum \dot{U} = 0 \tag{2.24}$$

该式表示，在任意时刻，沿任意一个闭合回路的各支路电压相量的代数和为零。

【例 2.11】如图 2.13 所示，流过元件 A、B 的电流分别为 $i_{\mathrm{A}} = 6\sqrt{2}\sin(\omega t + 30°)\mathrm{A}$，$i_{\mathrm{B}} = 8\sqrt{2}\sin(\omega t - 60°)\mathrm{A}$。求总电流 i。

解： 由题意得

$$\dot{I}_{\mathrm{A}} = 6\angle 30°\ \mathrm{A} = (5.196 + \mathrm{j}3)\mathrm{A}$$

$$\dot{I}_{\mathrm{B}} = 8\angle(-60°)\ \mathrm{A} = (4 - \mathrm{j}6.928)\mathrm{A}$$

根据 KCL 的相量形式，有

$$\dot{I} = \dot{I}_{\mathrm{A}} + \dot{I}_{\mathrm{B}} = (5.196 + \mathrm{j}3 + 4 - \mathrm{j}6.928)\mathrm{A}$$

$$= (9.196 - \mathrm{j}3.928)\mathrm{A} = 10\angle(-23.1°)\mathrm{A}$$

$$i = 10\sqrt{2}\sin(\omega t - 23.1°)\mathrm{A}$$

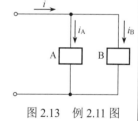

图 2.13　例 2.11 图

2.4.2　复阻抗及欧姆定律的相量形式

1. 复阻抗的定义

无源二端网络端口电压相量和端口电流相量的比值称为该无源二端网络的复阻抗（见图 2.14），用符号 Z 表示，即

$$Z = \frac{\dot{U}}{\dot{I}} \tag{2.25}$$

这个式子也可写成 $\dot{U} = Z\dot{I}$，它与直流电路欧姆定律相似，称为欧姆定律的相量形式。这就使直流电路中的各种定理和分析方法可以直接应用于交流电路中，由此简化了交流电路参数的计算难度，复阻抗常简称为阻抗。

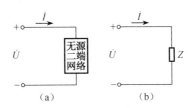

图 2.14 阻抗的定义

2．阻抗的串联与分压

如图 2.15（a）所示，两个阻抗串联，可以简化为只有一个阻抗的电路，称为等效阻抗 Z。根据 KVL 的相量形式

$$\dot{U} = \dot{U}_1 + \dot{U}_2$$

代入式（2.25）可得

$$\dot{U} = Z_1 \dot{I} + Z_2 \dot{I} = (Z_1 + Z_2)\dot{I} = Z\dot{I}$$

上式表明，当端电压与电流不变时，等效阻抗

$$Z = Z_1 + Z_2 \tag{2.26}$$

式（2.26）与直流电路中的电阻等效公式的形式类似。

可以继续推导出电流的表达式，即

$$\dot{I} = \frac{\dot{U}}{Z_1 + Z_2}$$

分别代入就得到串联电路的分压公式

$$\dot{U}_1 = Z_1 \dot{I} = \frac{Z_1}{Z_1 + Z_2}\dot{U}$$

$$\dot{U}_2 = Z_2 \dot{I} = \frac{Z_2}{Z_1 + Z_2}\dot{U} \tag{2.27}$$

交流电路的分压公式与直流电路的分压公式相似，只是将电阻换成阻抗，将电压改为电压相量。

同理，推广可得，若有 n 个阻抗串联在电路中，则

$$Z = \sum Z_i = Z_1 + Z_2 + \cdots + Z_n$$

$$Z = R + jX = \sum R_i + j\left(\sum X_L - \sum X_C\right) = |Z| \angle \phi$$

$$|Z| = \sqrt{\left(\sum R_i\right)^2 + \left(\sum X_L - \sum X_C\right)^2}$$

$$\phi = \tan^{-1}\frac{\sum X_L - \sum X_C}{\sum R_i} = \arctan\frac{\sum X_L - \sum X_C}{\sum R_i}$$

应当注意的是，等效阻抗的模并不等于 Z_1 与 Z_2 的模之和，即

$$|Z| \neq |Z_1| + |Z_2|$$

分压公式为

$$\dot{U}_i = \frac{Z_i}{\sum Z_i}\dot{U}$$

3．阻抗的并联与分流

两个阻抗并联，如图 2.15（b）所示，总的电流和各支路电流之间的关系是

$$\dot{I} = \dot{I}_1 + \dot{I}_2$$

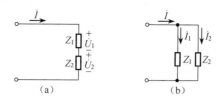

图 2.15　阻抗的串联与并联

由于

$$\dot{I}_1 = \frac{\dot{U}}{Z_1} , \quad \dot{I}_2 = \frac{\dot{U}}{Z_2}$$

所以

$$\dot{I} = \dot{I}_1 + \dot{I}_2 = \left(\frac{1}{Z_1} + \frac{1}{Z_2} \right) \dot{U} = \frac{\dot{U}}{Z}$$

即

$$Z = \frac{Z_1 Z_2}{Z_1 + Z_2} \tag{2.28}$$

上式为 Z_1 与 Z_2 并联电路的等效阻抗 Z 的公式，与直流电路中两电阻并联的等效电阻的公式相似。这里总的电流为

$$\dot{I} = \frac{\dot{U}}{Z}$$

各支路电流为

$$\dot{I}_1 = \frac{\dot{U}}{Z_1} = \frac{Z\dot{I}}{Z_1} = \frac{Z_2}{Z_1 + Z_2}\dot{I}$$

$$\dot{I}_2 = \frac{\dot{U}}{Z_2} = \frac{Z\dot{I}}{Z_2} = \frac{Z_1}{Z_1 + Z_2}\dot{I} \tag{2.29}$$

式（2.29）即交流电路中的分流公式。

同理，推广可得，若有 n 个阻抗并联在电路中，则

$$Z = \frac{1}{\dfrac{1}{Z_1} + \dfrac{1}{Z_2} + \cdots + \dfrac{1}{Z_n}} = \frac{1}{\sum \dfrac{1}{Z_i}}$$

可见，计算交流电路参数的方法与直流电路没有本质上的不同，只要分别将电压、电流改为电压和电流的相量，将电阻改为阻抗即可。

【例 2.12】如图 2.15（b）所示，两个阻抗 $Z_1 = (3 + j4)\Omega$，$Z_2 = (8 - j6)\Omega$ 并联在 $\dot{U} = 220\angle 0°\text{V}$ 的电源上，计算各支路的电流和总电流。

解：由题意得

$$Z_1 = (3 + j4)\Omega = 5\angle 53°\Omega$$

$$Z_2 = (8 - j6)\Omega = 10\angle(-37°)\Omega$$

$$Z = \frac{Z_1 Z_2}{Z_1 + Z_2} = \frac{5\angle 53° \times 10\angle(-37°)}{(3 + j4 + 8 - j6)}\Omega = \frac{50\angle 16°}{11.18\angle(-10.5°)}\Omega$$

$$= 4.47\angle 26.5°\Omega$$

$$\dot{I}_1 = \frac{\dot{U}}{Z_1} = \frac{220\angle 0°}{5\angle 53°}\text{A} = 44\angle(-53°)\text{A}$$

$$\dot{I}_2 = \frac{\dot{U}}{Z_2} = \frac{220\angle 0^\circ}{10\angle(-37^\circ)}\text{A} = 22\angle 37^\circ \text{A}$$

$$\dot{I} = \frac{\dot{U}}{Z} = \frac{220\angle 0^\circ}{4.47\angle 26.5^\circ}\text{A} \approx 49.2\angle(-26.5^\circ)\text{A}$$

验算方法：$\dot{I} = \dot{I}_1 + \dot{I}_2$ 是否成立。

2.4.3 RLC 串联电路的分析方法

由电阻、电感、电容元件串联组成的电路称为 RLC 串联电路，如图 2.16（a）所示。这种电路同时包含三种不同的电路元件，是最具一般意义的串联电路。常用的串联电路都可以看作它的特例。

在串联电路中，通过各元件的电流相同，所以对串联电路一般选择电流为参考正弦量，电路中电流与各元件电压的参考方向如图 2.16（a）所示。

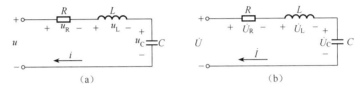

图 2.16　RLC 串联交流电路

假设电路电流为

$$i = \sqrt{2}I \sin \omega t$$

根据 KVL 有

$$u = u_\text{R} + u_\text{L} + u_\text{C}$$

把正弦量的代数运算转换为对应的相量的代数运算，如图 2.16（b）所示。

$$\dot{U} = \dot{U}_\text{R} + \dot{U}_\text{L} + \dot{U}_\text{C}$$

$$\dot{U}_\text{R} = R\dot{I}_\text{R} , \quad \dot{U}_\text{L} = \text{j}\omega L\dot{I}_\text{L} , \quad \dot{U}_\text{C} = \frac{1}{\text{j}\omega C}\dot{I}_\text{C}$$

在串联电路中，通过电阻、电感、电容元件中的正弦电流相同，所以有

$$\dot{U} = R\dot{I} + \text{j}\omega L\dot{I} + \frac{1}{\text{j}\omega C}\dot{I} = \left[R + \text{j}\left(\omega L - \frac{1}{\omega C} \right) \right]\dot{I}$$

$$\dot{U} = Z\dot{I} \tag{2.30}$$

式（2.30）为欧姆定律的相量形式，式中 Z 为 RLC 串联电路的复阻抗，单位为 Ω。

$$Z = R + \text{j}\left(\omega L - \frac{1}{\omega C} \right) = R + \text{j}(X_\text{L} - X_\text{C})$$

$$= R + \text{j}X \tag{2.31}$$

或

$$Z = |Z| \angle \varphi = \sqrt{R^2 + (X_\text{L} - X_\text{C})^2} \angle \arctan \frac{X_\text{L} - X_\text{C}}{R} \tag{2.32}$$

即

$$|Z| = \sqrt{R^2 + (X_\text{L} - X_\text{C})^2}, \quad \varphi = \arctan \frac{X_\text{L} - X_\text{C}}{R} \tag{2.33}$$

复阻抗 Z 的实部是电阻 R，虚部 $X = X_\text{L} - X_\text{C}$ 是感抗和容抗的代数和，称为电抗。复阻抗是复数，可用阻抗三角形来表示，如图 2.17 所示。

由式（2.33）可得：

（1）当 $X_\text{L} = X_\text{C}$ 时，$\varphi = 0$，$Z = R$，电路呈现电阻性。

（2）当 $X_L > X_C$ 时，$\varphi > 0$，电路呈现电感性。

（3）当 $X_L < X_C$ 时，$\varphi < 0$，电路呈现电容性。

利用相量图，可以求出总电压与各元件电压的关系、总电压与总电流的关系。用多边形法则画相量图，如图 2.18 所示。

（1）画出参考正弦量，即电流相量 $\dot{I}$ 的方向。

（2）画出相量 $\dot{U}_R$ 与相量 $\dot{I}$，二者同相位；

（3）在相量 $\dot{U}_R$ 的末端作相量超前相量 $\dot{I}$ 90°；

（4）在相量 $\dot{U}_L$ 的末端作相量滞后相量 $\dot{I}$ 90°；

（5）从相量 $\dot{U}_R$ 的始端到相量 $\dot{U}_C$ 的末端作相量 $\dot{U}$，即所求的电压相量。

从相量图上可以看出，总电压相量 $\dot{U}$ 与总电流相量 $\dot{I}$ 的相位差为

$$\varphi = \arctan\frac{\dot{U}_L - \dot{U}_C}{\dot{U}_R} = \arctan\frac{X_L - X_C}{R} \tag{2.34}$$

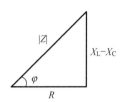

图 2.17　阻抗三角形

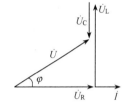

图 2.18　RLC 电路相量图

【例 2.13】如图 2.16 所示，有一个 RLC 串联电路，已知 $R = 15\Omega$，$L = 30\text{mH}$，$C = 20\mu\text{F}$，外接电压 $u = 100\sqrt{2}\sin(\omega t + 30°)\text{V}$，电压频率 $f = 300\text{Hz}$。求电路中的电流 i。

解：电路中 X_L、X_C 及 Z 分别为

$$X_L = 2\pi fL = (2\pi \times 300 \times 30 \times 10^{-3})\Omega \approx 56.52\Omega$$

$$X_C = \frac{1}{2\pi fC} = \frac{1}{2\pi \times 300 \times 20 \times 10^{-6}}\Omega \approx 26.54\Omega$$

$$Z = R + j(X_L - X_C) = [15 + j(56.52 - 26.54)]\Omega$$
$$= (15 + j29.98)\Omega = 33.52\angle 63.42°\Omega$$

由题意知　　　　　　　　　　$\dot{U} = 100\angle 30°\text{V}$

由欧姆定律得

$$\dot{I} = \frac{\dot{U}}{Z} = \frac{100\angle 30°}{33.52\angle 63.42°}\text{A} \approx 2.98\angle(-33.42°)\text{A}$$

$$i = 2.98\sqrt{2}\sin(\omega t - 33.42°)\text{A}$$

值得注意的是，在正弦交流电路中，由于电感和电容元件的存在，一般情况下电路两端电压与电流的相位是不同的。但是在某些情况下，调节电路的参数或者改变电源的频率，可以使电压与电流同相位，此时电路呈现电阻电路的特性，这时的电路称为谐振电路。我们把这种电路的工作状态称为谐振。谐振分为串联谐振和并联谐振。当电路发生谐振时，会发生某些特殊的现象，这些现象在无线电工程、测量技术中得到广泛的应用；但是，因为谐振可能会影响电力系统的正常工作，所以对于谐振的研究具有实际意义。

2.5　正弦交流电路的功率

2.5.1　功率

1. 瞬时功率

在一个无源二端网络中，如图 2.19 所示，其电路参数如下：

$$i = \sqrt{2}I \sin \omega t$$
$$u = \sqrt{2}U \sin(\omega t + \varphi)$$

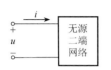

则瞬时功率为

$$p = ui = 2UI \sin(\omega t + \varphi) \sin \omega t$$
$$= UI[\cos \varphi - \cos(2\omega t + \varphi)] \qquad (2.35)$$

图 2.19　无源二端网络

式中，φ 为无源二端网络电压与电流的相位差。

2. 有功功率（平均功率）

一个周期内瞬时功率的平均值称为平均功率或有功功率，用 P 表示，即

$$P = \frac{1}{T}\int_0^T p\,\mathrm{d}t = \frac{1}{T}\int_0^T UI[\cos \varphi - \cos(2\omega t + \varphi)]\mathrm{d}t = UI \cos \varphi \qquad (2.36)$$

上式表明，正弦电路的平均功率不仅取决于电压和电流的有效值，还与它们的相位差有关。式（2.36）中，$\cos \varphi$ 称为电路的功率因数；φ 称为功率因数角，表示电压 u 和电流 i 之间的相位差，也称为电路的阻抗角。当电路参数一定时，电路的复阻抗一定，阻抗角就唯一确定，也就是电路的功率因数被唯一确定。

对于电阻元件

$$\varphi = 0, \quad P_R = U_R I_R = I_R^2 R \geqslant 0$$

对于电感元件

$$\varphi = \frac{\pi}{2}, \quad P_L = U_L I_L \cos \frac{\pi}{2} = 0$$

对于电容元件

$$\varphi = -\frac{\pi}{2}, \quad P_C = U_C I_C \cos\left(-\frac{\pi}{2}\right) = 0$$

可见，在正弦交流电路中，电阻总是消耗电能的；电感、电容元件只与电源进行能量交换，实际不消耗电能。有功功率实际上就是无源二端网络中各电阻元件消耗的功率之和，其单位为瓦特（W）。

交流电路中，功率因数一般小于 1，所以交流电路中的有功功率的数值总是比电压有效值与电流有效值的乘积小。

3. 无功功率

电感和电容元件作为储能元件均不消耗功率，但又与电源之间存在着能量转换，这里就用无功功率对此进行描述。

二端网络的无功功率定义为

$$Q = UI \sin \varphi \qquad (2.37)$$

Q 表示二端网络与外电路进行能量交换的幅度。注意，与有功功率不同，无功功率的单位为乏（var）。

对于电阻元件
$$\varphi = 0, \quad Q_R = 0$$

对于电感元件
$$\varphi = \frac{\pi}{2}, \quad Q_L = U_L I_L > 0$$

对于电容元件
$$\varphi = -\frac{\pi}{2}, \quad Q_C = -U_C I_C < 0$$

可见，当同一电流同时流经电感与电容时，二者的无功功率相差一个负号，表示二者性质相反。在 RLC 串联电路中，总的无功功率为
$$Q = Q_L + Q_C = U_L I_L - U_C I_C$$

由于是同一电流，即 $I_L = I_C = I$，故上式可以写为
$$Q = (U_L - U_C)I$$

在电压三角形中，
$$U_L - U_C = U \sin\varphi$$

所以
$$Q = Q_L + Q_C = U_L I - U_C I = (X_L - X_C)I^2 = UI\sin\varphi$$

由此得到上面的定义式（2.37）。

4．视在功率

二端网络的视在功率定义为
$$S = UI \tag{2.38}$$

S 表示电源向二端网络提供的总功率。注意，视在功率并不等同于直流电路中的功率，其结果虽然具有功率的量纲，但不是平均功率，因此，与有功功率、无功功率都不同。视在功率以伏·安（V·A）作为单位。

根据对有功功率、无功功率和视在功率的分析，可知
$$S^2 = P^2 + Q^2 \tag{2.39}$$

由式（2.36）、式（2.37）和式（2.38）可以看出，三个功率之间也构成直角三角形，如图 2.20 所示，称为功率三角形。

这里的 φ 是电压与电流的相位差，即电路的阻抗角。

视在功率 S 通常用于表示某些电气设备的容量。例如，560kV·A 的变压器指的是这台变压器的额定视在功率是 560kV·A。用视在功率表示容量是因为，对于发电机或变压器这类供电设备，其输出的有功功率不仅取决于视在功率的大小，还取决于负载功率因数的大小，即 $P = U_N I_N \cos\varphi = S_N \cos\varphi$。

图 2.20　功率三角形

不同的负载，其功率因数各不相同，故输出的有功功率也就不同，所以容量只能用视在功率来衡量。例如，560kV·A 的变压器供电给 $\cos\varphi = 1$ 的负载时，它能传输的有功功率为 560kW；若供电给 $\cos\varphi = 0.5$ 的负载，则只能传输 280kW 的有功功率。

应当注意，P、Q 和 S 都不是正弦量，所以不能用相量表示，功率三角形的三个边都不加箭头。

【例 2.14】已知阻抗 Z 上的电压、电流分别为 $\dot{U} = 220\angle30°\mathrm{V}$，$\dot{I} = 5\angle(-30°)\mathrm{A}$，且电压和电流的参考方向一致，求 Z、$\cos\varphi$、P、Q、S。

解：
$$Z = \frac{\dot{U}}{\dot{I}} = \frac{220\angle30°}{5\angle(-30°)}\Omega = 44\angle60°\Omega$$

$$\cos \varphi = \cos 60° = 0.5$$

$$P = UI \cos \varphi = (220 \times 5 \times 0.5)\text{W}=550\text{W}$$

$$Q = UI \sin \varphi = \left(220 \times 5 \times \frac{\sqrt{3}}{2}\right) \text{var} = 550\sqrt{3} \ \text{var}$$

$$S = \sqrt{P^2 + Q^2} = \sqrt{550^2 + (550\sqrt{3})^2} \ \text{V} \cdot \text{A}=1100\text{V} \cdot \text{A}$$

2.5.2 功率因数的提高

工业和生活用电负载大多数是感性负载，即电路模型可以由 RL 串联电路组成，因而其功率因数 $\cos \varphi < 1$。不同的负载，其功率因数也是不同的。功率因数的大小取决于负载自身，而与电源无关。

1．提高功率因数的意义

负载功率因数过低，将带来以下问题。

（1）电源设备的容量不能充分利用。电源设备的容量是用额定视在功率 $S_N = U_N I_N$ 来表示的。容量一定的电源设备，其输出的有功功率为 $P = S_N \cos \varphi$，$\cos \varphi$ 越低，P 越小。当负载 $\cos \varphi$ 过低时，电源容量不能充分利用，使电源的经济性能下降。例如，容量为 $1000\text{kV} \cdot \text{A}$ 的变压器，当负载的 $\cos \varphi = 1$ 时，变压器可输出 1000kW 的有功功率；而当 $\cos \varphi = 0.5$ 时，只能传输 500kW 的有功功率。

（2）增大了输电线路的功率损耗。当负载的功率 P 和电压 U 一定时，$\cos \varphi$ 越低，其工作电流 I 就越大，由于输电线路本身有一定的阻抗，因而线路上的电压损耗和功率损耗就越大，从而降低了电源的供电效率。因而，提高负载的功率因数，具有很大的经济意义。

电力系统供电规则指出，高压供电的工业企业的平均功率因数应不低于 0.95，其他单位不低于 0.9。

实际应用中的负载的功率因数都较低，主要是由于大量感性负载的存在。例如，工厂中大量使用的异步电动机，就相当于感性负载，满载时（$I = I_N$）功率因数为 0.7～0.85；轻载时则较低，功率因数只有 0.2～0.3。这就有必要采取措施提高功率因数。

2．提高功率因数的方法

为了提高功率因数，常用的方法是在感性负载的两端并联电容器。从能量转换的角度来看，当感性负载吸收能量时，容性负载释放能量；而感性负载释放能量时，容性负载吸收能量。其电路图和相量图如图 2.21 所示。能量在两种负载间互换，使感性负载吸收的无功功率能从容性负载输出的无功功率中得到补偿，从而提高整个电路的功率因数。并联电容器前，电路的功率因数为 $\cos \varphi_1$；并联电容器后，感性负载的功率因数虽然未变，但总的电流与电压相位差由原来的 φ_1 减少到 φ，如图 2.21（b）所示，从而提高了功率因数。从功率的角度来看，感性负载需要的无功功率由电容器就近补偿，这就减小了负载与电源间进行无功功率交换的数值，从而使功率因数提高。

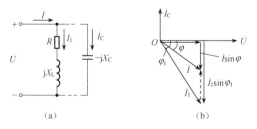

图 2.21　感性负载并联电容器的电路图和相量图

需要注意的是，提高功率因数是指提高电源或电网的功率因数，而不是某个感性负载的功率因数。事实上，虽然电网的功率因数提高了，但感性负载的有功功率和功率因数并没有改变。

应当注意，由于 $P_C = 0$，所以并联电容器后，电路总的有功功率不变。对于一定的负载（U、P、$\cos\varphi_1$ 不变），为了将功率因数从 $\cos\varphi_1$ 提高到 $\cos\varphi$，应并联的电容器可根据图 2.21 利用相量法得到：

$$I_C = \omega CU = I_1\sin\varphi_1 - I\sin\varphi$$

由于

$$I_1 = \frac{P}{U\cos\varphi_1}, \quad I = \frac{P}{U\cos\varphi}$$

所以

$$I_C = \frac{P}{U}\left(\frac{\sin\varphi_1}{\cos\varphi_1} - \frac{\sin\varphi}{\cos\varphi}\right) = \frac{P}{U}(\tan\varphi_1 - \tan\varphi)$$

故

$$C = \frac{I_C}{\omega U} = \frac{P}{\omega U^2}(\tan\varphi_1 - \tan\varphi)$$

【例 2.15】将一台功率 $P = 3\text{kW}$ 的感性电动机接于工频电压为 220V 的电源上，电动机的功率因数等于 0.5。问：

① 工作时，电源供给的电流是多少？无功功率 Q 是多少？

② 现在要把电路的功率因数提高到 0.9，则需要在电动机两端并联电容值为多大的电容器？这时电源供给的电流是多少？

解： ①

$$P = UI\cos\varphi, \quad I = \frac{P}{U\cos\varphi} = \frac{3\times10^3}{220\times0.5} = 27.3\ (\text{A})$$

$$Q = UI\sin\varphi = 220\times27.3\times\frac{\sqrt{3}}{2} \approx 5201\ (\text{var}) = 5.201\ (\text{kvar})$$

② 根据图 2.21（b）所示，电动机通过的电流为 $\dot{I}_1$，没有并联电容器之前，电路的功率因数角为 φ_1。并联电容器后，电容器支路通过的电流为 $\dot{I}_C$，总电流 $\dot{I} = \dot{I}_1 + \dot{I}_C$，电路的功率因数角为 φ。由于两条支路为并联关系，故电路相量图中以端电压 $\dot{U}$ 作为参考相量。由相量图分析可得

$$\begin{aligned} I_C &= I_1\sin\varphi_1 - I\sin\varphi \\ &= \frac{P}{U\cos\varphi_1}\cdot\sin\varphi_1 - \frac{P}{U\cos\varphi}\cdot\sin\varphi \\ &= \frac{P}{U}(\tan\varphi_1 - \tan\varphi) \end{aligned}$$

又因为

$$I_C = \omega CU$$

所以

$$C = \frac{P}{\omega U^2}(\tan\varphi_1 - \tan\varphi)$$

将数据代入

$$\cos\varphi_1 = 0.5, \quad \tan\varphi_1 = 1.732$$

$$\cos\varphi = 0.9, \quad \tan\varphi = 0.484$$

$$C = \frac{3\times10^3}{314\times220^2}\times(1.732 - 0.484) \approx 246.3\times10^{-6}\ (\text{F}) = 246.3\ (\mu\text{F})$$

$$I = \frac{P}{U\cos\varphi} = \frac{3\times10^3}{220\times0.9} \approx 15.2\ (\text{A})$$

2.6　Multisim 仿真实验：正弦交流电三要素测量

1．三要素测量原理图（见图 2.22）

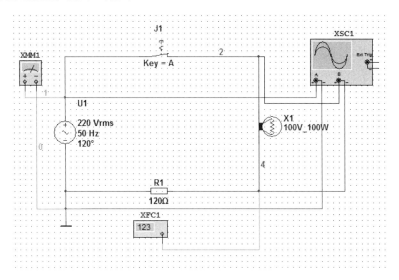

图 2.22　三要素测量原理图

2．目的

学会寻找相关器件及测量仪器仪表，并连接仿真电路；学会用仿真仪器测量正弦交流电的幅值 U_m、周期 T。

3．步骤

（1）连接仿真测量电路。

（2）用万用表交流电压挡测量正弦交流电压的有效值。

（3）用频率计测量正弦交流电的频率。

（4）通过示波器观察正弦信号波形、幅值、周期（频率），如图 2.23 所示。

（5）同学们自己设计表格，并记录仿真测量数据。

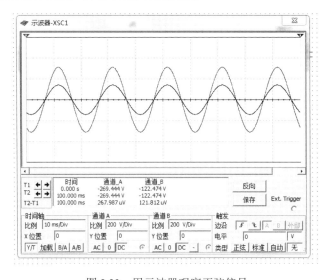

图 2.23　用示波器观察正弦信号

本章小结

（1）描述一个正弦量特征的幅值、频率和初相位称为正弦量的三要素。其中，幅值或有效值反映正弦量的大小，相当于直流电路中的量值；相位、相位差则是直流电路中没有的概念，交流电路比直流电路更加复杂。

（2）分析交流电路时，常用相量法。有效值相量是正弦量对应的复数，其模为该正弦量的有效值，其幅角为正弦量的初相位。例如正弦电流 $i = \sqrt{2}I\sin(\omega t + \phi_i)$，与之对应的电流相量是 $\dot{I} = I\angle\phi_i$。引入相量后，将复杂的三角函数运算转化为简单的代数运算，将求导（求积分）运算转化为乘（或除）$j\omega$ 的代数运算，因而，相量法是交流电路的实用计算方法。

（3）交流电路的分析主要围绕电压、电流关系和功率计算两方面进行，步骤如下。

① 给出相应的相量电路模型，即用 jX_L、$-jX_C$ 代替 L、C，用相量 $\dot{U}$、$\dot{I}$ 代替 u、i，采用相量法来分析电路模型。此时，直流电路中的定律、定理和分析方法仍然适用，计算的结果是电压和电流的相量，可根据要求变为瞬时值。

② 建立电压与电流的关系。相量关系 $\dot{U} = Z\dot{I}$，复阻抗 $Z = |Z|\angle\varphi = R + jX$，$X$ 为电抗；大小关系 $U = |Z|I$，阻抗的模 $|Z| = \sqrt{R^2 + X^2}$。

③ 相位关系 $\varphi = \phi_u - \phi_i = \arctan\dfrac{X}{R}$，阻抗角即电压、电流的相位差。也常用相量图辅助分析电压、电流的相位关系。

④ 功率计算。

有功功率（平均功率）$P = UI\cos\varphi$；

无功功率 $Q = UI\sin\varphi$；

视在功率 $S = UI = \sqrt{P^2 + Q^2}$；

功率因数 $\cos\varphi = \dfrac{P}{S} = \cos(\phi_u - \phi_i)$，一般 $\cos\varphi < 1$，常采用并联电容器补偿方法，提高交流电路的功率因数。

（4）在交流电路中，当电压与电流同相位时，阻抗角为零，称电路发生了谐振。

自我评价

一、判断题

1．正弦量的初始角与起始时间有关，而相位差与起始时间无关。　　　　　（　　）
2．两个不同频率的正弦量可以求相位差。　　　　　　　　　　　　　　　（　　）
3．人们平时所用的交流电压表、电流表测出的数值是有效值。　　　　　　（　　）
4．交流电的有效值是瞬时电流在一个周期内的均方根值。　　　　　　　　（　　）
5．频率不同的正弦量可以在同一相量图中画出。　　　　　　　　　　　　（　　）
6．正弦量的三要素是最大值、频率和相位。　　　　　　　　　　　　　　（　　）

二、填空题

7．在角频率为 ω 的正弦交流电路中，电阻元件上电压与电流的相量关系式为_____；电感元件上为_____；电容元件上为_____。

8．在含有电感、电容元件的正弦交流电路中，当端电压 $\dot{U}$ 和电流 $\dot{I}$ 同相位时，称电路发生_____。此时电路呈_____性，且电源的角频率 $\omega =$ _____。

9．在正弦交流电路中，已知流过纯电感元件的电流 $I = 5\text{A}$，电压 $u = 220\sin 314t\text{V}$，若 I、U 取关联方向，则 $X_L =$ _____ Ω，$L =$ _____ H。

10．已知电压的瞬时值表达式为 $u = 100\cos\left(314t + 120°\right)$ V，该电压的有效值为_____V，频率为_____Hz。在 $t = 0$ 时刻，电压方向与电压的参考方向_____。该电压的相量表达式为_____。

11．某负载的阻抗的直角坐标形式为 $R = 3+\text{j}4\ \Omega$，则该阻抗的极坐标形式为_____ Ω，三角函数形式为_____ Ω，指数形式为_____ Ω。

12．RLC 串联电路中，已知 $R = 20\Omega$，$L = 80\mu\text{H}$，$C = 20\text{pF}$，端口电压为5V，则电路的谐振频率为_____，特性阻抗为_____ Ω，品质因数为_____，谐振时电流为_____A，电感电压为_____V，电容电压为_____V。

习题 2

2-1．电流 $i = 10\sin\left(100\pi t - \dfrac{\pi}{3}\right)\text{A}$，它的三要素各为多少？在交流电路中有两个负载，已知它们的电压分别为 $u_1 = 60\sin\left(314t - \dfrac{\pi}{6}\right)\text{V}$，$u_2 = 80\sin\left(314t + \dfrac{\pi}{3}\right)\text{V}$，求总电压 u 的瞬时值表达式，并说明 u、u_1、u_2 三者的相位关系。

2-2．两个频率相同的正弦交流电流，它们的有效值是 $I_1=8\text{A}$，$I_2=6\text{A}$，求在下面各种情况下，合成电流的有效值。

（1）i_1 与 i_2 同相。

（2）i_1 与 i_2 反相。

（3）i_1 超前 i_2 90°。

（4）i_1 滞后 i_2 60°。

2-3．把下列正弦量的时间函数用相量表示。

（1）$u = 10\sqrt{2}\sin 314t$ V

（2）$i = -5\sin(314t - 60°)$ A

2-4．已知工频正弦电压 u_{ab} 的最大值为 311V，初相位为-60°，其有效值为多少？写出其瞬时值表达式。当 $t=0.0025$s 时，U_{ab} 的值为多少？

2-5．在图 2.24 所示正弦交流电路中，已知 $u_1=220\sqrt{2}\sin 314t$ V，$u_2=220\sqrt{2}\sin(314t–120°)$V，试用相量表示法求电压 u_a 和 u_b。

2-6．有一个 220V、100W 的电烙铁，接在 220V、50Hz 的电源上。要求：

（1）绘出电路图，并计算电流的有效值。

（2）计算电烙铁消耗的电功率。

（3）画出电压、电流相量图。

2-7．将 $L=51$mH 的线圈（线圈电阻极小，可忽略不计）接在 $u=220\sqrt{2}\sin(314t+60°)$V 的交流电源上，试计算：

（1）X_L。

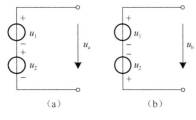

图 2.24　习题 2-5 图

（2）电路中的电流 i。

（3）画出电压、电流相量图。

2-8．将 $C=140\mu F$ 的电容器接在 $u=10\sqrt{2}\sin314t$ V 的交流电路中，试计算：

（1）X_C。

（2）电路中的电流 i。

（3）画出电压、电流相量图。

2-9．有一线圈，接在电压为 48V 的直流电源上，测得电流为 8A。然后将这个线圈改接到电压为 120V、50Hz 的交流电源上，测得的电流为 12A。试问线圈的电阻及电感各为多少？

2-10．在图 2.25 所示电路中，$U_1=40V$，$U_2=30V$，$i=10\sin314t$A，则 U 为多少？写出其瞬时值表达式。

2-11．在图 2.26 所示正弦交流电路中，已标明电流表 A_1 和 A_2 的读数，试用相量图求电流表 A 的读数。

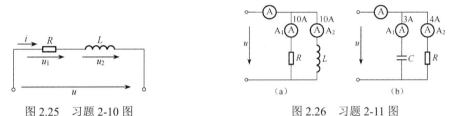

图 2.25　习题 2-10 图　　　　　　　图 2.26　习题 2-11 图

2-12．用下列各式表示 RC 串联电路中的电压、电流，哪些是对的，哪些是错的？

（1）$i=\dfrac{u}{|Z|}$ 　　　　（2）$I=\dfrac{U}{R+X_C}$ 　　　　（3）$\dot{I}=\dfrac{\dot{U}}{R-j\omega C}$

（4）$I=\dfrac{U}{|Z|}$ 　　　　（5）$U=U_R+U_C$ 　　　　（6）$\dot{U}=\dot{U}_R+\dot{U}_C$

（7）$\dot{I}=-j\dfrac{\dot{U}}{\omega C}$ 　　　　（8）$\dot{I}=j\dfrac{\dot{U}}{\omega C}$

2-13．在图 2.27 所示正弦交流电路中，已知 $U=100V$，$U_R=60V$，试用相量图求电压 U_L。

2-14．有一 RC 串联电路接于 50Hz 的正弦电源上，如图 2.28 所示，$R=100\Omega$，$C=\dfrac{10^4}{314}\mu F$，电压相量 $\dot{U}=200\angle0°$ V，求复阻抗 Z、电流 $\dot{I}$、电压 $\dot{U}_C$，并画出电压、电流相量图。

图 2.27　习题 2-13 图　　　　　　　图 2.28　习题 2-14 图

2-15．有一 RL 串联电路接于 50Hz、100V 的正弦电源上，测得电流 $I=2A$，功率 $P=100W$，试求电路参数 R 和 L。

2-16．在图 2.29 所示电路中，已知 $u=100\sin(314t+30°)$ V，$i=22.36\sin(314t+19.7°)$ A，$i_2=10\sin(314t+83.13°)$ A，试求：i_1、Z_1、Z_2，并说明 Z_1、Z_2 的性质，绘出相量图。

2-17．在图 2.30 所示电路中，$X_C=X_L=2R$，并已知电流表 A_1 的读数为 3A，试问 A_2 和 A_3 的

读数为多少？

图 2.29　习题 2-16 图　　　　　　　　图 2.30　习题 2-17 图

2-18．电路如图 2.31 所示，已知 $\omega=2\text{rad/s}$，求电路的总阻抗 Z_{ab}。

2-19．在图 2.32 所示电路中，已知 $U=100\text{V}$，$R_1=20\Omega$，$R_2=10\Omega$，$X_\text{L}=10\sqrt{3}\,\Omega$，求：

（1）电流 I，并画出电压、电流相量图；

（2）计算电路的功率 P 和功率因数 $\cos\varphi$。

图 2.31　习题 2-18 图　　　　　　　　图 2.32　习题 2-19 图

2-20．在图 2.33 所示正弦交流电路中，已知 $\dot{U}=100\angle 0°\text{V}$，$Z_1=1+\text{j}\,\Omega$，$Z_2=3-\text{j}4\,\Omega$，求 $\dot{I}$、$\dot{U}_1$、$\dot{U}_2$，并画出相量图。

2-21．在图 2.34 所示正弦交流电路中，已知 $X_\text{C}=50\Omega$，$X_\text{L}=100\Omega$，$R=100\Omega$，电流 $\dot{I}=2\angle 0°\text{A}$，求电阻上的电流 $\dot{I}_\text{R}$ 和总电压 $\dot{U}$。

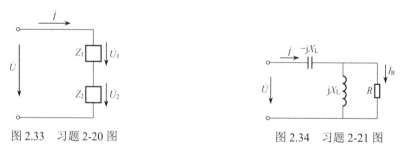

图 2.33　习题 2-20 图　　　　　　　　图 2.34　习题 2-21 图

2-22．在图 2.35 所示电路中，$u_\text{S}=10\sin 314t\text{V}$，$R_1=20\Omega$，$R_2=10\Omega$，$L=637\text{mH}$，$C=637\mu\text{F}$，求电流 i_1、i_2 和电压 u_C。

2-23．在图 2.36 所示电路中，已知电源电压 $U=12\text{V}$，$\omega=2000\text{rad/s}$，求电流 I、I_1。

图 2.35　习题 2-22 图　　　　　　　　图 2.36　习题 2-23 图

2-24．在图 2.37 所示电路中，已知 $R_1=40\Omega$，$X_\text{L}=30\Omega$，$R_2=60\Omega$，$X_\text{C}=60\Omega$，接至 220V 的电源上。试求各支路电流及总的有功功率、无功功率和功率因数。

2-25．电路如图 2.38 所示，已知 $R=R_1=R_2=10\Omega$，$L=31.8\text{mH}$，$C=318\mu\text{F}$，$f=50\text{Hz}$，$U=10\text{V}$，试求并联支路端电压 U_{ab} 及电路的 P、Q、S 及功率因数 $\cos\varphi$。

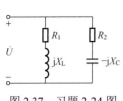

图 2.37　习题 2-24 图

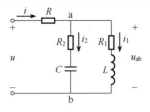

图 2.38　习题 2-25 图

2-26．今有一个 40W 的荧光灯，使用时灯管与镇流器（可近似将镇流器看作纯电感）串联在电压为 220V、频率为 50Hz 的电源上。已知灯管工作时属于纯电阻负载，灯管两端的电压等于 110V，试求镇流器上的感抗和电感。这时电路的功率因数为多少？若将功率因数提高到 0.8，问应并联多大的电容器？

2-27．一个负载的工频电压为 220V，功率为 10kW，功率因数为 0.6，欲将功率因数提高到 0.9，试求需并联多大的电容器。

2-28．某 50Hz 的单相交流电源，其额定容量 S_N=40kV·A，额定电压 U_N=220V，供给照明电路，若负载都是 40W 的荧光灯（可以认为是 RL 串联电路），其功率因数为 0.5，试求：

（1）这样的荧光灯最多可接多少个？

（2）用补偿电容将功率因数提高到 1，这时电路的总电流是多少？需用多大的补偿电容？

（3）功率因数提高到 1 后，除供给以上荧光灯照明外，若保持电源在额定情况下工作，还可以多接多少个 40W 的白炽灯？

第 3 章

三相交流电路

知识目标

①了解三相交流电的基本概念及其相量表示方法；②理解并掌握三相电源的连接方式及工作原理；③掌握三相负载的分析和计算方法；④掌握三相电路的功率计算方法。

技能目标

①会用万用表测量三相交流电源的线电压和相电压；②具备用所学知识解决简单的实际问题的能力。

在实际应用中，一般将多个正弦交流电源组合应用。世界各国电力系统中电能的生产、传输和供电方式一般采用三相制。广泛应用三相交流电是因为它与前面讨论的单相交流电相比，具有下列 3 个优点。

（1）制造三相发电机和变压器比制造同容量的单相交流发电机和单相变压器节省材料。

（2）在输电距离、输送功率、输电等级、负载的功率因数、输电损失及输电线材都相同的条件下，用三相输电所需输电线材更少，经济效益明显。

（3）三相电流能产生旋转磁场，从而能制成结构简单、性能良好的三相异步电动机。

因此，电能的生产、输送和分配几乎全部采用三相交流电，容量较大的动力设备也都采用三相交流电。工业上用的交流电动机多数是三相交流电动机，日常生活中用的单相电动机也是三相交流电动机中的一部分。

本章将介绍三相交流电的基本概念和基本分析方法；三相交流电的线电压、相电压、线电流、相电流的计算及相量分析；负载三角形连接和星形连接的三相电路。

3.1　三相电压

3.1.1　三相电源

三相电压由三相交流发电机产生，理解三相交流发电机是理解三相电压的基础。在此之前，先来了解单相电动势的产生。

1. 单相电动势的产生

在两个磁极之间放一个线圈，如图 3.1（a）所示，让线圈以角速度 ω 旋转，根据右手定则可知，线圈中会产生感应电动势，其方向为由 A → X。合理设计磁极形状，使磁通量按正弦规律分布，线圈两端便可得到单相电动势。

$$e_{AX} = \sqrt{2}E\sin\omega t \tag{3.1}$$

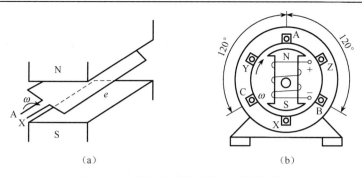

图 3.1　单相电动势和三相电动势的产生

2．三相电动势的产生

三相交流发电机的原理如图 3.1（b）所示，三相交流发电机主要由定子与转子两部分组成。转子是一个磁极，它以角速度 ω 旋转；定子是不动的，在定子的槽中嵌有三组同样的绕组（线圈），即 AX、BY、CZ，这三组定子绕组完全相同，彼此空间位置相差120°。每组为一相，分别称为 A 相、B 相和 C 相。它们的始端标以 A、B、C，末端标以 X、Y、Z，要求绕组的始端之间或末端之间彼此相隔120°。同时，工艺上保证定子与转子之间的磁感应强度沿定子内表面按正弦规律分布，最大值在转子磁极的北极 N 和南极 S 处。这样，当转子以角速度 ω 顺时针旋转时，将在各相绕组的始端和末端间产生随时间按正弦规律变化的感应电压。

这些电压的频率、幅值均相同，彼此间的相位相差120°，相当于三个独立的正弦交流电源。三相电源的各相电动势分别为

$$\begin{cases} e_{AX} = \sqrt{2}E\sin\omega t \\ e_{BY} = \sqrt{2}E\sin(\omega t - 120^\circ) \\ e_{CZ} = \sqrt{2}E\sin(\omega t + 120^\circ) \end{cases} \tag{3.2}$$

在上式中，以 A 相电压 e_{AX} 作为参考相量，则它们的相量为

$$\begin{cases} \dot{E}_A = E\angle 0^\circ \\ \dot{E}_B = E\angle -120^\circ = E\left(-\dfrac{1}{2} - j\dfrac{\sqrt{3}}{2}\right) \\ \dot{E}_C = E\angle 120^\circ = E\left(-\dfrac{1}{2} + j\dfrac{\sqrt{3}}{2}\right) \end{cases} \tag{3.3}$$

三个频率、幅值相同，彼此间相位相差120°的电动势，称为对称三相电动势。其相量图和波形图如图 3.2 所示。

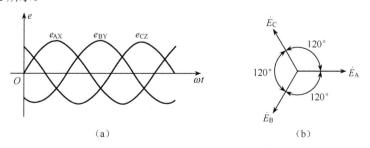

图 3.2　三相电动势的波形图和相量图

上述三相电动势达到正幅值（或相应零值）的先后次序称为相序。图 3.2 所示的三相电动势的相序为 A → B → C，称为正序或顺序。与此相反，如 B 相超前 A 相120°，C 相超前 B 相

120°，这种相序称为负序或逆序。如无特殊声明，均按正序处理。

由图 3.2 可以看出，对称的三相电动势的一个特点是，在任意时刻有

$$e_{AX} + e_{BY} + e_{CZ} = 0$$

$$\dot{E}_A + \dot{E}_B + \dot{E}_C = 0 \qquad (3.4)$$

三相对称正弦电动势的瞬时值必为零，同时相量和也必为零，这是一个重要的结论。

3.1.2 三相电源的连接

虽然三相发电机的三相电源相当于三个独立的正弦电源，但在实际应用中，三相发电机的三个绕组总是连接成一个整体对负载供电。三相发电机的三相绕组有两种连接方式，即星形连接（简称 Y 接）和三角形连接（简称△接）。

1. 三相电源的星形连接

如果把发电机组的三个定子绕组的末端 X、Y、Z 连接在一起，成为一个公共点，称为电源的中性点或零点，用 N 表示。同时，由首端 A、B、C 引出三条输出线，这三条输出线称为相线，俗称火线。中性点 N 引出的导线则称为中性线或零线。这种连接方式称为星形连接，如图 3.3 所示，电路图上常用 L_1、L_2、L_3 表示相线，也会用黄、绿、红三种颜色标记或用 A、B、C 表示相线，并用黑色标记零线。带有零线的这种星形连接又称为三相四线制星形连接，无零线的星形连接则称为三相三线制星形连接。

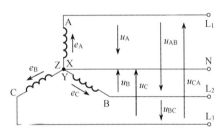

图 3.3　三相绕组的星形连接

星形连接的三相电源（简称星形电源）的每一相电压（相线与零线间的电压）称为相电压，如图 3.3 中的 u_A、u_B、u_C。相电压的有效值用 U_A、U_B、U_C 表示，当三个相电压对称时，一般用 U_P 表示。

所谓线电压，是指相线与相线之间的电压。图 3.3 中的 u_{AB}、u_{BC}、u_{CA} 就是线电压，其有效值用 U_{AB}、U_{BC}、U_{CA} 表示，对称的线电压则可用 U_L 表示。

根据基尔霍夫电压定律（KVL），可得线电压与相电压的关系：

$$U_{AB} = U_A - U_B$$

$$U_{BC} = U_B - U_C$$

$$U_{CA} = U_C - U_A$$

因为它们均为同频率的正弦量，可以用有效值的相量形式来表示，有

$$\dot{U}_{AB} = \dot{U}_A - \dot{U}_B$$

$$\dot{U}_{BC} = \dot{U}_B - \dot{U}_C$$

$$\dot{U}_{CA} = \dot{U}_C - \dot{U}_A \qquad (3.5)$$

根据上述关系可画出如图 3.4 所示的相量图，由此可推导出线电压与相电压的数值关系和相位关系：

$$\frac{1}{2} U_L = U_P \cos 30° = \frac{\sqrt{3}}{2} U_P$$

即

$$U_L = \sqrt{3} U_P \qquad (3.6)$$

由式（3.6）可知，线电压有效值 U_L 在数值上为相电压有效值 U_P 的 $\sqrt{3}$ 倍，并且线电压超前其相对应的相电压 30°，即

$$\dot{U}_{AB} = \dot{U}_A \angle 30°$$
$$\dot{U}_{BC} = \dot{U}_B \angle 30°$$
$$\dot{U}_{CA} = \dot{U}_C \angle 30°$$

由此可知，各个线电压的相位差也为120°。所以不仅相电压是对称的，线电压也是对称的。三相四线制星形电源向外引出四根导线，可给负载提供两种电压，其一是三个对称的相电压；其二是三个对称的线电压。第 2 章所讲的单相交流电，实际上是三相电源中的一相。通常在低压供电系统中，相电压为 220V，线电压为 380V。

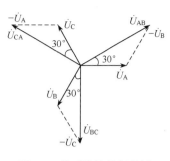

图 3.4   星形连接的相量图

2. 三相电源的三角形连接

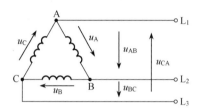

图 3.5   三相电源的三角形连接

如果把发电机组的三个定子绕组的一个绕组末端与另一个绕组的首端依次连接，也就是三对始端、末端顺次相接，即 X 接于 B、Y 接于 C、Z 接于 A，这样就得到一个闭合的三角形回路，再从首端 A、B、C 向外引出三条输出线 L_1、L_2、L_3 与负载相连，给用户供电，这种连接方式称为三相三线制的三角形连接。如图 3.5 所示，三角形接法没有中心点，对外只有三个端子。一般情况下，三角形连接的三相电源电压是对称的，所以回路电压相量之和为零，即

$$\dot{U}_{AB} + \dot{U}_{BC} + \dot{U}_{CA} = 0 \tag{3.7}$$

对三角形连接的三相电源，线电压有效值等于相应的相电压有效值，并且相位相同。

$$\dot{U}_L = \dot{U}_P \tag{3.8}$$

在不接负载的状态下电源回路中无电流通过。应特别注意各相绕组的始末端不能接错，如果接错，$\dot{U}_{AB} + \dot{U}_{BC} + \dot{U}_{CA} \neq 0$，在电源回路内形成很大的电流，从而烧坏电源绕组。

3.2   三相负载及其连接

三相电源供电时，为了保证每相电源输出的功率均衡，负载根据其额定电压的不同分别接在三相电源上，形成三相负载，其连接方式有两种：星形连接（Y 接）和三角形连接（△接）。

3.2.1   三相负载的星形连接

将三相负载的一端连接在一起和电源中性线相连，另一端分别和相线相连，形成负载星形连接的三相四线制电路。如图 3.6 所示，三个负载 Z_A、Z_B、Z_C 的一端连接在一起，接到三相四线制的供电电源的中性线上，另一端分别与三根相线的 A、B、C 端相连。

三相电路中，各相负载中通过的电流称为三相交流电路的相电流，如图 3.6 中的 $\dot{I}_{AN}$、$\dot{I}_{BN}$、$\dot{I}_{CN}$；把相线上通过的电流称为线电流，如图 3.6 中的 $\dot{I}_A$、$\dot{I}_B$、$\dot{I}_C$。可以看出，在星形连接方式下，各线电流等于相应的相电流。即

$$\dot{I}_A = \dot{I}_{AN};\ \dot{I}_B = \dot{I}_{BN};\ \dot{I}_C = \dot{I}_{CN}$$

对于星形连接的三相负载，若以 I_L 表示线电流有效值，以 I_P 表示相电流有效值，则有

$$I_L = I_P \tag{3.9}$$

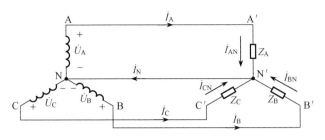

图 3.6　负载星形连接的三相四线制电路

对于上述的三相四线制电路，每相负载的等效阻抗分别为 Z_A、Z_B、Z_C，如果 $Z_A = Z_B = Z_C = Z$，即每相负载的阻抗模相等且阻抗角也相等，则称为三相对称负载，如三相异步电动机、三相电炉等。不满足此条件的负载，称为三相不对称负载，如家庭照明电路（不同家庭的负载一般不同）。

负载星形连接时，负载两端的电压等于电源的相电压，其大小等于电源线电压的 $1/\sqrt{3}$。例如，电灯的额定电压为 220V，当三相电源的线电压等于 380V 时，就应采用星形连接方式，才能保证其正常工作。同理，每相绕组的额定电压为 220V 的三相电动机，接在 380V 的三相电源上，其三绕组也必须采用星形连接方式。

在三相电路中，计算某一相电流的方法与计算单相电路的电流一样。如果忽略输电线路的电压降，则各相负载两端的电压就等于电源相电压。把每相负载都作为一个单相的电路，则相电流的求法与单相交流电路中相同，即

$$\begin{cases} \dot{I}_A = \dfrac{\dot{U}_A}{Z_A} = \dfrac{U_A}{|Z_A|} \angle -\varphi_A \\[2mm] \dot{I}_B = \dfrac{\dot{U}_B}{Z_B} = \dfrac{U_B}{|Z_B|} \angle -\varphi_B \\[2mm] \dot{I}_C = \dfrac{\dot{U}_C}{Z_C} = \dfrac{U_C}{|Z_C|} \angle -\varphi_C \end{cases} \tag{3.10}$$

中性线上通过的电流 $\dot{I}_N$ 可根据 KCL 的相量形式得出，即

$$\dot{I}_N = \dot{I}_A + \dot{I}_B + \dot{I}_C \tag{3.11}$$

当三相负载为对称负载时，各相负载阻抗的模相等，阻抗角也相等，即

$$|Z_A| = |Z_B| = |Z_C| = |Z|$$

$$\varphi_A = \varphi_B = \varphi_C = \varphi$$

这时，由于星形连接的各相负载的相电压是对称的，由式（3.10）可知，当负载对称时，相电流也是对称的，并且线电流等于相电流，也对称。此时，中性线电流必然为零，即

$$\dot{I}_N = \dot{I}_A + \dot{I}_B + \dot{I}_C = 0 \tag{3.12}$$

因此，在对称负载的三相电路中，只需要计算一相即可，其余两相只在相位上相差120°。

同时，中性线电流既然为零，中性线就不需要了，于是得到三相三线制电路。三相三线制电路的实际应用极为广泛。星形连接的三相负载，如三相异步电动机、三相电炉和三相变压器等，一般属于对称的三相负载，可采用这种三相三线制的供电方式。

【例 3.1】有一个三相用电器，已知每相的电阻 $R = 6\Omega$，感抗 $X_L = 8\Omega$，电源电压对称，设 $u_{AB} = 380\sqrt{2}\sin(\omega t + 30°)\text{V}$，试求三相电流。

　　解：由题意知，三相负载对称，只需计算一相。

$$U_{\mathrm{A}} = \frac{U_{\mathrm{AB}}}{\sqrt{3}} = \frac{380\mathrm{V}}{\sqrt{3}} \approx 220\mathrm{V}$$

由于 u_{A} 比 u_{AB} 滞后 $30°$，所以

$$u_{\mathrm{A}} = 220\sqrt{2}\sin\omega t\,\mathrm{V}$$

$$I_{\mathrm{A}} = \frac{U_{\mathrm{A}}}{|Z_{\mathrm{A}}|} = \frac{220}{\sqrt{6^2+8^2}}\mathrm{A} = 22\mathrm{A}$$

而 i_{A} 又滞后于 u_{A}，同时三相负载的阻抗角相等，且为

$$\varphi = \arctan\frac{X_{\mathrm{L}}}{R} = \arctan\frac{8}{6} = 53°$$

可得电流为

$$i_{\mathrm{A}} = 22\sqrt{2}\sin(\omega t - 53°)\mathrm{A}$$

再根据三相电流的对称关系，可得

$$i_{\mathrm{B}} = 22\sqrt{2}\sin(\omega t - 53° - 120°)\mathrm{A} = 22\sqrt{2}\sin(\omega t - 173°)\mathrm{A}$$

$$i_{\mathrm{C}} = 22\sqrt{2}\sin(\omega t - 53° + 120°)\mathrm{A} = 22\sqrt{2}\sin(\omega t + 67°)\mathrm{A}$$

【例 3.2】某三相三线制供电线路上，电灯负载接成星形连接，如图 3.7（a）所示，假设线电压为 380V，每相电灯负载的电阻为 1000Ω，试计算：

① 正常工作时，电灯负载的电压和电流为多少？

② 如图 3.7（b）所示，有一相断开时，其他两相负载的电压和电流为多少？

③ 如图 3.7（c）所示，有一相发生短路时，其他两相负载的电压和电流为多少？

④ 如图 3.7（d）所示，采用三相四线制供电，试重新计算：一相断开及一相短路时其他各相负载的电压和电流。

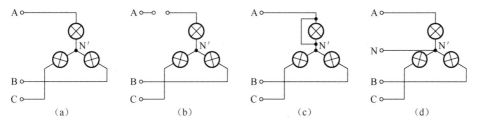

图 3.7 例 3.2 图

解： ① 正常情况下，三相负载对称，有

$$U_{\mathrm{P}} = \frac{U_{\mathrm{L}}}{\sqrt{3}} = \frac{380}{\sqrt{3}}\mathrm{V} \approx 220\mathrm{V}$$

$$I_{\mathrm{L}} = I_{\mathrm{P}} = \frac{220}{1000}\mathrm{A} = 0.22\mathrm{A}$$

② 一相断开之后，有

$$U_{\mathrm{BN'}} = U_{\mathrm{CN'}} = \frac{380}{2}\mathrm{V} = 190\mathrm{V}$$

$$I_{\mathrm{B}} = I_{\mathrm{C}} = \frac{190}{1000}\mathrm{A} = 0.19\mathrm{A}$$

由此可知，一相断路后，A 灯不亮，同时，B、C 灯的端电压低于额定电压，电灯不能正常工作，将变暗。

③ 一相短路，有

$$U_{BN'} = U_{CN'} = 380V$$

$$I_B = I_C = \frac{380}{1000}A = 0.38A$$

短路后，B、C 灯的端电压超过额定电压，电灯不能正常工作，将被损坏。

④ 采用三相四线制，则一相断开时，其他的 B、C 两相 $U_{BN'} = U_{CN'} = 220V$，保持正常的额定电压，因而负载将正常工作。

一相短路时，其他的 B、C 两相 $U_{BN'} = U_{CN'} = 220V$，保持正常的额定电压，因而负载仍将正常工作。

例 3.2 中这样的三相对称负载只是一种特殊情况。大多数情况下，低压供电系统的三相负载是不对称的。因此，采用三相四线制供电方式供电时，中性线可以迫使负载的中性点电位等于电源中性点电位（若忽略中性线上的压降）。这样，即使三相负载不对称，负载的三个相电压仍然等于对称的电源相电压，由此保证了负载的相电压总是对称的，使负载工作正常。要注意，在三相不对称负载的三相四线制系统中，绝不允许断开中性线，也不允许在中性线上安装开关或熔断器。

3.2.2 三相负载的三角形连接

三相负载的另一种连接方式为三角形连接。如图 3.8 所示，三个负载 Z_A、Z_B、Z_C 的始末端依次连接成一个闭环，再由各相相线的始端分别接到电源的三根相线上。

由图 3.8 可知，每相负载都直接接在电源的两根相线之间，所以负载的相电压与电源的线电压相等。而电源的线电压是对称的，因此不论负载对称与否，其相电压始终是对称的，即

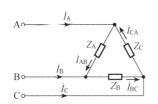

图 3.8 负载三角形连接的三相电路

$$\dot{U}_{AB} = U_L \angle 0°$$

$$\dot{U}_{BC} = U_L \angle -120°$$

$$\dot{U}_{CA} = U_L \angle 120°$$

$$U_P = U_L = U_{AB} = U_{BC} = U_{CA}$$

当负载对称时，各相电流也是对称的，而线电流分别为

$$\dot{I}_A = \dot{I}_{AB} - \dot{I}_{CA}$$

$$\dot{I}_B = \dot{I}_{BC} - \dot{I}_{AB}$$

$$\dot{I}_C = \dot{I}_{CA} - \dot{I}_{BC}$$

由图 3.8 可以看出，线电流也是对称的，以 I_L 表示线电流的有效值，I_P 表示相电流的有效值，则满足关系

$$\frac{1}{2}I_L = I_P \cos 30°$$

$$I_L = \sqrt{3}I_P \qquad (3.13)$$

各相负载中，相电流的相量形式为

$$\dot{I}_{AB} = \frac{\dot{U}_{AB}}{Z_{AB}}; \quad \dot{I}_{BC} = \frac{\dot{U}_{BC}}{Z_{BC}}; \quad \dot{I}_{CA} = \frac{\dot{U}_{CA}}{Z_{CA}}$$

对于相位关系，由图 3.9 可以看出，线电流比相电流滞后 30°。

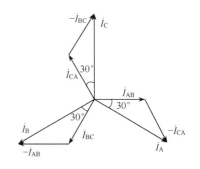

图 3.9 三角形连接的相量图

【例 3.3】有一个三相对称用电器，已知每相的等效电阻 $R = 12\Omega$，等效感抗 $X_L = 16\Omega$。电源为线电压 380V 的三相四线制电源。试分别计算负载星形连接和三角形连接时的相电流和线电流的有效值。

解：由题意知，当负载星形连接时，有

$$U_P = \frac{U_L}{\sqrt{3}} = \frac{380}{\sqrt{3}}\text{V} \approx 220\text{V}$$

$$I_P = \frac{U_P}{|Z_P|} = \frac{220}{\sqrt{12^2 + 16^2}}\text{A} = 11\text{A}$$

$$I_L = I_P = 11\text{A}$$

当负载三角形连接时，有

$$U_P = U_L = 380\text{V}$$

$$I_P = \frac{U_P}{|Z_P|} = \frac{380}{\sqrt{12^2 + 16^2}}\text{A} = 19\text{A}$$

$$I_L = \sqrt{3}I_P \approx 1.732 \times 19\text{A} \approx 33\text{A}$$

此例说明，同一负载在同一电源线电压的情况下，如果采取不同的连接方式，加在负载两端的电压就会不同，通过各相负载的电流也会不同。连接时应注意负载的额定电压是多少，根据额定电压确定连接方式，不能随意连接，否则就会出现欠电压或过电压和过电流的情况，使负载无法正常工作。

3.3　三相电路的功率

三相交流电路可以看成 3 个单相交流电路的组合，因此，三相电路的有功功率等于各相有功功率之和，即有功功率为

$$P = P_A + P_B + P_C$$
$$= U_A I_A \cos\varphi_A + U_B I_B \cos\varphi_B + U_C I_C \cos\varphi_C$$

当三相负载对称时，每相的功率都相同，即

$$P_A = P_B = P_C = P_P$$

由此可见，在对称负载的三相电路中，三相的总功率 P 是一相功率 P_P 的 3 倍，即

$$P = 3P_P = 3U_P I_P \cos\varphi \qquad (3.14)$$

其中，φ 为各相相电压与相应的相电流之间的相位差。

当三相负载对称时，无论负载是星形连接还是三角形连接的，各相功率都是相等的。由于在三相电路中测量线电压和线电流比较方便，所以三相功率通常用线电压 U_L 和线电流 I_L 表示。

如果三相负载是星形连接的，则

$$U_P = \frac{U_L}{\sqrt{3}}; \quad I_P = I_L$$

所以

$$P = 3U_P I_P \cos\varphi = 3\frac{U_L}{\sqrt{3}} I_L \cos\varphi = \sqrt{3}U_L I_L \cos\varphi$$

如果三相负载是三角形连接的，则

$$U_P = U_L; \quad I_P = \frac{I_L}{\sqrt{3}}$$

所以
$$P = 3U_P I_P \cos\varphi = 3U_L \frac{I_L}{\sqrt{3}} \cos\varphi = \sqrt{3} U_L I_L \cos\varphi$$

综上所述，对称的三相负载不论是星形连接的，还是三角形连接的，其总有功功率都按下式计算

$$P = \sqrt{3} U_L I_L \cos\varphi \tag{3.15}$$

应该注意，上式中的 φ 仍然是每相相电压与相应的相电流之间的相位差。

同理，对称三相负载的无功功率也等于各相无功功率之和，即

$$Q = 3U_P I_P \sin\varphi = \sqrt{3} U_L I_L \sin\varphi \tag{3.16}$$

对称三相负载的视在功率为

$$S = \sqrt{P^2 + Q^2} = 3U_P I_P = \sqrt{3} U_L I_L \tag{3.17}$$

【例3.4】已知三相对称负载中每相的等效电阻 $R = 5\Omega$，等效感抗 $X_L = 8.7\Omega$，电源为线电压 380V 的三相三线制电源。试分别计算：① 负载星形连接和三角形连接两种情况下的各种功率；② 两种情况下线电流之比和有功功率之比。

解：① 每相阻抗为

$$Z = (5 + j8.7)\Omega = 10\angle 60°\Omega$$

$$|Z| = 10\Omega$$

负载星形连接时

$$U_L = 380\text{V}; \quad U_P = \frac{U_L}{\sqrt{3}} \approx 220\text{V}$$

$$I_L = I_P = \frac{U_P}{|Z|} = \frac{220}{10}\text{A} = 22\text{A}$$

三相有功功率为
$$P_Y = \sqrt{3} U_L I_L \cos\varphi = (\sqrt{3} \times 380 \times 22 \times \cos 60°)\text{W} \approx 7240\text{W}$$

三相无功功率为
$$Q_Y = \sqrt{3} U_L I_L \sin\varphi = (\sqrt{3} \times 380 \times 22 \times \sin 60°)\text{var} = 12540\text{ var}$$

三相总视在功率为
$$S_Y = \sqrt{3} U_L I_L = (\sqrt{3} \times 380 \times 22)\text{V}\cdot\text{A} \approx 14480\text{V}\cdot\text{A}$$

负载三角形连接时

$$U_P = U_L = 380\text{V}$$

$$I_P = \frac{U_P}{|Z|} = \frac{380}{10}\text{A} = 38\text{A}$$

$$I_L = \sqrt{3} I_P \approx (1.732 \times 38)\text{A} \approx 65.8\text{A}$$

三相有功功率为
$$P_\triangle = \sqrt{3} U_L I_L \cos\varphi = (\sqrt{3} \times 380 \times 65.8 \times \cos 60°)\text{W} \approx 21654\text{W}$$

三相无功功率为
$$Q_\triangle = \sqrt{3} U_L I_L \sin\varphi = (\sqrt{3} \times 380 \times 65.8 \times \sin 60°)\text{var} = 37506\text{ var}$$

三相总视在功率为

$$S_\triangle = \sqrt{3}U_L I_L = (\sqrt{3} \times 380 \times 65.8) \text{V} \cdot \text{A} \approx 43308 \text{V} \cdot \text{A}$$

② 三角形连接线电流 $I_{L\triangle}$ 与星形连接线电流 I_{LY} 之比：

$$\frac{I_{L\triangle}}{I_{LY}} = \frac{\sqrt{3} \times 38}{22} \approx 3$$

三角形连接有功功率 $P_\triangle$ 与星形连接有功功率 P_Y 之比：

$$\frac{P_\triangle}{P_Y} = \frac{21654}{7240} \approx 3$$

3.4 Multisim 仿真实验：RLC 交流电路的相位关系

1. 相位关系仿真原理图（见图 3.10）

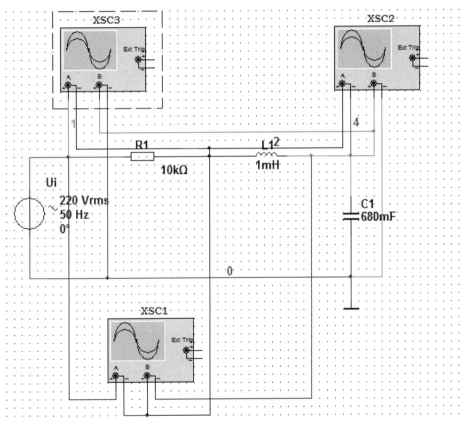

图 3.10 相位关系仿真原理图

2. 方法

因为电阻元件上的电压与电流的波形是同相的，所以单从相位考虑可将电阻元件上的电压波形（红色）作为 RLC 串联电路的电流波形。

3. 相位关系结果

（1）如图 3.11 所示，电感元件上的电压（蓝色）超前电流 90°。

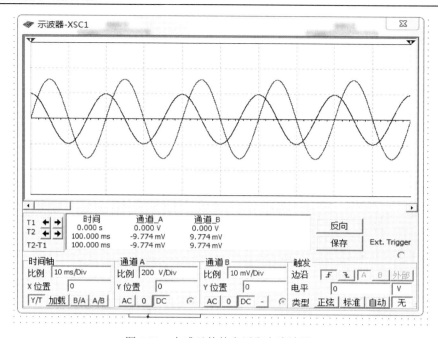

图 3.11　电感元件的电压和电流波形

（2）如图 3.12 所示，电容元件的电压（绿色）滞后电流 90°。

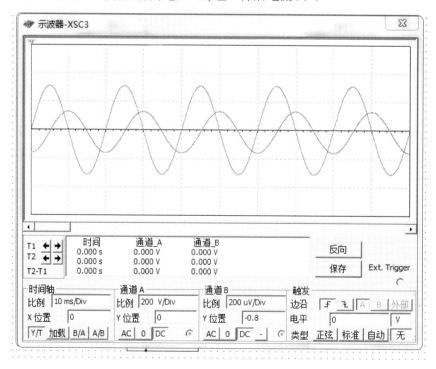

图 3.12　电容元件的电压和电流波形

（3）如图 3.13 所示，电感元件与电容元件的电压反相，相位差为 180°。

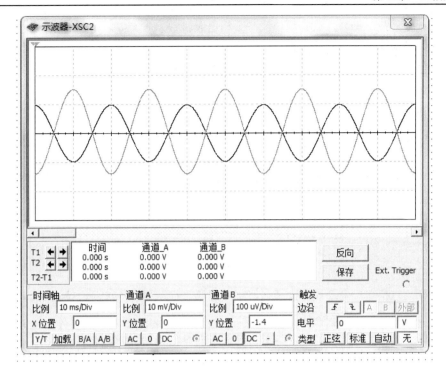

图 3.13　电感元件与电容元件的电压波形

本章小结

（1）三相电动势是三相交流发电机产生的，对称的三相电源是指电压幅值相等、频率相同、相位互差 120° 的三个电源。在电力系统中三相电源一般用黄色标记、绿色标记、红色标记。对称三相电源的连接特点有：星形连接，$U_L = \sqrt{3}U_P$；三角形连接，$U_L = U_P$。

（2）三相负载需要接在三相电源上才能正常工作，如果每相负载的阻抗值和阻抗角完全相等，则为对称负载，如三相电动机。

（3）在低压配电系统中，通常采用三相四线制（三根相线、一根中性线），如果三相负载对称，可以不接中性线；如果三相负载不对称，必须接中性线才能保证负载正常工作。中性线不允许接开关或熔断器。

（4）三相负载可以采用星形连接方式，也可以采用三角形连接方式。采用何种连接方式由负载的额定工作电压决定。三相负载的星形连接：$U_L = \sqrt{3}U_P$，$I_L = I_P$；三相负载的三角形连接：$U_L = U_P$，$I_L = \sqrt{3}I_P$。

（5）对称三相电路中，三相负载的功率：$P = \sqrt{3}U_L I_L \cos\varphi$；$Q = \sqrt{3}U_L I_L \sin\varphi$；$S = \sqrt{3}U_L I_L$ 其中，φ 为相电压和相电流之间的相位差。

自我评价

一、判断题

1. 中性线的作用就是使不对称 Y 接负载的相电压保持对称。　　　　　　　　　　（　　）

2. 三相负载作三角形连接时，总有 $I_L = \sqrt{3}I_P$ 成立。　　　　　　　　　　　（　　）

3．负载作星形连接时，必有线电流等于相电流。 （ ）

4．三相不对称负载越接近对称，中性线上通过的电流就越小。 （ ）

5．中性线不允许断开，因此不能安装熔断器和开关，并且中性线比相线粗。 （ ）

二、填空题

6．对称三相负载采用星形连接方式，接在线电压380V的三相四线制电源上。此时负载端的相电压等于＿＿＿＿＿＿倍的线电压；相电流等于＿＿＿＿＿＿倍的线电流；中性线电流等于＿＿＿＿＿＿。

7．有一对称三相负载采用星形连接方式，每相阻抗均为22Ω，功率因数为0.8，又测出负载中的电流为10A，那么三相电路的有功功率为＿＿＿＿＿，无功功率为＿＿＿＿＿，视在功率为＿＿＿＿＿。假如负载为感性设备，则等效电阻是＿＿＿＿＿，等效电感为＿＿＿＿＿。

习题 3

3-1．一台三相交流电动机，定子绕组星形连接于$U_L=380V$的对称三相电源上，其线电流$I_L=2.2A$，$\cos\varphi=0.8$，试求每相绕组的阻抗Z。

3-2．已知对称三相交流电路，每相负载的电阻为$R=8Ω$，感抗为$X_L=6Ω$。

（1）设电源电压为$U_L=380V$，求负载星形连接时的相电流、相电压和线电流，并画出相量图。

（2）设电源电压为$U_L=220V$，求负载三角形连接时的相电流、相电压和线电流，并画出相量图。

（3）设电源电压为$U_L=380V$，求负载三角形连接时的相电流、相电压和线电流，并画出相量图。

3-3．已知电路如图3.14所示，电源电压$U_L=380V$，每相负载的阻抗为$R=X_L=X_C=10Ω$。

（1）该三相负载能否称为对称负载？为什么？

（2）计算中性线电流和各相电流，画出相量图。

（3）求三相总功率。

3-4．在图3.15所示的三相四线制电路中，三相负载连接成星形，已知电源线电压为380V，负载电阻$R_a=11Ω$，$R_b=R_c=22Ω$，试求：

（1）负载的各相电压、相电流、线电流和三相总功率。

（2）中性线断开、A相短路时的各相电流和线电流。

（3）中性线断开、A相断开时的各线电流和相电流。

图3.14 习题3-3图　　　　图3.15 习题3-4图

3-5．对称三相负载采用三角形连接方式，其线电流$I_L=5.5A$，有功功率$P=7760W$，功率因数$\cos\varphi=0.8$，求电源的线电压U_L、电路的无功功率Q和每相阻抗Z。

3-6．电路如图3.16所示，已知$Z=12+j16Ω$，线电流$I_L=32.9A$，求U_L。

3-7．对称三相负载采用星形连接方式，已知每相阻抗为 $Z = 31 + j22\Omega$，电源线电压为 380V，求三相交流电路的有功功率、无功功率、视在功率和功率因数。

3-8．在线电压为 380V 的三相电源上，接有两组电阻性对称负载，如图 3.17 所示。试求线路上的总线电流 I 和所有负载的有功功率。

图 3.16　习题 3-6 图

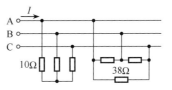

图 3.17　习题 3-8 图

3-9．对称三相电阻炉采用三角形连接方式，每相电阻为 38Ω，接于线电压为 380V 的对称三相电源上，试求负载相电流 I_P、线电流 I_L 和三相有功功率 P，并绘出各电压、电流的相量图。

3-10．对称三相电源，线电压 $U_L=380$V，对称三相感性负载作三角形连接，若测得线电流 $I_L=17.3$A，三相功率 $P=9.12$kW，求每相负载的电阻和感抗。

3-11．对称三相电源，线电压 $U_L=380$V，对称三相感性负载作星形连接，若测得线电流 $I_L=17.3$A，三相功率 $P=9.12$kW，求每相负载的电阻和感抗。

3-12．三相异步电动机的三个阻抗相同的绕组连接成三角形，接于线电压 $U_L=380$V 的对称三相电源上，若每相阻抗 $Z = 8 + j6\Omega$，试求此电动机工作时的相电流 I_P、线电流 I_L 和三相电功率 P。

第4章

磁路与变压器

知识目标

①了解铁磁材料和磁路的基本知识；②理解变压器的结构及工作原理；③掌握变压器的作用、额定值及其含义。

技能目标

①掌握利用变压器的电流交换、电压变换和阻抗变换作用解决实际问题的技能；②掌握使用自耦变压器、互感器时应该注意的事项。

电气工程中一些常用的电气设备，如变压器、电动机、电磁铁和电工仪表等，都是利用电与磁的相互作用来实现能量的传输和转换的。本章通过介绍变压器的结构及工作原理，使学生理解变压器的电压变换、电流变换及阻抗变换的原理。变压器的种类很多，它们的基本原理虽然相同，但又有各自的特点。

4.1 磁路与铁磁材料

4.1.1 磁场的基本物理量

1. 磁感应强度 *B*

磁感应强度是描述磁场的强弱和方向的物理量，它是一个矢量，用 **B** 表示。

磁感应强度的大小定义为

$$B = \frac{F_m}{IL} \tag{4.1}$$

式中，F_m 为一小段载流导体在磁场中某点所受的最大磁力；I 为导体中的电流；L 为载流导体上与磁场垂直部分的长度。在国际单位制中，F_m 的单位为牛顿（N）；I 的单位为安培（A）；L 的单位为米（m）；B 的单位为特斯拉（T）。

磁感应强度的方向为该点磁场的方向，即小磁针在该点静止时其北极（N）所指的方向。

为了直观描述磁场的空间分布，人们引入了有向曲线——磁力线（也称磁感线）。磁力线的疏密程度表示磁场的强弱；磁力线上某点的切线方向表示该点的磁场方向。若磁场区域内各点的磁感应强度大小相等、方向相同，则称为匀强磁场，其磁力线为疏密均匀的平行直线，如载流长密绕螺线管内部的磁场。

电流具有磁效应。对于电流产生的磁场，其磁感应强度的方向与产生磁场的电流（称为励磁电流）的方向之间的关系，可用右手螺旋定则来确定。载流螺线管内部的磁感应强度为

$$B = \mu \frac{NI}{L} \tag{4.2}$$

式中，N 为线圈匝数；L 为线圈长度；I 为励磁电流；μ 为线圈内介质的磁导率。

2. 磁通 Φ

在匀强磁场中，磁感应强度 B（指磁感应强度的大小）与垂直于磁场方向的某平面面积 S 的乘积，称为穿过该平面的磁通，用 Φ 表示。

$$\Phi = BS \tag{4.3}$$

磁通的大小可理解为穿过某平面的磁力线的总数。在国际单位制中，B 的单位为特斯拉（T）；S 的单位为平方米（m^2）；Φ 的单位为韦伯（Wb）。

由式（4.3）可得 $B = \Phi / S$，可见，磁感应强度的大小在数值上等于穿过垂直于磁场方向的单位面积上的磁通，故磁感应强度又称为磁通密度。

3. 磁导率 μ

不同的物质，对磁场的影响程度一般也不相同，这种影响程度反映了物质的导磁性能的好坏。描述磁介质导磁性能的物理量是磁导率，用 μ 表示，它的单位是亨[利] / 米（H / m）。各种磁介质的磁导率要用实验的方法来测定。

通过实验测定，真空磁导率 $\mu_0 = 4\pi \times 10^{-7}\,\text{H} / \text{m}$。自然界中绝大多数物质对磁场的影响都很小，其磁导率为一个常数，并与真空磁导率近似相等（$\mu \approx \mu_0$），这类物质称为非磁性材料；而铁、钴、镍及其合金对磁场的影响很大，其磁导率 μ 远大于真空磁导率 μ_0，且不是一个常数，这类物质称为铁磁材料。

为了便于比较，常用相对磁导率 μ_r 来反映磁介质的导磁性能。某种物质的磁导率 μ 与真空磁导率 μ_0 的比值，称为该物质的相对磁导率，即

$$\mu_r = \frac{\mu}{\mu_0} \tag{4.4}$$

μ_r 是一个无量纲的纯数。对于非磁性材料，$\mu_r \approx 1$；对于铁磁材料，μ_r 远大于 1。

4. 磁场强度 H

对于内部填充了铁磁材料的载流线圈（称为铁芯线圈），因为其磁导率不是一个常数，磁感应强度 B 与励磁电流 I 并不呈线性关系。为了表征磁场与励磁电流之间的关系，引入一个辅助物理量—磁场强度，用 H 表示，它是一个矢量，其大小定义为

$$H = \frac{B}{\mu} \tag{4.5}$$

H 的单位为安[培]/米（A / m）。引入磁场强度后，磁场强度 H 与励磁电流 I 之间的关系是线性关系，磁场强度与磁介质无关，这可简化磁路的分析和计算。

4.1.2　磁路及其欧姆定律

由于铁磁材料的高导磁性，铁芯线圈通电时，产生的磁通绝大部分集中在铁芯内，并沿铁芯闭合，这部分磁通称为主磁通（也称为工作磁通）。主磁通所经过的闭合路径称为磁路。图 4.1 所示为几种常见电气设备的磁路。

根据式（4.3）和式（4.2）可得

$$\Phi = BS = \mu \frac{NI}{L} S = \frac{NI}{\dfrac{L}{\mu S}}$$

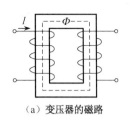
（a）变压器的磁路

（b）交流接触器的磁路

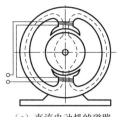
（c）直流电动机的磁路

图 4.1　几种常见电气设备的磁路

记 $F = NI$，称为磁动势，它是产生磁通的根源；$R_m = L / \mu S$，称为磁阻（其中 L 为磁路的平均长度、S 为磁路的截面积、μ 为磁路材料的磁导率），它表示磁路对磁通具有阻碍作用，则有

$$\Phi = \frac{F}{R_m} \tag{4.6}$$

式（4.6）在形式上与电路的欧姆定律相似，故称为磁路的欧姆定律。

4.1.3　铁磁材料的磁性能

铁磁材料是制造变压器、电动机等各种电气设备的重要材料，其磁性能对电气设备的工作性能有很大的影响。铁磁材料的磁性能主要表现为高导磁性、磁饱和性和磁滞性。

1．高导磁性

铁磁材料的磁导率很大，μ_r 可达 $10^2 \sim 10^4$ 数量级。

铁磁材料的内部结构与非磁性材料有很大差异。在外磁场作用下，铁磁材料能够被磁化，这是由于其内部原子的电子绕原子核运动形成分子电流，分子电流产生磁场。同时，铁磁材料内部的分子之间有一种相互作用，使相邻的若干个分子电流的磁场具有相同的方向，从而形成许许多多具有磁性的小区域，这些小区域称为磁畴。在没有外磁场作用时，这些磁畴的排列是杂乱无章的，它们所产生的磁场基本上完全抵消，因此对外不显示磁性，如图 4.2（a）所示。在有外磁场作用时，这些磁畴会趋向于外磁场的方向，做有序的排列，且随着外磁场的增强，磁畴排列的有序度也不断提高，从而对外显示出很强的磁性，如图 4.2（b）所示。这就是铁磁材料的磁化现象。

非磁性材料内部由于没有磁畴结构，所以不能磁化。

由于铁磁材料具有高导磁性，故变压器、电动机等各种电气设备中都有采用铁磁材料制成

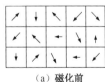
（a）磁化前

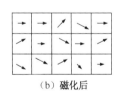
（b）磁化后

图 4.2　铁磁材料的磁化

的一定形状的铁芯。根据式（4.2），要使线圈内部的磁感应强度 B 达到一定的值，则所用材料的 μ 值越大，NI 值就可以越小。因此，在电气设备中采用铁磁材料，可以大大降低设备的体积和质量，减小励磁电流。

2．磁饱和性

在铁磁材料的磁化过程中，其内部磁感应强度并不会随着外磁场的增大而无限增大。当外磁场的磁感应强度（或励磁电流）增大到一定值后，磁感应强度不再随励磁电流的增加而继续增大，这种现象称为磁饱和现象。铁磁材料内部磁感应强度值 B 随外磁场强度值 H 变化的趋势，可以用磁化曲线 $B = B(H)$ 来表示，如图 4.3 所示。

在图 4.3 中，曲线①为铁磁材料的磁化曲线，分为三个阶段：在 Oa 段，B 与 H 近似为线性关系；在 ab 段，B 随 H 的增长变缓，称为膝部；b 点以后，B 几乎不再增长，即达到磁饱和状态。这是由于几乎所有磁畴的磁场方向已基本与外磁场方向趋于一致。由于铁磁材料的 B 与 H 不成正比，因此其磁导率 μ 不是常数，而是随 H 变化的。根据磁化曲线及式（4.5），可以间接求出 μ 与 H 的关系曲线 $\mu = \mu(H)$，如曲线②所示。曲线③为非磁性材料的磁化曲线，B 与 H 呈线性关系，故其磁导率为常数。

3．磁滞性

当铁芯线圈中的励磁电流为交变电流时，铁磁材料将在两个相反的方向上受到反复磁化。设励磁电流按正弦规律变化，电流从零开始沿正方向增大，当达到最大值 I_m 时，线圈中磁场强度也达到最大值 H_m，铁芯的磁化恰达到磁化曲线①中的 b 点附近。在励磁电流变化的一个周期内，磁感应强度值 B 随磁场强度值 H 变化的趋势如图 4.4 所示。从图中可见，当 H 已经回到零时，B 尚未回到零，而是 $B = B_r$，即铁磁材料内部，磁感应强度滞后于磁场强度的变化，这种性质称为磁滞性。其中 B_r 称为剩磁。永久磁铁就是利用剩磁性制成的。若要使铁磁材料完全消磁，使 $B = 0$，就必须加上一定的反向磁场（$-H_c$），其中 H_c 称为矫顽磁力。随着励磁电流的不断交替变化，B 沿着 $1 \rightarrow 2 \rightarrow 3 \rightarrow 4 \rightarrow 5 \rightarrow 6 \rightarrow 1$ 的路径不断循环变化，形成闭合曲线，称为磁滞回线。

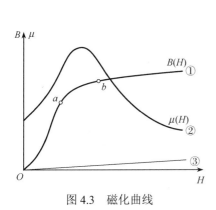

图 4.3　磁化曲线

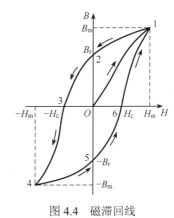

图 4.4　磁滞回线

不同的铁磁材料，其磁化曲线和磁滞回线有所不同。

4.2　变压器的结构及工作原理

变压器是根据电磁感应原理制成的一种静止的电气设备，具有变换电压、电流和阻抗的功能，在电力系统和电子电路中有着广泛的应用。

4.2.1　变压器的基本结构

变压器的种类很多，它们在外形、体积、质量和具体结构上有很大的差异，但是它们的基本结构都相同，主要由铁芯和绕组这两部分构成。

1．铁芯

铁芯是变压器磁路的主体部分，采用厚度为 0.35mm 或 0.5mm 的硅钢片冲压成一定的形状，再经过表面绝缘处理后叠装而成，承担着变压器一次侧、二次侧的磁耦合任务。

2．绕组

绕组是变压器电路的主体部分，采用导电性能良好的绝缘铜线或铝线绕制而成，承担着电能传输和电压变换的任务。

变压器与电源相连接的一侧称为一次侧，也称为原边，相应绕组称为一次绕组（或原绕组），其电磁量的符号上加下标数字"1"；与负载相连接的一侧称为二次侧，也称为副边，相应绕组称为二次绕组（或副绕组），其电磁量的符号上加下标数字"2"。

一般变压器的一、二次绕组的匝数不相等，匝数多的绕组电压较高而电流较小，绕组的线径较小，称为高压绕组；匝数少的绕组电压较低而电流较大，绕组的线径较大，称为低压绕组。为了使绕组之间的磁耦合更加紧密，一、二次绕组同心地套在铁芯柱上。为了实现绕组和铁芯之间的绝缘，总是将低压绕组装在靠近铁芯的内层，而高压绕组则套装在低压绕组的外层，这样的套装方式可节约线材，也更合理。

3．变压器的结构形式

普通双绕组变压器的结构形式有芯式和壳式两种，如图4.5所示。

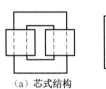

（a）芯式结构　　（b）壳式结构

图4.5　变压器的结构形式

芯式结构变压器的铁芯为"口"字形，绕组装在两边的铁芯柱上，铁芯被绕组"包裹"着，这种结构的绕组套装方便，用铁量少，多用于较大容量的变压器，如图4.5（a）所示。壳式结构变压器的铁芯为"日"字形，绕组套装在中间的铁芯柱上，绕组被铁芯"包裹"着，如图4.5（b）所示，这种结构的变压器一般不需外壳，但用铁量较多，仅用作小容量的单相变压器和耦合变压器。

4.2.2　变压器的工作原理

图4.6为单相变压器的原理图。为了分析方便，把一、二次绕组分别画在两边的铁芯柱上。设一次绕组匝数为N_1，二次绕组匝数为N_2。以下分别就变压器空载运行和负载运行的情况，分析其工作过程和原理。

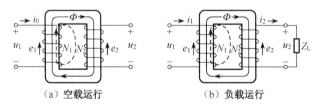

（a）空载运行　　　　　　　（b）负载运行

图4.6　单相变压器的原理图

1．变压器空载运行及电压变换原理

在图4.6（a）中，加在一次绕组上的电压为u_1，绕组中的电流为i_{10}，二次绕组不接负载，即开路，这种状态称为变压器的空载运行。变压器空载运行时，一次绕组的电流为空载电流，它只在铁芯中建立磁通，故为励磁电流。由于变压器铁芯由硅钢片拼接叠成，气隙很小，可看成闭合的铁芯，因此建立磁通所需的励磁电流很小（其有效值为一次绕组额定电流的2.5%～10%）。

一次绕组中励磁电流的磁动势为$N_1 i_{10}$，它在铁芯中产生的主磁通Φ同时穿过一次绕组和二次绕组，分别产生感应电动势e_1和e_2，各电磁量的参考方向如图4.6（a）所示。

根据交流铁芯线圈的恒磁通特性$U \approx E = (2\pi / \sqrt{2}) f N \Phi_{\mathrm{m}} = 4.44 f N \Phi_{\mathrm{m}}$可知，一、二次绕组中

感应电动势 e_1 和 e_2 的有效值分别为

$$E_1 = 4.44fN_1\Phi_m \qquad E_2 = 4.44fN_2\Phi_m \qquad (4.7)$$

式中，f 为电源频率；Φ_m 为主磁通幅值。

若忽略漏磁通的影响及一次绕组上的电压降，则外加电压的有效值 U_1 与 E_1 近似相等。又因为二次绕组开路，故二次绕组的端电压 U_{20} 与 E_2 相等，即

$$U_1 \approx E_1; \quad U_{20} = E_2 \qquad (4.8)$$

由式（4.7）和式（4.8）得

$$\frac{U_1}{U_{20}} \approx \frac{E_1}{E_2} = \frac{N_1}{N_2} = k \qquad (4.9)$$

式中，k 为一、二次绕组的匝数比。当 $k > 1$ 时，$U_1 > U_{20}$，为降压变压器；当 $k < 1$ 时，$U_1 < U_{20}$，为升压变压器。式（4.9）表明，通过取一定的匝数比，就可以将输入电压变换为所需的输出电压，这就是变压器的电压变换原理。

2. 变压器负载运行及电流变换作用

变压器一次绕组与电源相连，二次绕组接上负载时的运行状态，称为变压器的负载运行，如图 4.6（b）所示。

变压器负载运行时，二次绕组的感应电动势 e_2 将产生电流 i_2，同时，一次绕组的电流由 i_{10} 变化为 i_1，电流 i_1 和 i_2 都将在铁芯中产生各自的磁通，它们的磁动势分别为 N_1i_1 和 N_2i_2。因此，变压器负载运行时，铁芯中的主磁通 Φ 是由 N_1i_1 和 N_2i_2 共同作用产生的，即负载运行时总的磁动势为 $N_1i_1 + N_2i_2$。由于一次绕组上外加电压不变，根据恒磁通特性，负载运行时铁芯中主磁通的幅值也不变。故空载运行和负载运行时磁动势相等，即

$$N_1i_1 + N_2i_2 = N_1i_{10}$$

改写为相量形式：

$$N_1\dot{I}_1 + N_2\dot{I}_2 = N_1\dot{I}_{10} \quad \text{或} \quad \dot{I}_1 + \frac{N_2}{N_1}\dot{I}_2 = \dot{I}_{10} \qquad (4.10)$$

式（4.10）称为磁动势平衡方程。

由于变压器空载运行时一次绕组的电流 I_{10} 很小，与负载运行时相比，I_{10} 远小于 I_1，故可以将 I_{10} 忽略。因此 $\dot{I}_1 + \frac{N_2}{N_1}\dot{I}_2 \approx 0$，故

$$\frac{\dot{I}_1}{\dot{I}_2} \approx -\frac{N_2}{N_1} = -\frac{1}{k} \qquad (4.11)$$

式（4.11）中的负号"–"表示在图 4.6（b）所示的参考方向下，一、二次绕组中电流的相位相反。

由式（4.11）可知，一、二次绕组中电流有效值的关系为

$$\frac{I_1}{I_2} = \frac{N_2}{N_1} = \frac{1}{k} \qquad (4.12)$$

即一、二次绕组的电流比等于匝数比的倒数，这表明变压器具有电流变换作用。

在负载运行时，变压器一、二次绕组中的电压平衡方程分别为

$$\dot{U}_1 = -\dot{E}_1 + R_1\dot{I}_1 \qquad \dot{U}_2 = \dot{E}_2 - R_2\dot{I}_2 = Z_L\dot{I}_2$$

因为一、二次绕组的电阻都很小，在线圈上的电压降均可忽略，故

$$\dot{U}_1 \approx -\dot{E}_1 \qquad \dot{U}_2 \approx \dot{E}_2$$

因而，在负载运行时，一、二次绕组中电压有效值的关系为

$$\frac{U_1}{U_2} \approx \frac{E_1}{E_2} = \frac{N_1}{N_2} = k$$

这表明，变压器一、二次绕组的电压比等于匝数比的结论，不仅适用于空载运行情况，也适用于负载运行的情况。

3. 变压器的阻抗变换原理

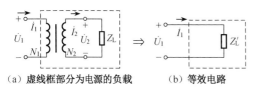

（a）虚线框部分为电源的负载　　（b）等效电路

图 4.7　变压器的阻抗变换

在电子电路中，常利用变压器的阻抗变换作用来达到负载与信号源匹配的目的。

如图 4.7 所示，负载阻抗 Z_L 接在变压器的二次侧上，相对于电源而言，可以将变压器连同负载一起，用一个等效阻抗 Z_L' 来代替（图中的虚线框部分）。

Z_L' 和 Z_L 的数值关系为

$$\left| Z_L' \right| = \left(\frac{N_1}{N_2} \right)^2 \cdot \left| Z_L \right| = k^2 \left| Z_L \right| \tag{4.13}$$

即接在变压器二次侧的阻抗 $\left| Z_L \right|$，对于一次侧的电源而言，相当于电源直接接上一个等效阻抗为 $k^2 \left| Z_L \right|$ 的负载，其中 k 为匝数比。这表明变压器具有阻抗变换作用。

4.2.3　变压器的损耗和效率

变压器在运行过程中，自身会产生铜损 ΔP_{Cu} 和铁损 ΔP_{Fe}。铜损是电流 I_1 和 I_2 分别在一、二次绕组上产生的损耗，它随着负载的变化而变化，是可变损耗；铁损包括磁滞损耗 ΔP_n 和涡流损耗 ΔP_e，对运行中的变压器而言，当电源电压和频率不变时，铁芯中主磁通的幅值基本不变，铁损也就基本不变，是不变损耗。设一次侧的输入功率为 P_1，二次侧的输出功率为 P_2，则

$$P_1 = P_2 + \Delta P_{Cu} + \Delta P_{Fe}$$

变压器的效率定义为输出功率与输入功率的百分比，用 η 表示。

$$\eta = \frac{P_2}{P_1} \times 100\% = \frac{P_2}{P_2 + \Delta P_{Cu} + \Delta P_{Fe}} \times 100\% \tag{4.14}$$

变压器的效率高低反映变压器运行的经济性。研究表明，当实际负载为额定负载的 50%～70% 时，变压器的效率最大；空载运行时，变压器的效率为零。因此，应合理选择变压器的容量，避免长期轻载或空载运行。

4.2.4　变压器的额定值

变压器的额定值是生产厂家根据国家技术标准，为保证变压器正常可靠的工作所做出的使用规定。单相变压器的额定值如下。

1. 额定电压

一次绕组的额定电压 U_{1N} 是变压器在额定运行情况下，根据变压器绝缘等级和允许温升所规定的一次绕组的线电压值。

二次绕组额定电压 U_{2N} 在电力系统中是指一次绕组的电压为额定电压时，二次绕组的空载

电压（U_{20}），它比二次侧负载额定电压略高一些（高约 5%或 10%）。例如，我国低压配电线路的额定电压为 380V/220V，则变压器二次绕组额定电压实际为 400V/230V。在小型变压器中，二次绕组额定电压通常是指变压器一次绕组加额定电压，二次绕组接额定负载时的输出电压。

2．额定电流

额定电流是指变压器在额定运行情况下，根据允许温升所规定的电流值，用 I_{1N} 和 I_{2N} 表示。它是变压器连续运行时一、二次绕组允许通过的最大电流。

3．额定容量

额定容量 S_N 是指变压器二次侧额定电压和额定电流的乘积，即二次侧的额定视在功率。单位为伏安（V·A）或千伏安（kV·A）。忽略损耗时，单相变压器的额定容量

$$S_N = U_{2N}I_{2N} \approx U_{1N}I_{1N} \tag{4.15}$$

额定容量反映变压器所能传送电功率的能力，不能把变压器的容量与变压器的实际输出功率相混淆，变压器实际运行时的输出功率取决于负载的大小和性质。

4.3* 特殊变压器

变压器的种类很多，在实际应用中还有其他类型的变压器。它们的基本工作原理虽然相同，但又有各自的特点。本节将对自耦变压器和互感器进行简单的介绍。

4.3.1　自耦变压器

普通双绕组变压器的一、二次绕组是彼此独立、相互绝缘的，它们只有磁的耦合而无电的直接联系。自耦变压器的结构较为特殊，它只有一个绕组，这个绕组的全部匝数为 N_1，作为一次绕组与电源相连接，而绕组的一部分匝数为 N_2，作为二次绕组与负载相连接，如图 4.8（a）所示。在实际应用中，通过旋转手柄，使滑动触头与绕组上沿径向裸露的表面依次接触，可改变二次绕组的匝数，从而得到连续可变的输出电压。这种自耦变压器又称为自耦调压器。自耦变压器的电路符号如图 4.8（b）所示。

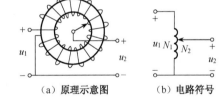

（a）原理示意图　　　（b）电路符号

图 4.8　自耦变压器

为了安全使用自耦变压器，应注意以下几点。

（1）自耦变压器不能用作隔离变压器，因为自耦变压器的一、二次绕组有电的直接联系。

（2）一、二次绕组不能对调使用，否则可能烧坏绕组，甚至造成电源短路。

（3）一、二次绕组的公共端必须接在电源的零线上。

（4）使用前，滑动触头必须处于零刻度位置。接通电源后，逐渐转动手柄，将输出电压调到所需的值。使用完毕，再将手柄转回零刻度处，以备下次使用。

4.3.2　互感器

互感器是一种专门用于电工测量的双绕组变压器，其主要作用是扩大测量仪表的量程，同时使测量仪表与被测高压电网隔离以保证安全。互感器按其用途不同分为电压互感器和电流互感器两种。

1．电压互感器

电压互感器是一种降压变压器。其一次绕组匝数多，与被测高压电网并联；二次绕组匝数

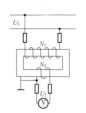

图4.9 电压互感器原理图

少，与交流电压表连接，如图 4.9 所示。因电压表的内阻很大，故电压互感器二次侧电流很小，近似于变压器空载运行。根据变压器的原理知

$$U_1 = \frac{N_1}{N_2} U_2 = k_u U_2 \qquad (4.16)$$

式中，U_1 为被测电网的电压；U_2 为电压表的读数；N_1 和 N_2 分别为一、二次绕组的匝数；k_u 为匝数比，称为变压比。

由式（4.16）可知，当 N_1 远大于 N_2 时，k_u 很大，U_2 远小于 U_1，故可用小量程电压表来测量电网的大电压。通常不同规格的电压互感器二次侧的额定电压均为 100V，故可采用100V 标准电压表。然后根据式（4.16），将对应的被测电压值直接标在电压表的刻度盘上，则测量时可直接读出被测的电压值。在不同等级电网中所使用的电压互感器，其变压比也不相同，如 6000/100、10000/100 等。

电压互感器在工作中其二次侧不允许短路，否则将烧毁电压互感器，故应在电压互感器的一、二次侧接入熔断器。

2．电流互感器

电流互感器是一种升压变压器。其一次绕组用粗导线绕成，通常只有一匝或几匝，与被测电路串联；二次绕组匝数很多，与交流电流表连接，如图 4.10 所示。因电流表内阻很小，故电流互感器的二次侧近似于短路。与普通变压器不同的是，其一次绕组中的电流大小完全由被测电路的电流决定，而与二次绕组中的电流大小无关。根据变压器的原理知

$$I_1 = \frac{N_2}{N_1} I_2 = k_i I_2 \qquad (4.17)$$

式中，I_1 为被测电流；I_2 为电流表的读数；N_1 和 N_2 分别为一、二次绕组的匝数；k_i 为它们匝数比的倒数，称为电流互感器的变流比。

由式（4.17）可知，当 N_2 远大于 N_1 时，k_i 很大，I_2 远小于 I_1，故可用小量程电流表来测量电网的大电流。通常，不同规格的电流互感器二次侧的额定电流均为5A。在不同电流等级的电路中所用的电流互感器的变流比也不同，如 30/5、50/5、100/5 等。

电流互感器在工作中其二次绕组不允许开路。这是因为它的一次绕组与电网的负载串联，其电流大小由电网负载的大小决定，当二次绕组开路时，由于失去了二次侧电流的去磁作用，主磁通将急剧增大，使铁芯过热而烧毁绕组，同时二次侧还会感应出高电压，可能将绕组的绝缘击穿，危及人身和设备的安全。因此，在电流互感器的二次侧不允许串接开关和熔断器。当在二次侧电路中拆装仪表时，必须先将二次绕组短路。

此外，为了安全起见，电压互感器和电流互感器的铁芯和二次绕组的一端都必须可靠接地。

图 4.11 为钳形电流表原理图，钳形电流表是一种特殊的配有电流互感器的电流表，它可以在不断开电路的情况下直接测量交流电路中的电流。钳形电流表的铁芯可以张开，测量时先按下扳手，使可动铁芯张开，将被测电流的导线夹在铁芯中间，再松开扳手，其内部的弹簧会使张开的铁芯闭合。这样，被套入的导线就成为电流互感器的一次绕组，其匝数为 1，电流互感器的二次绕组与电流表接成闭合回路，从电流表上就可直接读出被测电流值。

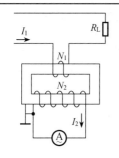

图 4.10　电流互感器原理图

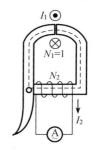

图 4.11　钳形电流表原理图

本章小结

（1）在电气设备中，为了减小设备的体积和质量，并以较小的励磁电流获得较强的磁场，常采用导磁性能良好的铁磁材料制成铁芯。铁磁材料的主要磁性能是高导磁性、磁饱和性和磁滞性。

（2）交流铁芯线圈电路是分析变压器、交流电动机等交流设备工作原理的基础。在外加电压和频率一定时，铁芯中主磁通幅值 $\Phi_m = U/4.44fN$ 不变，即交流铁芯线圈的恒磁通特性。

交流铁芯线圈电路的功率损耗 ΔP 中，有线圈的铜损 ΔP_{Cu} 和铁芯的铁损 ΔP_{Fe}，铁损包括磁滞损耗 ΔP_n 和涡流损耗 ΔP_e，即 $\Delta P = \Delta P_{Cu} + \Delta P_n + \Delta P_e$。

（3）变压器是根据电磁感应原理制成的一种静止的电气设备，它主要由铁芯和绕组两部分构成。变压器具有变换电压、变换电流和变换阻抗的重要作用。即

$$\frac{U_1}{U_2} \approx \frac{N_1}{N_2} = k \; ; \; \frac{I_1}{I_2} \approx \frac{N_2}{N_1} = \frac{1}{k} \; ; \; \frac{|Z'_L|}{|Z_L|} = \left(\frac{N_1}{N_2}\right)^2 = k^2$$

（4）自耦变压器的一、二次绕组共用一个绕组，它们之间既有磁的联系，又有电的联系。在使用中，自耦变压器不能作为隔离变压器；其一、二次绕组不能对调使用；一、二次绕组的公共端必须接在电源的零线上。

互感器是电工测量中用于扩大仪表量程，并使测量仪表和设备与高压电网隔离的特殊变压器。其按用途不同分为电压互感器和电流互感器两种。为了使用的安全，互感器的二次绕组连同铁芯必须可靠接地；电压互感器的二次绕组不允许短路；电流互感器的二次绕组不允许开路。

自我评价

1. 下列物理量中，描述磁场中各点磁场的强弱和方向的物理量是（　　）。
   A. 磁场强度　　　　　B. 磁感应强度　　　　C. 磁通量　　　　　D. 磁动势
2. 磁化现象的正确解释是（　　）。
   A. 磁畴在外磁场的作用下转向形成附加磁场
   B. 磁化过程使磁畴回到原始杂乱无序的状态
   C. 磁畴存在与否与磁化现象无关
   D. 各种材料的磁畴数目基本相同，只是有的不易于转向而形成附加磁场
3. 负载减小时，变压器一次绕组的电流将（　　）。
   A. 增大　　　　　　　B. 不变　　　　　　　C. 减小　　　　　　D. 无法判断
4. 铁磁材料的主要特性有＿＿＿＿＿＿、＿＿＿＿＿＿和＿＿＿＿＿＿。

5．变压器的功率损耗有_____和_____两部分。

6．变压器具有变换_____、变换_____和变换_____的作用。

7．电流互感器_____绕组匝数较少，_____绕组匝数较多，工作时不允许二次绕组_____。

8．测量时，电压互感器的一次绕组应_____联在被测电路中，电流互感器的一次绕组应_____联在被测电路中，二次绕组一端与_____相连是为了安全。

9．判断下列说法正确与否（正确的打√；错误的打×）。

（1）在一些交流设备中，采用硅钢片作铁芯，是为了增大设备的机械强度和稳定性。　（　　）

（2）磁路中气隙加大时磁阻加大，同样的磁通就需要较大的磁动势。　（　　）

（3）铁磁材料的磁导率和真空磁导率都是常数。　（　　）

（4）变压器一次绕组电流的大小由电源决定，二次绕组的电流由负载决定。　（　　）

（5）磁滞现象引起的剩磁是十分有害的，没有利用价值，应尽量减小。　（　　）

（6）变压器不能改变直流电压。　（　　）

（7）铁芯用硅钢片叠成，而不用铁块是为了增强磁场。　（　　）

习题 4

4-1．有一交流铁芯线圈接在 220V、50Hz 的正弦交流电源上，其线圈匝数为 733，铁芯截面积为 13cm²。求：

（1）铁芯中的磁通幅值和磁感应强度幅值各是多少？

（2）若在此铁芯上套装一个匝数为 60 的线圈，则此线圈的开路电压是多少？

4-2．已知某照明用变压器的一次绕组额定电压为 220V，二次绕组额定电压为 36V，一次绕组的匝数为 4400，试求该变压器的变压比和二次绕组的匝数。

4-3．已知某单相变压器的一、二次绕组的额定电压分别为 3000V 和 220V，负载是一台 220V、25kW 的电阻炉，则一、二次绕组的电流各为多少？

4-4．某车间的照明变压器一次侧的额定电压为 220V，额定电流为 4.55A，二次侧的额定电压为 36V，则二次侧可接 36V、60W 的白炽灯多少盏？

4-5．已知某信号源的交流电动势为 2.4V，内阻为 600Ω，欲使负载获得最大功率，必须在信号源和负载之间接一变压器来变换阻抗，若此时负载的电流为 4mA，问负载的电阻为多大？

4-6．某单相变压器一、二次绕组的匝数分别为 1000 和 500，现给一次侧加电压 220V，二次侧接电阻性负载，测得二次侧电流为 4A，忽略变压器的内阻抗及损耗，试求：

（1）一次侧相对于电源的等效阻抗；

（2）负载消耗的功率。

第5章

电路的暂态过程

知识目标

①了解电路稳态和暂态的含义；②掌握换路定则及其应用；③能熟练地对 RC 电路进行暂态分析，即掌握一阶 RC 电路的电容元件的充放电过程及电路的分析方法。

技能目标

①能理解什么是暂态过程和换路定则；②能利用本章知识对电路进行暂态分析。

前面所讨论的电路问题都基于电路工作时的稳定状态（简称稳态），但自然界中，任何事物从一种状态（稳态）到另一种状态（稳态）都需要一定的时间，这个过渡过程就是暂态过程（简称暂态）。本章讨论电路的暂态过程，主要是探讨该过程的一般规律，即过程中电流和电压的时间函数与求解方法，以及反映该过程某些特性的概念和物理量。电路中的暂态过程虽然短暂，但认识和掌握这种客观存在的物理现象的规律，就可以适当利用暂态过程的特性解决实际问题，同时掌握预防可能出现的过电压、过电流的方法。

5.1 暂态过程和换路定则

5.1.1 暂态过程

微课：暂态过程和换路定则

在图 5.1 所示电路中，电阻与电感及开关 S 串联后接到直流电源上。开关 S 闭合前，电路中没有电流，这是一种稳定状态；开关 S 闭合，接通电源后，电流逐渐增大，达到某数值后，就保持不变，这又是一种稳定状态。电路从电流为零增加到维持某一恒定电流不变需要一定的时间，这就是 RL 电路接通直流电源的暂态过程。一般来说，电路从一种稳定状态变化到另一种稳定状态的中间过程称为电路的暂态过程。暂态发生的过程中，电路的结构或参数发生的突然变化称为换路，换路是即刻完成的。电路中电源的接通或断开、电路的改接、电源的变化、电路参数的变化等，都属于换路。换路后，含有储能元件的电路即出现暂态过程。

5.1.2 换路定则和初始值

换路定则阐明的是换路瞬间电路元件的电压和电流的变化规律。由于暂态过程中的电压、电流既不是直流也不是周期性交流，所以某些分析稳态电路的方法、公式已不适用。但 KCL、KVL

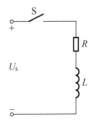

图 5.1　电阻与电感串联电路

仍适用；电阻、电感、电容三种元件的电压、电流关系要用基本关系式来表示：

$$u = iR \qquad u = L\frac{\mathrm{d}i}{\mathrm{d}t} \qquad i = C\frac{\mathrm{d}u}{\mathrm{d}t}$$

若电路是线性的，叠加原理也适用；另外，还要应用由于储能元件能量不能突变而反映到电路上的特殊规律—换路定则。

换路是瞬时完成的，一般把换路瞬间取为计时起点，即取 $t = 0$，并将换路前的终了时刻记为 $t = 0_-$，换路后的初始时刻记为 $t = 0_+$，则可得到如下结论：在换路后的一瞬间，如果电感两端的电压保持为有限值，则电感中的电流应当保持换路前一瞬间的原有值而不能突变，即

$$i_{\mathrm{L}}(0_+) = i_{\mathrm{L}}(0_-)$$

在图 5.2（a）所示的 RL 电路中，对于一个原来没有电流的电感来说，在换路的一瞬间，$i_{\mathrm{L}}(0_+) = i_{\mathrm{L}}(0_-) = 0$，电感相当于开路。

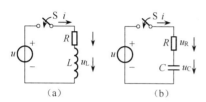

图 5.2　RC、RL 电路的换路

同理，在图 5.2（b）所示的 RC 电路中，开关 S 闭合以前，电容两端的电压 $u_{\mathrm{C}} = 0$，电容极板上的电荷 $q = 0$；当 S 闭合时，由于电容极板上的电荷不能突变，故电压也就不能突变，而必须从零逐渐变为 U。

因此，对电容可得到如下结论：在换路后的一瞬间，如果与电容相连的导线中的电流保持为有限值，则电容两端的电压应当保持换路前一瞬间的原有值而不能突变，即

$$u_{\mathrm{C}}(0_+) = u_{\mathrm{C}}(0_-)$$

对于一个原来不带电荷的电容来讲，在换路的一瞬间，$u_{\mathrm{C}}(0_+) = u_{\mathrm{C}}(0_-) = 0$，电容相当于短路。

换路定则指的就是在换路瞬间，如果流过电容的电流为有限值，其电压 u_{C} 不能突变；如果电感两端的电压为有限值，其电流 i_{L} 不能突变。但要注意的是，电路换路时，只是电感中的电流和电容两端的电压不能突变，而电路中其他部分的电压和电流，包括电感两端的电压和电容的电流都是可以突变的。

为描绘电路的暂态过程，首先必须确定暂态过程的初始值。换路定则是分析电路暂态过程的一个重要依据，可以用来确定暂态过程的初始值。其步骤为，先根据换路定则求出 $i_{\mathrm{L}}(0_+)$ 和 $u_{\mathrm{C}}(0_+)$，再根据基尔霍夫定律求出其他暂态量的初始值。现举例说明之。

【例 5.1】电路如图 5.3 所示，$U = 100\text{V}$，$R_2 = 100\Omega$，开关 S 原处于位置 1，电路达到稳态，试求 S 由位置"1"拨到位置"2"时，电路中阻值为 R_1 的电阻、阻值为 R_2 的电阻和电容的电压及电流的初始值。

解：电压和电流的参考方向如图 5.3 所示，由于电容在直流稳定状态相当于开路，所以首先求换路前电容的电压

$$u_{\mathrm{C}}(0_-) = U = 100\text{V}$$

作出 $t = 0_+$ 时的等效电路，如图 5.4 所示，当开关 S 拨到位置"2"上时，根据换路定则有

$$u_{\mathrm{C}}(0_+) = u_{\mathrm{C}}(0_-) = 100\text{V}$$

根据 $t = 0_+$ 时的等效电路，运用 KVL 有

$$u_{\mathrm{R}2} + u_{\mathrm{C}} = 0$$

故

$$u_{\mathrm{R}2}(0_+) = -u_{\mathrm{C}}(0_+) = -100\text{V}$$

$$i_{R2}\left(0_{+}\right)=\frac{u_{R2}\left(0_{+}\right)}{R_2}=-\frac{100}{100}=-1（A）$$

$$i_C\left(0_{+}\right)=i_{R2}\left(0_{+}\right)=-1A$$

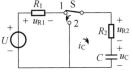 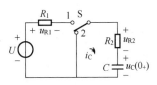

图 5.3　例 5.1 图　　　　　　　图 5.4　$t=0_{+}$ 时等效电路图

对阻值为 R_1 的电阻有

$$i_{R1}\left(0_{+}\right)=0$$

$$u_{R1}\left(0_{+}\right)=Ri_{R1}\left(0_{+}\right)=0$$

【例 5.2】电路如图 5.5 所示，开关 S 断开时，电路已处于稳态。已知 $U_S=10V$ ，$R_1=6\Omega$ ，$R_2=4\Omega$ 。求开关 S 闭合后 i_1 、i_2 、i_3 及 u_L 的初始值。

解： 电压和电流的参考方向如图 5.5 所示，先求换路前电感的电流。

$$i_1\left(0_{-}\right)=i_2\left(0_{-}\right)=\frac{U}{R_1+R_2}=\frac{10}{6+4}=1（A）$$

$$i_3\left(0_{-}\right)=0$$

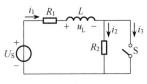

图 5.5　例 5.2 图

由换路定则得：$t=0_{+}$ 时，由于电感中的电流不能突变，所以

$$i_L\left(0_{+}\right)=i_1\left(0_{+}\right)=i_1\left(0_{-}\right)=1A$$

换路瞬间阻值为 R_2 的电阻被短路，故

$$i_2\left(0_{+}\right)=0$$

$$i_3\left(0_{+}\right)=i_1\left(0_{+}\right)=1A$$

根据 KVL，有

$$U_S=i_1\left(0_{+}\right)R_1+u_L\left(0_{+}\right)$$

故

$$u_L\left(0_{+}\right)=U_S-i_1\left(0_{+}\right)R_1=10-1\times6=4（V）$$

5.2　RC 电路的暂态分析

RC 电路中，根据换路时电容两端电压的不同，以及换路后是否有电源作用于电容，可将暂态过程分为三种情形：电容的初始电压不为 0，但换路后没有电源作用；电容的初始电压为 0，但换路后有电源作用；电容的初始电压不为 0，换路后又有电源作用。本节将详细对前两种情况进行分析。

微课：RC 电路的暂态过程

5.2.1　电容元件的放电过程

首先分析动态电路在没有电源作用的情况下，由元件原始储能引起的电路的响应，即 RC 电路中电容元件的初始状态（初始值）$u_C\left(0_{+}\right)$ 不为零，换路后无其他电源作用，电路仅在电容初始值作用下所产生的电路响应，分析该响应其实就是分析电容的放电过程。

在图 5.6 所示电路中，开关开始位于位置"1"，稳定时电容两端电压 $u_C(0_-) = U_0$。在 $t = 0$ 时刻，开关拨向位置"2"，电容与电源断开。换路瞬间，由于电容两端电压不能突变，因此 $u_C(0_+) = u_C(0_-) = U_0$，电容通过阻值为 R 的电阻放电，即电容的储能将通过阻值为 R 的电阻以热的形式释放出来，最后电容储能消耗殆尽，放电过程结束。

列出换路后 RC 回路的基尔霍夫电压方程，有

$$u_R - u_C = 0$$

由于

$$u_R = Ri，\quad i = -C\frac{du_C}{dt}\quad（注意电压与电流的参考方向）$$

将上式代入方程，得

$$RC\frac{du_C}{dt} + u_C = 0$$

这是一阶齐次微分方程，而且初始条件为 $u_C(0_+) = u_C(0_-) = U_0$，求解得该方程的通解为

$$u_C = U_0 e^{-\frac{t}{\tau}}\quad (t > 0)$$

这就是电容对阻值为 R 的电阻放电过程中电容两端电压 u_C 的表达式，其中 $\tau = RC$，称为 RC 电路的时间常数。τ 具有时间的量纲（s），单位是秒。当 $t = \tau$ 时，代入上式可得 $u_C = 0.368U_0$。

电路中暂态电流，即电容的放电电流为

$$i = -C\frac{du_C}{dt} = \frac{U_0}{R} e^{-\frac{t}{\tau}}\quad (t > 0)$$

电流的实际方向与图 5.6 中参考方向相同，电路处于电容放电状态。

由分析可见，电压 u_C 和电流 i 都是按同样的指数规律衰减的。u_C 和 i 的波形如图 5.7 所示，它们都是一条指数衰减曲线。

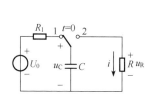

图 5.6 电容元件的放电过程电路图

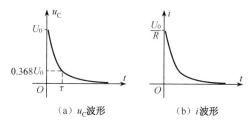

（a）u_C 波形   （b）i 波形

图 5.7 电容放电的波形

衰减的快慢取决于时间常数 $\tau = RC$ 的大小，时间常数 τ 越大，变化（衰减）越慢，这是因为当电压一定时，电容 C 越大，储存的电场能量就越大，将其释放完所需的时间就越长；电场能量的释放又是通过电流来实现的，电阻 R 越大，放电电流越小，放电时间就越长。理论上讲，暂态过程要到 $t = \infty$ 时才结束，但实际上，经过 $(3 \sim 5)\tau$ 就可以认为暂态过程基本结束。表 5-1 列出了电压 u_C 随时间变化的数值。

表 5-1 不同时间的 u_C 值

t	0	τ	2τ	3τ	4τ	5τ	...	∞
u_C	U	$0.368U$	$0.135U$	$0.050U$	$0.018U$	$0.007U$	...	0

【例 5.3】在图 5.8 所示的 RC 串联电路中，已知 $R = 10\text{k}\Omega$，$C = 4\mu\text{F}$，开关 S 未闭合前，电容已充过电，其两端电压为 10V。求开关闭合 120ms 后电容两端的电压。

解： 电压和电流的参考方向如图 5.8 所示。

电路的时间常数为

$$\tau = RC = 10 \times 10^3 \times 4 \times 10^{-6} = 40 \text{（ms）}$$

当 $t = 120$ms 时，代入公式得此时电容两端的电压为

$$u_C(120\text{ms}) = U_0 \mathrm{e}^{-\frac{t}{\tau}} = 10 \mathrm{e}^{-\frac{120}{40}} \approx 0.5 \text{（V）}$$

【例5.4】 电路如图 5.9 所示，已知 $R_1 = 1\Omega$，$R_2 = R_3 = 2\Omega$，$C = 0.5$F，$U_S = 5$V，开关 S 在位置"1"时电路处于稳态。在 $t=0$ 时开关由位置"1"拨到位置"2"。求电压 u 和图示电流 i（$t>0$）。

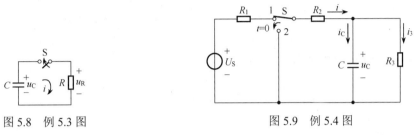

图 5.8 例 5.3 图 　　　　　　　　图 5.9 例 5.4 图

解：（1）求初始值。当 $t = 0_-$ 时，电容可视为开路，故电容两端的电压初始值

$$u_C(0_+) = u_C(0_-) = \frac{U_S}{R_1 + R_2 + R_3} \cdot R_3 = \frac{5}{1+2+2} \times 2 = 2 \text{（V）}$$

（2）求换路后电路的响应。换路后，电路等效电阻为

$$R = (R_2 // R_3) = 1\Omega$$

时间常数

$$\tau = RC = 1 \times 0.5 = 0.5 \text{（s）}$$

代入公式，可求得电容两端的电压为

$$u_C = u_C(0_+) \mathrm{e}^{-\frac{t}{\tau}} = 2\mathrm{e}^{-2t} \text{V}$$

电流

$$i = \frac{-u_C}{2} = -\mathrm{e}^{-2t} \text{A} \quad \text{（注意电流 } i \text{ 的方向）}$$

5.2.2　电容元件的充电过程

一阶 RC 电路中所有动态元件电容的初始储能为零，即在 $t = 0_+$ 时电路中所有电容两端的电压都为零，此时动态电路在外加激励的影响下产生的响应就是电容的充电过程。

图 5.10 所示一阶 RC 电路中，开关 S 闭合前，电路与直流电源断开，电容两端的电压初始值为零，$u_C(0_-) = 0$，处于零状态；当 $t = 0$ 时开关闭合，电路与电源接通，由换路定则有 $u_C(0_+) = u_C(0_-) = 0$。此后电源向电容充电，电容极板上电荷逐渐增多，电容两端的电压也逐渐增大。充电完成后稳态时，电容两端的电压 $u_C(\infty) = U_S$。

列出换路后的回路方程，有

$$u_R + u_C = U_S$$

将元件的电压与电流关系

$$u_R = Ri，\quad i = C\frac{\mathrm{d}u_C}{\mathrm{d}t}$$

代入上式，得

$$RC\frac{du_C}{dt} + u_C = U_S$$

上式为一阶非齐次线性微分方程，它的解可以表示为

$$u_C = A + Be^{-\frac{t}{\tau}}$$

u_C 的稳定值必定满足该式，即 u_C 的稳态值 $u_C(\infty) = U_S$ 可以作为微分方程的一个特解，代入上式，可求得

$$A = U_S$$

将开关闭合时电容两端电压的初始值 $u_C(0_+) = 0$ 代入上式，求解 B 得

$$B = -U_S$$

于是得出电容两端的电压：

$$u_C = U_S - U_S e^{-\frac{t}{\tau}} = U_S\left(1 - e^{-\frac{t}{\tau}}\right)$$

电容的充电电流：

$$i = C\frac{du_C}{dt} = \frac{U_S}{R}e^{-\frac{t}{\tau}} \quad (t > 0)$$

在稳态下电容的电流 i 为 0。

电路中电压与电流随时间变化的波形如图 5.11 所示，电容两端的电压 u_C 是从起始值零按指数规律上升的，最终趋于稳态值 U_S；电容的电流是从起始值 $\dfrac{U_S}{R}$ 按指数规律下降的，最终趋于零。

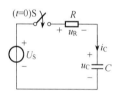

图 5.10　电容元件的充电过程电路图

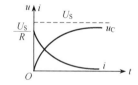

图 5.11　电压和电流的波形图

同电容的放电情形一样，电容充电过程的快慢也取决于时间常数 τ。电容充电时电容两端的电压 u_C 随时间变化的数值如表 5-2 所示。

表 5-2　不同时间的 u_C 值

t	0	τ	2τ	3τ	4τ	5τ	$\cdots$	∞
u_C		$0.632U_S$	$0.865U_S$	$0.950U_S$	$0.982U_S$	$0.993U_S$	$\cdots$	U_S

【例 5.5】电路如图 5.12 所示，$I = 2A$，$R_1 = 4\Omega$，$R_2 = 2\Omega$，$C = 0.5F$，开关 S 闭合前电容两端电压为零，即 $u_C(0_-) = 0$，$t = 0$ 时开关闭合。求开关闭合后电容两端的电压 u_C。

解：（1）求初始值。

$$u_C(0_+) = u_C(0_-) = 0$$

（2）求换路后电路的响应。开关闭合后，对电容支路，其戴维南等效电路如图 5.13 所示。电路的等效电阻为

$$R_0 = R_1 + R_2 = 4 + 2 = 6（\Omega）$$

开路等效电压为

$$U_{0C} = R_1 I = 4 \times 2 = 8（V）$$

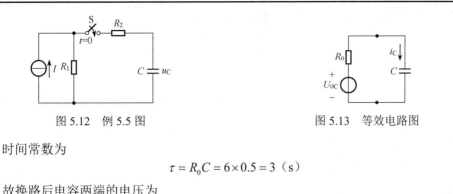

图 5.12　例 5.5 图　　　　　　　图 5.13　等效电路图

时间常数为

$$\tau = R_0 C = 6 \times 0.5 = 3 \text{（s）}$$

故换路后电容两端的电压为

$$u_C = U_{0C}\left(1 - e^{-\frac{t}{\tau}}\right) = 8\left(1 - e^{-\frac{t}{3}}\right) \text{V}$$

5.3　Multisim 仿真实验：RC 电路的充放电过程

1. 仿真原理图（见图 5.14）

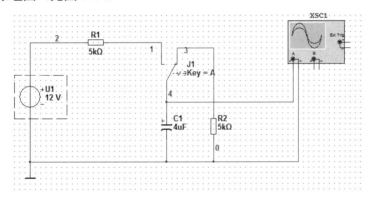

图 5.14　仿真原理图

2. 仿真过程

开关 J1 由"3"掷向"1"，电源 U1 经过 R1 对电容 C1 充电，完成后再由"1"掷向"3"，电容 C1 上的电荷通过 R2 放电。重复操作上述过程，得到图 5.15 所示的仿真波形。

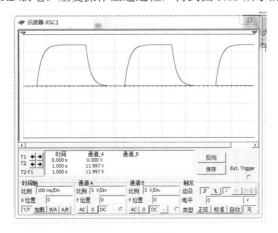

图 5.15　仿真波形

本章小结

（1）电路由一个稳态（包括接电源前的零状态）变化到另一个稳态的过程称为暂态。电路稳态的改变是由电源条件或电路参数的改变（通常称为换路）等引起的。含有电容、电感等储能元件的电路，暂态过程是一个渐变过程，因为电容元件通过的电流为有限值时，电容两端的电压不能跃变，$u_C(0_+) = u_C(0_-)$；当电感元件两端电压为有限值时，电感电流不能跃变，$i_L(0_+) = i_L(0_-)$，此为换路定则。

（2）在分析暂态过程中，除运用换路定则外，电路中电压、电流仍然遵循 KCL、KVL，若电路是线性的，叠加原理也适用。

（3）本章主要讨论了一阶线性 RC 电路接通直流电源的暂态过程，即一阶 RC 电路中电容的充放电过程。一阶 RC 动态电路，暂态过程经 $(3 \sim 5)\tau$ 后，即可认为结束，达到新的稳态。

自我评价

一、填空题

1. _____ 是指从一种稳态过渡到另一种稳态所经历的过程。

2. 换路定则指出：在电路发生换路后的瞬间，_____ 元件上通过的电流和 _____ 元件两端的电压，都应保持换路前一瞬间的原有值不变，用公式可表示为 _____ 和 _____。

3. 一阶 RC 电路换路前，动态元件电容中已经储有原始能量。换路时，若外激励等于零，仅在动态元件电容原始能量作用下所引起的电路响应，称为电容的 _____ 过程。

4. 在一阶 RC 电路中，若 C 不变，R 越大，则换路后过渡过程越 _____。

二、判断题

5. 换路定则指出：电感两端的电压是不能发生跃变的，只能连续变化。　　　（　　）

6. 换路定则指出：电容两端的电压是不能发生跃变的，只能连续变化。　　　（　　）

7. 一阶电路中所有的初始值，都要根据换路定则求解。　　　（　　）

8. RC 一阶电路中电容充电时，u_C 按指数规律上升，i_C 按指数规律衰减。　　　（　　）

三、选择题

9. 在换路瞬间，下列说法中正确的是（　　）。
   A．电感中的电流不能跃变
   B．电感两端的电压必然跃变
   C．电容中的电流必然跃变

10. 10Ω 电阻和 0.2F 电容并联电路的时间常数为（　　）。
   A．1s 　　　　　B．0.5s 　　　　　C．2s

11. 图 5.16 所示电路已达到稳态，现增大 R 值，则该电路（　　）。
   A．因为发生换路，要产生过渡过程
   B．因为电容的储能值没有变，所以不产生过渡过程
   C．因为有储能元件且发生换路，要产生过渡过程

12. 在图 5.17 所示电路中，$u_C(0_-) = 0$，$t = 0$ 时开关 S 闭合，则 $t \geq 0$ 时的电流 $i(t)$ 为（　　）。
   A．e^{-10t}A 　　　B．$(1-e^{-10t})$A 　　　C．$10(1-e^{-10t})$A 　　　D．$10e^{-10t}$A

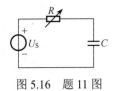

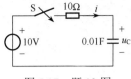

图 5.16　题 11 图　　　　　　　　　图 5.17　题 12 图

习题 5

5-1．在图 5.18 所示电路中，已知 $R = 2\Omega$，伏特表的内阻为 2.5Ω，电源电压 $U_S = 4V$。试求开关 S 断开瞬间伏特表两端的电压。假设换路前电路已处于稳态。

5-2．电路如图 5.19 所示，电源电压 $U_S = 10V$，$R_1 = 4\Omega$，$R_2 = 6\Omega$，在 $t = 0$ 时打开开关 S。求 $t = 0_+$ 时的 u_C、i_L、i_C、u_L 和 u_{R2}。

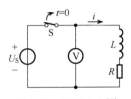

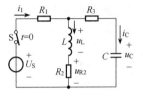

图 5.18　习题 5-1 图　　　　　　　图 5.19　习题 5-2 图

5-3．求图 5.20 所示电路换路后的时间常数。

5-4．在图 5.21 所示电路中，$U_S = 20V$，$R_1 = R_3 = 4k\Omega$，$R_2 = 2k\Omega$，$C = 2\mu F$，S 闭合前电路处于稳态，当 $t = 0$ 时 S 闭合。求 S 闭合后的 $U_C(t)$ 和各支路电流，并画出 $U_C(t)$ 的变化曲线。

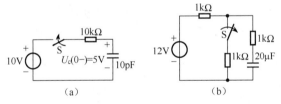

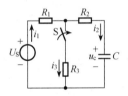

（a）　　　　　　　（b）

图 5.20　习题 5-3 图　　　　　　图 5.21　习题 5-4 图

5-5．在图 5.22 所示电路中，开关 S 闭合时电容被充电，S 断开时电容将放电。试分别求充电和放电时电路的时间常数。

5-6．在图 5.23 所示电路中，$U = 9V$，$R_1 = 6k\Omega$，$R_2 = 3k\Omega$，$C = 100pF$，$t = 0$ 时开关 S 闭合。试求 $t \geq 0$ 时的电压 u_C 及电流 i_2、i_C。

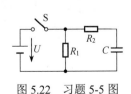

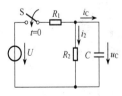

图 5.22　习题 5-5 图　　　　　　图 5.23　习题 5-6 图

第6章

三相异步电动机及其控制

知识目标

①了解三相异步电动机的基本构造和工作原理;②理解三相异步电动机的铭牌数据的含义;③熟悉各种低压电器的功能和图形符号;④掌握三相异步电动机的基本控制电路。

技能目标

能熟练完成三相异步电动机启停控制电路、正反转控制电路和星形—三角形转换降压启动控制电路的接线。

三相异步电动机是一种广泛应用于工农业生产中的动力机械,如各种机床、水泵、鼓风机、卷扬机、起重机等都以三相异步电动机为动力源。按结构的不同,三相异步电动机分为鼠笼式电动机和绕线式电动机两种类型。其中,鼠笼式电动机具有结构简单、坚固耐用、使用维护方便及价格低等优点,而绕线式电动机具有较好的启动和调速性能。本章以鼠笼式三相异步电动机为重点,介绍其结构、工作原理、运行特性和主要技术数据,以及三相异步电动机的基本控制电路等。

6.1 三相异步电动机的构造与原理

三相异步电动机由定子和转子两部分组成,定子是固定不动的部分,转子是旋转的部分。图 6.1 所示为三相异步电动机的外形和内部结构。

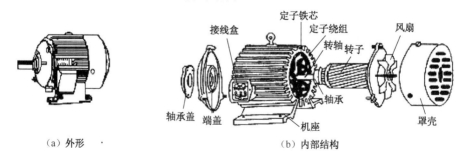

（a）外形　　　　　　　　　　　　　　　（b）内部结构

图 6.1 三相异步电动机的外形和内部结构

6.1.1 定子与转子

1. 定子

定子由机座、定子铁芯、定子绕组、接线盒、端盖、轴承等部分组成。机座由铸铁或铝合金材料制成，用于固定和支撑定子铁芯，表面有散热片。定子铁芯由厚度为 0.5mm 的硅钢片叠合而成，其内圆周上均匀分布着许多与轴平行的槽，用于嵌放定子绕组。定子绕组由三组相同的绕组组成，称为对称三相绕组。中、小型电动机一般用高强度漆包线绕制成绕组，大型电动机的绕组常使用扁平线圈。每个绕组由许多线圈按一定规律嵌放于定子铁芯槽内，三组绕组的始端用 U_1、V_1、W_1 表示，末端用 U_2、V_2、W_2 表示，将三相定子绕组嵌放入定子铁芯槽时，绕组的三个始端 U_1、V_1、W_1 沿定子铁芯内圆周互成 120°角，三个末端 U_2、V_2、W_2 也互成 120°角，三相绕组共 6 个端子分别连接在接线盒的对应接线柱上。接线盒用于三相绕组与三相电源的连接，可以将三相绕组连接成星（Y）形或三角（△）形，如图 6.2 所示。

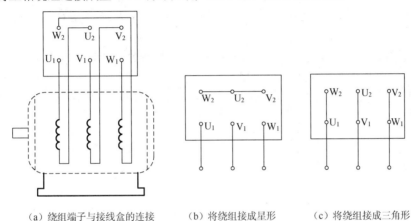

（a）绕组端子与接线盒的连接　　（b）将绕组接成星形　　（c）将绕组接成三角形

图 6.2　三相定子绕组的星形接法和三角形接法

2. 转子

转子由转子铁芯、转子绕组、转轴和风扇等部分组成。转子铁芯也用厚度为 0.5mm 的硅钢片叠合而成，在其外圆周上均匀分布着许多槽，用于嵌放转子绕组。转子绕组按结构的不同，分为鼠笼式和绕线式两种。

鼠笼式转子绕组是将一根一根铜条或铝条嵌放在转子铁芯槽内，两端用短路环焊接起来，小型鼠笼式电动机常用铸铝的方法，将铝条、两端的短路环和风扇铸成一个整体，如图 6.1（b）所示。如果去掉转子铁芯，转子绕组就像是一只鼠笼，故称为鼠笼式转子。

三相异步电动机的转轴一般用中碳钢制成，用于固定转子铁芯，输出机械功率。风扇用于强制散热。

6.1.2　三相异步电动机的工作原理

三相异步电动机是利用定子绕组中三相交流电流所产生的旋转磁场与转子绕组中的感应电流相互作用来工作的。以下先分析旋转磁场的产生和特点，然后分析转子转动的原理。

1. 旋转磁场

为了简单见，将每相绕组简化成一匝线圈，三相绕组 U_1U_2、V_1V_2 和 W_1W_2 在定子铁芯槽内按空间上相隔 120°放置，并设它们做 Y 形连接。

当三相绕组与三相对称电源接通后，三相绕组中的电流分别为 i_U、i_V、i_W，它们在相位上依次相差 120°，可设

$$i_U = I_m \sin \omega t$$
$$i_V = I_m \sin(\omega t - 120°)$$
$$i_W = I_m \sin(\omega t + 120°)$$

各电流的参考方向以流入始端为正方向，各端子上电流的实际流入方向用符号⊗表示，实际流出方向用⊙表示。分别取 ωt 为 0°、60°、120°、180°时的几个瞬间来考察三相绕组电流所产生的合成磁场。

$\omega t = 0°$ 时：$i_U = 0$，$i_V = -\dfrac{\sqrt{3}}{2}I_m$，$i_W = \dfrac{\sqrt{3}}{2}I_m$，合成磁场方向如图 6.3（a）所示；

$\omega t = 60°$ 时：$i_U = \dfrac{\sqrt{3}}{2}I_m$，$i_V = -\dfrac{\sqrt{3}}{2}I_m$，$i_W = 0$，合成磁场方向如图 6.3（b）所示；

$\omega t = 120°$ 时：$i_U = \dfrac{\sqrt{3}}{2}I_m$，$i_V = 0$，$i_W = -\dfrac{\sqrt{3}}{2}I_m$，合成磁场方向如图 6.3（c）所示；

$\omega t = 180°$ 时：$i_U = 0$，$i_V = \dfrac{\sqrt{3}}{2}I_m$，$i_W = -\dfrac{\sqrt{3}}{2}I_m$，合成磁场方向如图 6.3（d）所示。

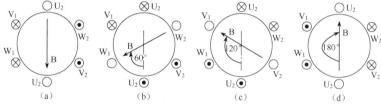

图 6.3　定子电流形成旋转磁场的示意图

用同样的方法，也可以得到 ωt 为 240°、300°、360°等瞬间合成磁场的方向，它们将依次沿顺时针方向旋转 60°。由此可见，当三相对称绕组中通入三相对称电流后，所产生的合成磁场是一个方向连续改变的磁场，即旋转磁场。以上情况中所形成的合成磁场，在每一瞬间只有一对磁极（N、S，二极），且在电源的一个周期内，合成磁场的方向恰好改变了 360°，即旋转磁场旋转了一周，旋转磁场的转向与三相电源的相序一致。

如果每相绕组由两个绕组组成，分别按一定规则放置在定子铁芯的 12 个槽中，则可形成二对磁极（四极）的旋转磁场，且在电源的一个周期内，旋转磁场的方向恰好改变 180°，即旋转半周。若采用不同的结构和连接方法的定子绕组，还可以获得三对磁极（六极）、四对磁极（八极）、五对磁极（十极）等不同磁极对数的旋转磁场。

2．转子的转动

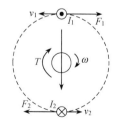

图 6.4　转子获得电磁转矩的示意图

当定子绕组的电流在定子腔内形成旋转磁场后，原来处于静止的转子绕组就与旋转磁场之间有了相对运动，转子绕组的导体因切割磁力线而产生感应电流，又使得转子导体受到磁场的作用力，形成对转轴的力矩（称为电磁转矩），从而驱动转子转动。图 6.4 是转子获得电磁转矩的示意图。图中表示在旋转磁场（设为顺时针转向）方向向下的时刻，转子绕组中上方和正下方的一对导体产生感应电流和受到磁场作用力的情况。

图中 ω 为旋转磁场的角速度（顺时针方向），v_1、v_2 为转子导体对于磁场的相对运动速度，即切割磁力线的速度。根据右手定则，可以确定上、下两根导体中感应电流 I_1、I_2 的方向。再根据左手定则，又可以确定上、下两根导体所受磁场力 F_1、F_2 的方向。这一对作用力形成了对转轴的电磁转矩 T，其方向与旋转磁场的转向一致，于是转子就沿着旋转磁场的转向转动起来。

从以上分析可知，三相异步电动机转子的转动方向与旋转磁场的转向一致。要使转子能持续获得电磁转矩的驱动，就要求转子的转速（n）不能增大到与旋转磁场的转速（n_1）相等。这是因为要产生电磁转矩，必须先在转子导体中产生感应电流。如果转子的转速与磁场的转速相等，在转子导体与磁场之间就没有相对运动，转子导体也就不能切割磁力线，转子导体中的电流及电磁转矩都将不复存在。因此，转子的转速必须低于旋转磁场的转速，即 $n < n_1$。这就是异步电动机名称的由来。又因为异步电动机中转子绕组的电流是通过电磁感应产生的，所以异步电动机也称为感应电动机。

6.1.3　转速与转差率

1．三相异步电动机的转动方向

电动机的转动方向就是转子转动的方向。从前面的分析可知，转子的转向与旋转磁场的转向一致，而磁场的转向由三相电源的相序决定。因此，改变三相电源的相序，就可以改变电动机的转动方向。改变相序的方法是，将定子绕组与三相电源连接的三根导线中的任意两根对调位置，这时流入三相绕组的电流相序反过来，从而使电动机反向转动。

2．同步转速

旋转磁场的转速称为同步转速，用 n_1 表示。同步转速 n_1 与三相电源的频率 f_1 和磁极对数 p 的关系为

$$n_1 = \frac{60 f_1}{p} \tag{6.1}$$

式中，频率的单位为 Hz，转速的单位为 r/min。

当电源频率为 50Hz 时，同步转速与磁极对数的关系如表 6-1 所示。

表 6-1　f_1=50Hz 时的同步转速

磁极对数 p	1	2	3	4	5
同步转速 n_1/（r/min）	3000	1500	1000	750	600

3．转差率

同步转速与电动机转速（n）之差（反映旋转磁场相对于转子的相对转速）跟同步转速之比，称为转差率。转差率是表征电动机运行状态的重要参数之一，用 s 表示转差率，则

$$s = \frac{n_1 - n}{n_1} \tag{6.2}$$

在电动机启动瞬间，转速 $n = 0$，转差率 $s = 1$，此时电动机的转子电流和定子电流最大；稳定运行时的转速接近于同步转速，转差率很小；额定运行时，异步电动机的额定转速（n_N）可达到同步转速的 90%以上，额定转差率（s_N）为 0.01～0.08；空载运行时，转差率在 0.005 以下。若转子转速与同步转速相等，则转差率 $s = 0$，这种情况称为理想空载状态，在实际中是不可能实现的。

【例 6.1】一台三相异步电动机的额定转速 $n_N = 1455\text{r/min}$，三相电源频率 $f_1 = 50\text{Hz}$，求这台电动机的同步转速、磁极对数和额定转差率。

　　解：由于三相异步电动机的额定转速小于且接近同步转速，根据表 6-1 可知，与 1455r/min

最接近的同步转速为 $n_1 = 1500 \text{r} / \text{min}$ ，与此对应的磁极对数为 $p = 2$ ，故这台电动机为四极电动机，其额定转差率由式（6.2）计算得

$$s_N = \frac{n_1 - n_N}{n_1} = \frac{1500 - 1455}{1500} = 0.03$$

6.2 三相异步电动机的铭牌数据

每一台电动机的机座上都带有一块反映这台电动机技术数据的铭牌。为了正确选用、使用和维护电动机，必须熟悉铭牌上各种数据的含义。某 Y 系列三相异步电动机的铭牌数据如图 6.5 所示。

型号 Y160L-4	接法 △
功率 15kW	工作方式 S1
电压 380V	绝缘等级 B 级
电流 30.3A	温升 75℃
转速 1460r/min	质量 150kg
频率 50Hz	编号
××电机厂 出厂日期××××	

图 6.5 某三相异步电动机的铭牌数据

各铭牌数据的含义如下。

1．型号

电动机的型号是表征一台电动机的类型、用途和技术特性的代号，由大写英文字母和阿拉伯数字组成，这些字母和数字都有各自的含义。下面以 Y160L-4 型电动机为例加以说明。

Y ：表示三相鼠笼式异步电动机。

160 ：表示机座中心高度为 160mm。

L ：表示长机座（S 表示短机座，M 表示中机座）。

4 ：表示磁极数，即四极。

2．功率

电动机的功率又称容量，是指在额定电压和额定频率下额定运行时，转轴上输出的机械功率，即额定功率，用 kW 作单位。这里的额定功率 P_N 不等于电源向电动机输入的电功率 P_λ ，输入的电功率是输出的机械功率与电动机各种损耗（如铜损、铁损、机械损耗等）的总和。P_N / P_λ 为电动机的效率 η ，一般鼠笼式电动机的效率为 72%～93%。

3．电压

电压是指电动机定子绕组上应加的线电压有效值，即额定电压。Y 系列三相异步电动机的额定电压均为 380V。有的电动机铭牌上标有两个电压值：380V/220V，是对应定子绕组采用 Y/△两种接法时应加的线电压有效值。即当电源线电压为 380V 时，电动机定子绕组接成 Y 形；若电源线电压为 220V 时，则接成△形。在这两种接法下电动机的额定功率不变。

4．电流

电流是指电动机在额定运行时定子绕组的线电流有效值，即额定电流。若电动机铭牌上标有两个电压值，电流也应标出两个值，对应于定子绕组采用 Y 形或△形接法时的线电流。

5．转速

转速是指电动机的额定转速。

6．频率

频率是指电动机所用交流电源的频率，我国电力系统的频率均为 50Hz。

7．接法

接法是指电动机三相定子绕组在额定运行时应采用的连接方法，有 Y 形和△形两种，规定 Y 系列三相异步电动机额定功率在 3kW 以下的采用 Y 形接法，在 4kW 以上的采用△形接法，以便采用 Y-△转换降压启动。若电动机铭牌上标有两个电压值和两个电流值，应同时标明 Y/△两种接法。

8．工作方式

电动机的工作方式有 S_1、S_2、S_3 几种。

S_1：表示连续工作，即在额定运行情况下允许长时间连续运行。

S_2：表示短时工作，指工作时间短，而停止时间长的工作方式（使电动机自然冷却到接近周围环境的温度）。电动机持续工作的时间不允许超过规定的时间限制，否则会使电动机过热。

S_3：表示断续工作或重复短时工作，指电动机运行与停止交替的工作方式。

9．绝缘等级

电动机所用绝缘材料按所允许的最高温度分级，可分为 A、E、B、F、H、C 等多个等级。一般三相异步电动机采用 E 级和 B 级绝缘材料。E 级绝缘材料的最高允许温度为 120℃，B 级绝缘材料为 130℃，如果超过规定的温度，绝缘材料的寿命会大大缩短。

10．温升

温升是指允许电动机绕组温度高于周围环境温度的最大温度差。我国规定环境温度以 40℃为标准。由于所测量的电动机机座表面温度要低于电动机绕组真正的温度，因此电动机允许的最高温度比所用绝缘材料的最高允许温度要低。

如果要了解电动机的其他一些数据，可从产品手册和电工手册中查阅。

6.3 几种常用低压电器

按我国的现行标准，凡工作在直流电压 1500V、交流电压 1200V 以下的各种控制电器和保护电器，统称为低压电器。根据其动作性质的不同，低压电器可分为手动电器和自动电器两类。以下着重介绍三相异步电动机基本控制电路中常用的几种低压电器。

6.3.1 低压开关

1．刀开关（QS）

刀开关是一种结构简单的手动电器，它由静插座、触刀、铰链支座、手柄和绝缘底板组成。刀开关的文字符号为 QS，图 6.6（a）所示为刀开关的结构示意图。

在低压电路中，刀开关用于不频繁地接通和分断电路，或用来将电路与电源隔离。刀开关断开时线路与电源明显地分开，并保持安全的隔离距离，以保障检修人员的安全，故又称为隔离开关。在使用刀开关时，电源引入线应接在上接线端上，下接线端与电气设备相连接。

刀开关按极数（刀数）不同分为单极（单刀）、双极（双刀）和三极（三刀）几种，它们的图形符号如图 6.6（b）所示。

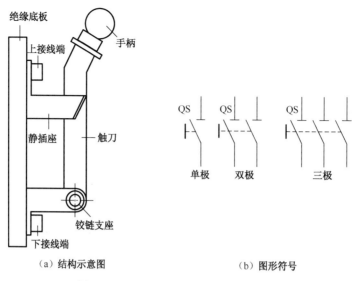

（a）结构示意图　　　　　　　　（b）图形符号

图 6.6　刀开关的结构示意图和图形符号

2．组合开关

组合开关又称为转换开关，它由装在同一根轴上的多个单极旋转开关叠装而成。旋动手柄每转过一定的角度，就带动与轴固定在一起的动触点分别与对应的静触点接通或分断。图 6.7 所示为组合开关的结构示意图和图形符号。

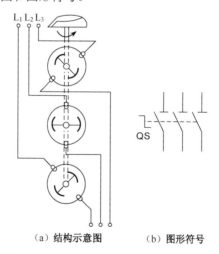

（a）结构示意图　　　　（b）图形符号

图 6.7　组合开关的结构示意图和图形符号

组合开关可用于小容量电动机的不频繁控制。若用于控制电动机可逆运转，则必须在电动机完全停止后，才允许反向接通。

6.3.2　熔断器（FU）

熔断器是在低压配电系统和三相异步电动机控制电路中常用的短路保护电器，它与被保护电路串联。熔断器中的熔丝或熔片统称为熔体，通常由电阻率较大而熔点较低的合金（如铅锡合金）制成。当电路正常工作时，熔体不会熔断，一旦发生短路，熔体必须迅速熔断，及时切断电源，以达到保护电路和电气设备的目的。熔断器的文字符号为 FU。

熔断器按结构不同，可分为螺旋式、插入式和管式几种。在中、小型电动机控制电路中常采用螺旋式熔断器，它具有安装尺寸小、易于更换和便于检查等优点。螺旋式熔断器的结构（未画出金属螺旋外部的绝缘瓷套管）和图形符号如图6.8所示。在使用螺旋式熔断器时，应将电源线接在下接线端，上接线端则与用电设备相连接，这样在更换熔管时金属螺旋上就不会带电，使安全用电得到保障。

要使熔断器起到有效的保护作用，必须选择额定电流恰当的熔体。对熔体额定电流的选用，有如下估算公式。

① 照明和电热设备中。

熔体的额定电流≥线路上所有设备工作电流之和。

② 单台电动机电路中。

熔体的额定电流≥（1.5～2.5）×电动机额定电流。

③ 有多台电动机的设备中。

熔体的额定电流≥（1.5～2.5）×最大容量电动机额定电流+其余各台电动机额定电流之和。

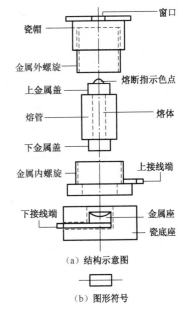

图 6.8　螺旋式熔断器的结构和图形符号

6.3.3　按钮（SB）

按钮是一种手动电器，用于发出控制指令，分断、接通电流较小的控制电路，以控制电流较大的电动机或其他电气设备的运行。具有这种功能的电器也称为主令电器。按钮的文字符号为SB。

按钮由按钮帽、动触点（一对）、静触点（上、下两对）和复位弹簧等组成，其结构和图形符号如图6.9所示。

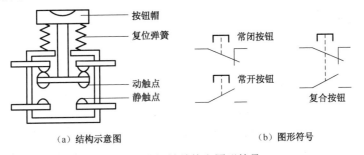

图 6.9　按钮的结构和图形符号

按钮的工作原理如下。

在按钮未按下时，动触点与上面的一对静触点处于接通状态，故上面的一对静触点称为常闭触点，而动触点与下面的一对静触点处于断开的状态，故下面的一对静触点称为常开触点。

当按下按钮时，动触点先与上面的一对常闭触点分断，后与下面的一对常开触点接通，故常闭触点又称为动断触点，而常开触点又称为动合触点。

当松开按钮时，由于复位弹簧的作用，已经闭合的常开触点先断开，常闭触点随后闭合，按钮又恢复到原来的状态。

可见，当按钮动作（按下或松开）时，触点接通和分断的顺序始终是"先断后合"。

6.3.4 接触器（KM）

接触器是一种依靠电磁吸引力的作用来使触点闭合、断开，从而接通、分断电路的自动电器。在三相异步电动机控制电路中，常用交流接触器来频繁地接通和分断电路。交流接触器主要由动铁芯、静铁芯、吸引线圈、主触点（三对）、辅助触点（二对）和复位弹簧组成。交流接触器的文字符号为 KM，其结构和图形符号如图 6.10 所示。

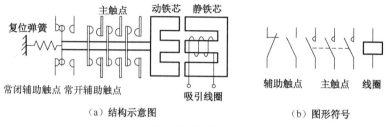

（a）结构示意图　　　　　　　　（b）图形符号

图 6.10　交流接触器的结构和图形符号

交流接触器的工作原理如下。

当在交流接触器的吸引线圈两端加上额定电压后，电磁铁产生足够的吸引力来吸引动铁芯，带动各动触点移位，使其中的常闭触点先断开，常开触点后闭合，从而达到接通和分断电路的目的。若吸引线圈断电，电磁吸引力随即消失，在复位弹簧的作用下，各动触点回到原来位置，各触点也恢复到原来的状态。可见，交流接触器的工作原理与按钮基本相似，给吸引线圈通电相当于按住按钮，断电相当于松开按钮。

在三相异步电动机的控制电路中，交流接触器还可以起到欠电压保护的作用。当电网电压下降到额定电压的 85% 以下时，电磁铁就不能产生足够的吸引力来克服弹簧的回复力，其结果与断电的情况一样，各触点随着弹簧的复位又恢复到原来的状态。这时，用来连接三相电源和电动机的主触点断开，切断了电动机的电源，从而可以避免电动机长时间欠电压运行。

6.3.5 热继电器（FR）

热继电器是利用电流的热效应来工作的自动电器，其文字符号为 FR。在三相异步电动机的控制电路中，常采用热继电器对电动机进行过载保护、断相保护和电流不平衡运行的保护。热继电器按动作方式不同分为双金属片式、热敏电阻式和易熔合金式等几种。其中双金属片式热继电器具有结构简单、体积小、价格便宜等优点，应用广泛。

双金属片式热继电器主要由发热元件、触点、动作机构和调节机构组成。发热元件由电阻丝和双金属片（两片热膨胀系数不同的金属片经热轧黏合而成）组成。双金属片的一端固定，另一端为自由端，故双金属片受热后会产生弯曲形变。图 6.11 所示为双金属片式热继电器的图形符号。

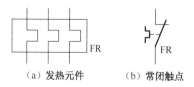

（a）发热元件　　　　　（b）常闭触点

图 6.11　双金属片式热继电器（三极）的图形符号

热继电器对电动机进行过载保护的原理如下。

发热元件中的电阻丝与电动机工作电路串联。常闭触点与电动机控制电路串联。当电动机正常运行时，电阻丝发热升温使双金属片弯曲的幅度不大，不会触动动作机构。而当电动机过载运行时，电流增大，因电阻丝在单位时间内的发热量与电流的平方成正比，故升温显著，双金属片会持续弯曲，幅度不断增大，达到一定程度时，就会触动动作机构，使其常闭触点断开，切断控制电路。交流接触器因失电而使主触点断开，从而切断电动机的电源，起到过载保护的作用。

由于热继电器中双金属片的受热弯曲是一个持续渐变的过程，在短时间内即使通过启动电流甚至是短路电流，热继电器也不会马上动作。因此，热继电器不能用于短路保护。它的优点在于既可以保证电动机的正常启动，又可以使电动机不至于长时间过载运行。

热继电器的主要技术参数是整定电流。所谓整定电流，是指长时间通过发热元件而不至于使动作机构动作的最大电流。整定电流的大小在一定范围内可以调节，选用热继电器时应使整定电流等于电动机的额定电流。热继电器的技术要求规定，电流超过整定电流的 20%时，热继电器应在 20min 内动作，超过得越多，动作的时间应越短。

6.3.6　时间继电器（KT）

时间继电器是一种从接收到输入信号（通电或断电）开始，经过一定的时间间隔（称为整定时间）后才动作的自动电器。其文字符号为 KT。

按其延时方式的不同，时间继电器可分为通电延时和断电延时两种类型。时间继电器有空气阻尼式（气囊式）、电动式和电子式等多种，其中空气阻尼式时间继电器是利用空气的阻尼作用而产生动作延时的。它主要由吸引线圈、触点、气室（阻尼机构）和动作机构组成。时间继电器的整定时间可在一定范围内调节（0.4～180s），以满足不同场合的要求。图 6.12 所示为空气阻尼式时间继电器的图形符号。

（a）延时闭合触点　　（b）延时断开触点　　（c）吸引线圈

图 6.12　空气阻尼式时间继电器的图形符号

在以上所介绍的各种低压电器的图形符号中，表示各触点的画法有一个规范："上开下闭，左开右闭"。即常开触点中动触点画在上方或左侧；常闭触点中动触点画在下方或右侧。另外，在时间继电器的延时动作触点中，圆弧开口方向指向延时动作的方向。

6.4　三相异步电动机的基本控制电路

在工农业生产中各种工作机械的动力来源，绝大多数是电动机，其中又以三相异步电动机为主。由电动机拖动工作机械，称为电力拖动。电力拖动是实现生产过程自动化的基础。为了使电动机安全可靠地运行，并满足各种生产过程的需要，必须对电动机进行启动、停止、正反转以及时间、顺序等控制，同时对短路、过载、欠电压和失电压等情况进行保护。实现这些控制和保护的电路统称为控制电路。目前广泛采用的是由有触点的接触器、继电器、按钮等组成的控制电路。

下面介绍几种三相异步电动机的基本控制电路，并对控制电路中的自锁、互锁、联锁等基本环节进行分析。

6.4.1　单向启动、停止控制

1．点动控制

微课：三相异步电动机的基本控制

点动控制是指按住按钮时电动机运转，松开按钮时电动机就停止转动的控制。当对生产中的工作机械进行试车和调试时，常需要对电动机进行点动控制。图 6.13 所示为点动控制原理图。它由刀开关（QS）、熔断器（FU）、按钮（SB）、交流接触器（KM）和电动机（M）组成。

原理图中的电路可分为两部分，一部分由刀开关 QS、熔断器 FU、交流接触器 KM 的主触点和电动机 M 组成，这是连接三相电源和三相异步电动机的电路，即电动机的工作电路，称为主电路；另一部分由按钮 SB 和交流接触器 KM 的吸引线圈组成，它的作用是控制主电路的接通和分断，是控制电路。在原理图中，同一器件的各个部件往往分开画在电路中不同的位置，但都用同一文字符号表示出来。

点动控制的过程如下（设刀开关已闭合，后同）。

按住按钮 SB→KM 吸引线圈得电→KM 主触点闭合→电动机 M 运转；

松开按钮 SB→KM 吸引线圈失电→KM 主触点断开→电动机 M 停止转动。

注意：这里"按住"是指按下按钮后不松开，后面"按下"是指按下按钮后随即松开。

2．单向连续运行的启、停控制

在生产实际中，大多数工作机械是长时间连续工作的，如抽水机、隧道通风机等，因此要求电动机连续运行。图 6.14 所示为电动机连续运行启、停控制原理图。

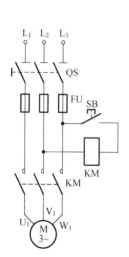

图 6.13　点动控制原理图

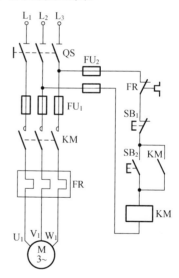

图 6.14　电动机连续运行启、停控制原理图

为了使按下按钮后电动机还能持续运行下去，在控制电路中将交流接触器 KM 的一对常开辅助触点并接在启动按钮 SB_2 上，它就为 KM 吸引线圈提供了另一条通路，使松开按钮 SB_2 后，KM 吸引线圈仍能保持通电，电动机就可以持续地运行下去。这种用接触器自身的常开辅助触点来"锁住"自己的线圈电路，称为自锁，所用到的这一对常开辅助触点称为自锁触点。此外，该电路还用热继电器 FR 对电动机进行过载保护。

启、停控制过程如下。

过载保护： 过载持续一定时间 → 热继电器FR常闭触点断开 → KM线圈失电 → 电动机M停止

图 6.14 所示的电路兼有短路保护、过载保护及欠电压和失电压保护功能。所谓失电压保护，是指当电网停电、电动机停止后，不会因为电网突然恢复供电而自行启动（极易造成生产事故和人身伤害等严重后果），只有再次按下启动按钮才能使电动机重新启动。自锁触点的另一个重要作用就是实现失电压保护。

6.4.2 正反转控制

在生产上有一些机械的运动部分需要沿正、反两个方向移动，这就要求拖动电动机既能正转又能反转。根据三相异步电动机转向的原理，只需将接在电动机定子绕组上的三根电源线中的任意两根对调位置，即可改变电动机的转向。

1. 接触器联锁的正反转控制

在一台电动机的控制电路中往往有多个接触器，或者在一条自动生产线上往往有多台电动机相互配合来工作，这时需要用到多个接触器。图 6.15 所示为接触器联锁的正反转控制原理图。

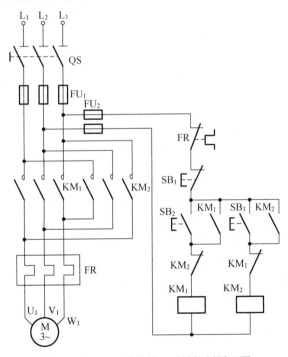

图 6.15 接触器联锁的正反转控制原理图

在图 6.15 所示的控制电路中，有两个交流接触器 KM_1 和 KM_2，通过它们的主触点可分别将三相电源按正序和逆序接入电动机，显然它们不能同时工作，否则将造成电源相间短路。避免这两个接触器同时工作的措施，是将两个接触器的各自一对常闭辅助触点分别串接在对方的线圈电路中。这样，当其中一个接触器的线圈得电工作时，其常闭触点断开，就切断了另一个接触器的线圈电路，使另一个接触器的线圈不能得电工作。这种相互制约的联锁方式称为互锁，所用到的常闭触点称为互锁触点。

正反转控制过程如下。

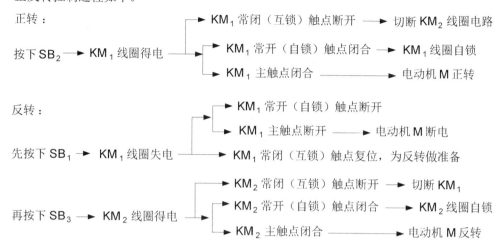

在以上的控制电路中，由于每次改变电动机转向时，都必须先按下停止按钮，再按反转（或正转）按钮，操作略有不便。这种控制电路多用于大、中型电动机上。

2. 接触器与按钮复合联锁的正反转控制

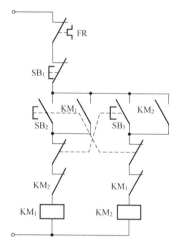

图 6.16　接触器与按钮复合联锁的正反转控制电路

对于一些小容量电动机，工作电流不大，转子的转动惯性也不大，允许直接改变转向，可以采用操作较为方便的复合联锁正反转控制电路。图 6.16 所示为接触器与按钮复合联锁的正反转控制电路。

采用这种复合联锁的控制电路，可以在电动机正转（或反转）时，直接按下反转（或正转）按钮，而不必先按停止按钮，因而操作方便，广泛应用于小型电动机的正反转控制中。该电路的控制过程可自行分析。

对于大型电动机，则不能采用这种直接改变转向的控制电路，这是因为大型电动机的转子转动惯性很大，在直接改变转向的切换瞬间，旋转磁场已然反向，而由于惯性，转子还要继续沿原来方向旋转，使得转子导体切割磁力线的速度陡然增大，这时的转差率接近 2，将在绕组中产生很大的感应电动势，形成很大的冲击电流，同时由于电磁转矩也陡然增大，且与转子的转向相反，还会对电动机造成相当大的机械冲击。

6.4.3　Y－△转换降压启动控制

一些大、中型鼠笼式电动机启动时电流很大，可达到其额定电流的 4～7 倍，这会严重影响同一电网上其他电气设备的正常工作。为了减小启动电流，大、中型鼠笼式电动机一般采用降低定子绕组电压的方法启动，称为降压启动，而直接用额定电压启动的方法称为直接启动或全压启动。降压启动的常用方式有 Y－△转换降压启动和三相自耦变压器调压启动两种。前者适用于额定运行时按△形连接的电动机，具有电路结构简单、成本低及操作简便等优点，因而被广泛采用。

　　Y—△转换降压启动是指，启动之初将三相定子绕组接成 Y 形，这时每相绕组上的电压只有额定电压的 58%，当电动机转速逐渐上升到接近于额定转速时，再将定子绕组换接成△形全压运行。启动过程中电动机转速上升的时间间隔由时间继电器控制。图 6.17 所示为 Y—△转换降压启动控制原理图。

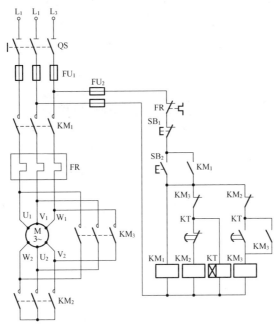

图 6.17　三相异步电动机 Y—△转换降压启动控制原理图

　　启动过程如下。

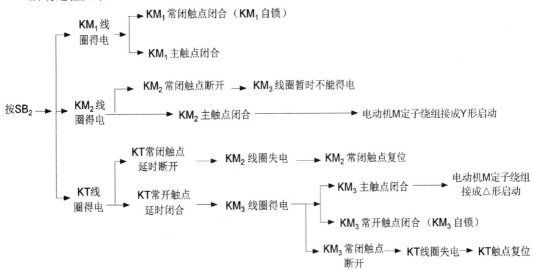

　　在以上控制电路中，由两个交流接触器 KM_1 和 KM_2 分别将电动机的三相定子绕组接成 Y 形和△形，同时这两个接触器互锁，以防止它们的主触点同时闭合而造成电源相间短路。

6.4.4 其他联锁控制电路简介

在具有多台电动机的生产设备中，常常须对这些电动机的工作进行某种制约。例如，有的要求几台电动机按先后顺序启动，有的必须同时工作，有的不得同时工作等，这就要求在控制电路中对它们进行联锁控制。电动机的联锁控制通常利用接触器的辅助触点在控制电路中的串联、并联来实现。下面以两台电动机的联锁控制为例，介绍几种常用的联锁控制电路。

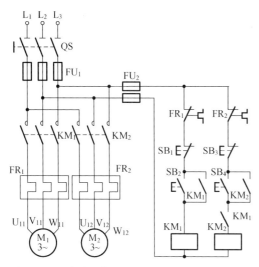

图 6.18　两台电动机按先后顺序启动的控制电路

1．两台电动机按先后顺序启动

图 6.18 所示为两台电动机按先后顺序启动的控制电路。其中电动机 M_1 必须先启动，若电动机 M_1 没有启动，则电动机 M_2 不能启动。这里的互锁控制方法是通过将接触器 KM_1 的常开辅助触点串联在接触器 KM_2 的线圈电路中实现的。

2．两台电动机必须同时工作

某些生产设备中有两台或多台电动机，它们必须同时运转相互配合才能完成生产工作，否则将不能正常工作甚至造成事故。在这样的要求下，也不允许这几台电动机中任何一台单独停止运转。因此，若其中某台电动机因过载或出现故障而断电时，其余的电动机必须同时断电。图 6.19 所示为两台电动机必须同时工作的控制电路（其主电路部分与图 6.18 所示电路相同，故未画出，后同）。

其中联锁的方法是，将两个交流接触器的常开辅助触点串联起来作为自锁通路，故当控制任一台电动机的接触器主触点断开时，其常开辅助触点也同时断开，另一台电动机的接触器就不能自锁。

3．两台电动机不得同时工作

两台电动机不得同时工作的控制电路如图 6.20 所示。其中的联锁方法是，将两个接触器的常闭辅助触点分别串联在另一个接触器的线圈电路中，这样，当某一台电动机运转时，另一台电动机因为其接触器的线圈电路被断开而不能得电工作。前面的正反转控制电路中所采用的也是这种联锁方法。

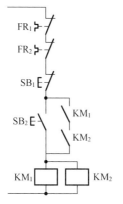

图 6.19　两台电动机必须同时工作的控制电路

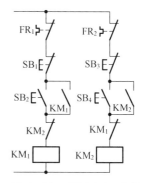

图 6.20　两台电动机不得同时工作的控制电路

本章小结

（1）三相异步电动机由定子和转子两部分组成。按其转子结构的不同，三相异步电动机可分为鼠笼式异步电动机和绕线式异步电动机两种。三相异步电动机的工作原理是：在三相定子绕组中通入对称三相电流后，产生旋转磁场，转子绕组与旋转磁场有相对运动，转子绕组因切割磁力线产生感应电动势和感应电流，使载流的转子绕组受到电磁力的作用，对转轴产生电磁转矩，驱动转子转动。

旋转磁场的转向由三相电源的相序决定，转子的转向与旋转磁场的转向相同，故若将接入三相定子绕组的三根电源线中任意两根对调，可改变三相电源的相序，就可以实现电动机的反向运转。

旋转磁场的转速 n_1 称为同步转速，$n_1 = 60f_1/p$。电动机的转速 n 总是小于同步转速 n_1，故称为异步电动机。转差率 s 是反映异步电动机运行状态的重要参数之一，$s = (n_1 - n)/n_1$。

（2）三相异步电动机的铭牌数据包括型号、电压、接法、工作方式和绝缘等级等，是选用电动机的重要依据。

（3）低压电器是指各种配电电路和控制电路中工作在直流电压 1500 V、交流电压 1200 V 以下的电器。在三相异步电动机控制电路中常用的低压电器有刀开关、组合开关、熔断器、按钮、接触器、热继电器、时间继电器等。

为了使三相异步电动机安全、可靠地运行，延长其使用寿命，对电动机的常规保护措施有短路保护、过载保护、欠电压保护和失电压保护。熔断器是短路保护器件，热继电器是过载保护器件，交流接触器则具有欠电压和失电压保护功能。

（4）三相异步电动机的主要控制过程有直接启动控制、降压启动控制、正反转控制以及制动控制和行程控制等。控制电路的基本环节有点动控制、连续运行控制、自锁、互锁、时间控制、顺序控制及速度控制等。三相异步电动机电路原理图分为主电路和控制电路两部分。

自我评价

1．三相异步电动机分为_____电动机和_____电动机两种类型。

2．三相异步电动机铭牌上的功率是指在_____电压下，以_____转速运行时，其转轴上输出的_____功率。

3．在三相异步电动机的常规控制电路中，实现短路保护、过载保护和欠电压保护的常用低压电器分别是_____、_____和_____。

4．接触器的主触点用于_____电路，辅助触点用于_____电路，接触器线圈没有得电前触点是断开的，得电后闭合的触点为_____。

5．判断下列说法正确与否（正确的打 √；错误的打 ×）

（1）三相异步电动机的额定转速 $n = 60f/p$。　　　　　　　　　　　　（　　）

（2）电动机的转速越低，其绕组中的电流就越小。　　　　　　　　　　（　　）

（3）接触器的主触点通过的电流与辅助触点的额定电流相等。　　　　　（　　）

6．在以下低压电器的文字符号中，表示时间继电器的是（　　　）。

A．KT　　　　　　　　B．QS　　　　　　　　C．SB　　　　　　　　D．FR

7. 鼠笼式三相异步电动机星形—三角形降压启动电路的特点是（　　　）。

　　A．降压启动时，定子绕组为星形连接

　　B．降压启动时，定子绕组为三角形连接

　　C．降压启动时，定子绕组的电压是额定电压的 1/3 倍

　　D．降压启动时，定子绕组的电压是额定电压的 3 倍

8. 鼠笼式三相异步电动机星形—三角形降压启动控制电路中，延迟一段时间后，自动将电动机从星形连接换接到三角形连接的继电器是（　　　）

　　A．热继电器　　　　　B．中间继电器　　　　C．温度继电器　　　　D．时间继电器

习题 6

6-1. 三相异步电动机的定子绕组和转子绕组在电动机工作过程中各起到什么作用？

6-2. 三相异步电动机的定子铁芯和转子铁芯为什么要用硅钢片叠成？定子与转子之间的间隙为什么要做得很小？

6-3. 有两台三相异步电动机，电源频率为 50Hz，额定转速分别为 1430r/min 和 2900r/min，它们的磁极对数各是多少？额定转差率各是多少？

6-4. 若将三相异步电动机主电路上的三个熔断器改接到刀开关上面的三根电源线上，是否合适？为什么？

6-5. 在电力拖动中，三相异步电动机需要进行哪些基本的保护？如何实现这些保护？

6-6. 在电动机主电路上装了熔断器，为什么还要装热继电器？它们的作用有何区别？

6-7. 什么是自锁控制？什么是互锁控制？

6-8. 在三相异步电动机正反转控制电路中，接触器 KM_1 和 KM_2 如果同时吸合，会产生什么后果？为此在控制电路中采取了什么措施？

6-9. 图 6.21 所示为三相异步电动机控制电路中的几种错误接法，试分别指出在通电操作时会发生什么情况。

6-10. 有人将三相异步电动机正反转控制电路误接成如图 6.22 所示的电路，其中 KM_1 为正转接触器，KM_2 为反转接触器，试分析该电路存在哪些问题。

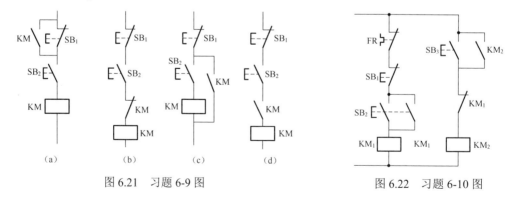

图 6.21　习题 6-9 图　　　　　　　　　　　图 6.22　习题 6-10 图

第7章

供配电与安全用电

知识目标

①了解发电与输送电能及供配电系统的组成；②理解触电的几种情况及主要保护措施；③了解触电急救及电气火灾防范和扑救常识，理解电气设备的保护接地和保护接零；④掌握节约用电的意义及措施。

技能目标

①能正确识别和选用常用电工工具及仪表；②能对电气火灾事故和触电事故进行正确的处理及急救。

本章首先介绍电能的产生、输送及供配给用户的过程；然后介绍用户的安全用电与节约用电常识、防止触电事故发生的措施及触电事故发生后的急救知识，以及如何保障电气设备安全及工作人员人身安全；最后介绍常用的电工工具和仪表的使用。

7.1 发电、输电及配电

7.1.1 电力系统简介

1. 电能

电能是现代生产、生活不可缺少的能源和动力，它在人类社会的进步与发展过程中起着极其重要的作用。电能作为二次能源应用越来越广泛，它具有以下特点。

（1）电能既易于由其他形式的能量转化而来，又易于转化为其他形式的能量供人们使用。

（2）电能的输送和分配既简单、经济，又便于控制和测量。

（3）电能有利于实现生产过程自动化和提高人类的生活质量。

2. 电力系统

由发电厂、电力网和电能用户组成的一个集发电、输送电、变配电和用电的整体称为电力系统。电力系统示意图如图7.1所示。

电力系统中的各级电压线路及变配电所，称为电力网。电力网是电力系统的重要组成部分，其作用是将电能从发电厂输送并分配到电能用户。

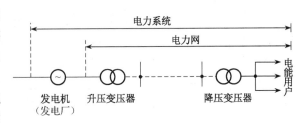

图 7.1　电力系统示意图

7.1.2 电能的产生及发电方式

1．电能的产生

电能是由发电厂生产的。发电厂是将自然界中的多种形式的能源转换为电能的特殊工厂，一般建造在一次能源（煤炭、石油、水力等）较丰富的地方。

各种发电厂中的发电机多是三相同步发电机，它由定子和转子两部分组成。同步发电机的定子也称电枢，由机座、铁芯和三相绕组等组成；转子为磁极，有显极式和隐极式两种。显极式转子具有凸出的磁极，励磁绕组绕在磁极上。显极式同步发电机的结构简单，机械强度较低，适用于低速（n=1000r/min 以下）场合，如水轮发电机和柴油发电机。隐极式转子呈圆柱形，励磁绕组分布在转子大半个表面的槽中。隐极式同步发电机的制造工艺较为复杂，机械强度较高，适用于高速（n=1500r/min 以上）场合，如汽轮发电机大多是隐极式的。

目前已采用半导体励磁系统，将交流励磁机的三相交流经三相半导体整流器变换成直流，供励磁用。

2．发电的三种方式

目前世界各国电能的生产主要有火力发电、水力发电和核能发电三种方式。

（1）火力发电。火力发电是指利用煤炭、石油燃烧后产生的能量来加热水，使之成为高温高压的蒸汽，再利用该蒸汽推动汽轮机旋转并带动三相交流同步发电机发电。其特点是建厂速度快、投资成本相对较低；但是消耗大量的燃料，发电成本较高，同时对环境污染较为严重。目前我国及世界上绝大多数国家电能的生产仍以火力发电为主。

（2）水力发电。水力发电是指通过水库和在河道修建大坝的方式提高水位，利用水的落差及流量去推动水轮机旋转并带动三相交流同步发电机发电。其特点是发电成本低，对环境无污染，可实现水利的综合利用，但投资规模大、时间长，而且受自然条件的影响较大。我国水利资源丰富，开发潜力很大，特别是长江三峡水利工程的建设成功，使我国水力发电量得到大幅度的提高。

（3）核能发电。核能发电是指利用核燃料在反应堆中的裂变反应所产生的巨大能量来加热水，使之成为高温高压的蒸汽，再利用该蒸汽推动汽轮机旋转并带动三相交流同步发电机发电。其特点是发电消耗的燃料少，发电成本低，但建站难度大、投资大、周期长。目前全世界核能发电量占总发电量的比例逐年上升，发展核能将成为必然趋势。

（4）新能源发电。新能源发电是指利用太阳能、风能、潮汐能、地热能等环保能源发电，对环境无污染，具有很好的开发前景。

7.1.3 电能的输送

发电厂一般远离城市，电能必须用输电线输送给用户。电流在输电线中会产生电压降和功率损耗。为了降低输电线路的电能损耗，提高输电效率，通常采用高压输电，即将发电厂生产的电能经过升压变压器升压后再进行远距离输电，输电电压的高低视输电容量和输电距离而定，一般原则：容量越大，距离越远，输电电压就越高。随着电力技术的发展，输电电压不断由高压（110kV～220kV）向超高压（330kV～750kV）和特高压（750kV 以上）升级。目前我国远距离输电电压有 3kV、6kV、10kV、35kV、63kV、110kV、220kV、330kV、500kV、750kV 十个等级。

由于发电机自身结构和材料的限制，不可能直接产生这样的高压，因此在输电时首先必须通过升压变压器将电压提升。随着电力电子技术的进一步发展，超高压远距离输电已经开始采用直流输电方式，与交流输电相比，它具有更高的输电质量和效率。我国葛洲坝水电站的强大电力就是通过直流输电方式输送到华东地区的。

1. 电力线路

电力线路又称输电线，其作用是输送电能，并把发电厂、变配电所和电能用户连接起来。电力线路按其用途及电压等级分为输电线路和配电线路。电压在 35kV 及以上的电力线路称为输电线路；电压在 10kV 及以下的电力线路称为配电线路，配电线路又可分为高压配电线路和低压配电线路。电力线路按其架设方法可分为架空线路和电缆线路；按其传输电流的种类又可分为交流线路和直流线路。

工业企业高压配电线路主要用于厂区内输送、分配电能。高压配电线路应尽可能采用架空线路，因为架空线路建设投资少且便于检修维护。但在厂区内，由于对建筑物距离的要求和管线交叉、腐蚀性气体等因素的限制，不便于架设架空线路时，可以敷设地下电缆线路。

工业企业低压配电线路主要用于向低压用电设备输送、分配电能。户外低压配电线路一般采用架空线路，因为架空线路与电缆线路相比有较多优点，如成本低、投资少、安装容易、维护方便、易于发现和排除故障。电缆线路与架空线路相比，虽具有成本高、投资大、维修不便等缺点，但是它具有运行可靠、不易受外界影响、不需架设电杆、不占地面空间、不碍观瞻等优点，特别是在有腐蚀性气体和易燃、易爆场所，不宜采用架空线路时，可敷设电缆线路。

2. 变配电所

当高压电送到工业企业后，由工业企业的变配电站进行变电和配电，它是接收电能、变换电压和实现电能分配的场所。变电是指变换电压的等级；配电是指电力的分配。

大、中型工厂都有自己的变配电站，设有中央变电所和车间变电所，如图 7.2 所示。小型工厂往往只有一个变电所，如图 7.3 所示，装有一台或两台变压器。中央变电所接收送来的电能，把 35kV～220kV 电压降为 6kV～10kV 后向各车间变电所或高压用电设备供电，再由车间变电所或配电箱（配电板）将电能分配给各低压用电设备。高压配电线的额定电压有 3kV、6kV 和 10kV 三种。低压配电线的额定电压是 220V/380V。用电设备的额定电压多半是 220V 和 380V，大功率电动机的额定电压是 3kV 和 6kV，机床局部照明的额定电压是 36V。

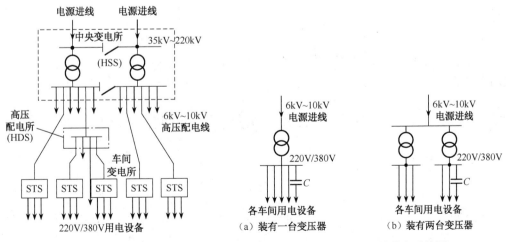

图 7.2　大、中型工厂的供电系统图　　　　图 7.3　小型工厂的供电系统图

低压供配电线路是企业供配电系统的重要组成部分，其主要任务是输送和分配电能。从车

间变电所或配电箱（配电板）到用电设备的线路属于低压配电线路。

变电所中的主要电气设备是降压变压器和受电、配电设备及装置。用来接收和分配电能的电气装置称为配电装置，包括开关设备、母线、保护电器、测量仪表及其他电气设备等。对于10kV及以下系统，为了安装和使用方便，总是将受电、配电设备及装置做成整套的开关柜。

7.1.4　供电质量

供电质量包括供电的可靠性、电压质量、频率质量及电压波形质量等四方面。

1．供电的可靠性

供电的可靠性用从事故停电到恢复供电所需时间的长短来衡量。用电负荷可分为一类负荷、二类负荷、三类负荷。各类负荷对电源的质量要求不同，因此采用的供电方式也不同。

（1）一类负荷。一类负荷突然停电将造成：①人身伤亡；②重大的影响；③使重大设备损坏且难以修复；④造成爆炸、火灾、中毒、社会混乱等。医院、重大国有企业、交通枢纽、重大活动的公共场所属于一类负荷。一类负荷对电源的要求是应有两个独立的电源供电。

（2）二类负荷。二类负荷突然停电将造成较大的经济损失，如引起设备损坏、大量产品报废、减产、一般活动的公共场所秩序混乱。某些工矿企业、影剧院等属于二类负荷。二类负荷对电源一般也要求有两个独立的电源供电，但供电的可靠性略低于一类负荷的要求。

（3）三类负荷。三类负荷是指较长时间的停电不会造成很严重损失的负荷，如普通机械行业工厂等。三类负荷对电源的要求是只需单路电源供电。

2．电压质量

国家规定，35kV及以上供电电压允许的偏差为±10%；10kV及以下供电电压允许的偏差为±7%；220V单相供电电压允许的偏差为-5%～+10%。若电压变化幅度超过供电电压允许的偏差，用户设备则不能正常工作。例如，三相异步电动机的电压过低会使转矩减小、温度升高，易产生安全事故。

3．频率质量

我国交流电力设备的额定频率为50Hz，频率偏差一般不超过-0.5～+0.5Hz。当电力系统容量为3000MW及以上时，频率偏差不得超过-0.2～+0.2Hz。若频率偏差超过规定值，就会影响用户设备的正常工作。

4．电压波形质量

由于大型晶闸管整流装置及一些新型器件的使用，供电系统中的电流、电压波形发生变化，使用电设备的损耗增大、使用寿命缩短。过大的变化也会影响电气设备的正常工作。

7.2　安全用电与节约用电

7.2.1　触电

1．电流对人体的伤害

人体触及带电体，或人体接近带电体并在其间形成了电弧，都会有电流流过人体而造成伤害，这称为触电。按照对人体伤害程度的不同，触电可分为电击与电伤两种。电击是指电流通过人体内部器官（如心脏、呼吸器官、神经系统等），对人体内部组织造成伤害，乃至死亡。电伤是指电流的热效应、化学效应与机械效应对人体外部造成伤害，如电弧烧伤等，电伤的危害性比电击小，但严重的电伤仍可致人死亡。

触电的伤害程度与通过人体电流的大小、电流流经人体的途径、持续的时间、电流的种类、交流电的频率及人体的健康状况等因素有关，其中通过人体电流的大小对触电者的伤害程度起决定性作用。电流对人体的影响如表 7-1 所示。

表 7-1　电流对人体的影响

电流/mA	交流电（50Hz）		直　流　电
	通电时间	人体反应	人体反应
0～0.5	连续	无感觉	无感觉
0.5～5	连续	有麻刺、疼痛感，无痉挛	无感觉
5～10	数分钟内	痉挛、剧痛，但可摆脱电源	有针刺、压迫及灼热感
10～30	数分钟内	迅速麻痹，呼吸困难	压痛，刺痛，灼热强烈，有抽搐
30～50	数秒至数分钟	心跳不规则，昏迷，强烈痉挛	感觉强烈，有剧痛痉挛
50～100	超过 3s	心室颤动，呼吸麻痹，心脏停跳	剧痛，强烈痉挛，呼吸困难或麻痹

2．触电的原因

发生触电事故的主要原因如下。

（1）缺乏用电常识，触及带电导线。

（2）没有遵守操作规程，人体直接与带电部位接触。

（3）用电设备管理不当，使绝缘损坏，发生漏电，人体碰触漏电设备外壳。

（4）高压线路落地，造成跨步电压，引起对人体的伤害。

（5）检修中，安全组织措施和安全技术措施不完善，接线错误，造成触电事故。

（6）其他偶然因素，如人体受雷击等。

7.2.2　触电方式

1．单相触电

单相触电是指人体某一部分触及一相电源或触到漏电的电气设备，电流通过人体流入大地造成触电。触电事故中大部分属于单相触电，单相触电又分为中性点接地的单相触电和中性点不接地的单相触电两种。

（1）中性点接地的单相触电。人站在地面上，如果人体触及一根相线，电流便会经人体流入大地，再从大地流回电源中性线形成回路，如图 7.4（a）所示。这时人体承受 220V 的相电压。

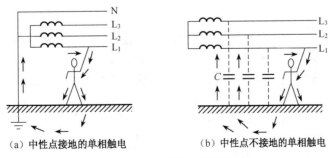

（a）中性点接地的单相触电　　（b）中性点不接地的单相触电
图 7.4　单相触电示意图

（2）中性点不接地的单相触电。人站在地面上，接触到一根相线，这时有两个回路的电流通过人体；一个回路的电流从 L_1 相线出发，经人体、大地、对地电容到 L_2 相线；另一个回路从 L_1 相线出发，经人体、大地、对地电容到 L_3 相线，如图 7.4（b）所示。

单相触电大多是电气设备损坏后绝缘不良，使带电部分裸露引起的。

2．两相触电

如图 7.5 所示，两相触电是人体的两部分分别触及两根相线，这时人体承受 380V 的线电压，危险性比单相触电更大，但这种情况不常见。

3．跨步电压触电

在高压电网接地点或防雷接地点及高压相线断落后绝缘损坏处有电流流入地下时，强大的电流在接地点周围的地面上产生电压降。当人走近接地点附近时，两脚因站在不同的电位上而承受跨步电压，即两脚之间的电位差，如图 7.6 所示。

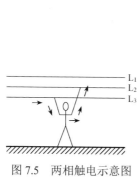

图 7.5　两相触电示意图

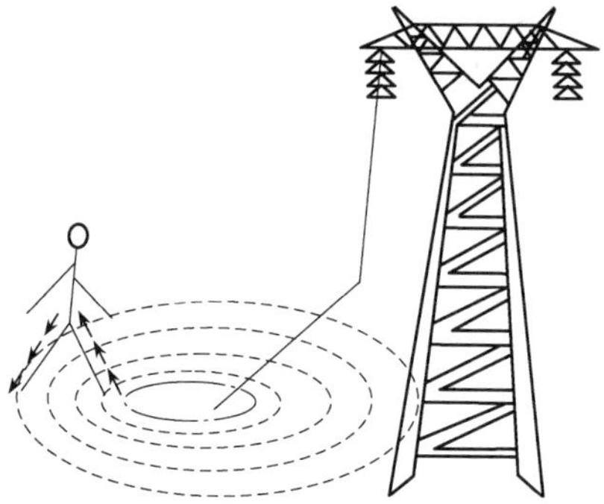

图 7.6　跨步电压触电

跨步电压能使电流通过人体而造成伤害。因此，当设备外壳带电或通电导线断落在地面上时，应立即将故障地点隔离，不能随便触及，也不能在故障地点走动。

已受到跨步电压威胁者，应采取单脚或双脚并拢方式迅速跳出危险区域。

7.2.3　常用的安全用电措施

1．安全电压

微课：安全用电与节约用电

由于触电对人体的危害性极大，为了保障人的生命安全，使触电者能够自行脱离电源，各国都规定了安全操作电压。我国规定的安全电压：对 50～500Hz 的交流电压，安全额定值有 42V、36V、24V、12V、6V 五个等级供不同场合选用，规定安全电压在任何情况下都不得超过 50V（有效值）。当电气设备采用 24V 以上的安全电压时，必须有防止人体触电的保护措施。

2．安全用电常识

（1）保护用具是保证工作人员安全操作的工具。设备带电部分应有防护罩，或置于不易触电的高处，或采用联锁装置。使用手电钻等移动电器时，应使用绝缘手套、绝缘垫等防护用具，不能赤脚或穿潮湿的鞋子站在潮湿的地面上使用电器；带电装卸熔断器时，要戴防护眼镜和绝缘手套，必要时要使用绝缘夹钳，站在绝缘垫上操作。这样可使人与大地或人与电气设备外壳隔离，是一项简单易行且行之有效的安全措施。

（2）安全用电常识。判断电线或用电设备是否带电必须用试电器（如测电笔等），决不允许用手去触摸；在检修电气设备时应切断电源，并在开关处挂上"严禁合闸"的牌子；安装照明线路时开关和插座离地面一般不低小 1.3m；不要用湿手去摸开关、插座、灯头等，也不要用湿布擦灯泡；拆开的或断裂的带电线头，必须及时用绝缘胶带包好，并放在人体不易接触到的地方；根据需要选择熔断器的熔丝直径，严禁用铜丝代替熔丝；在电力线路附近，不要安装收音机、电视机的天线，放风筝，钓鱼，打鸟等；发现电线或电气设备起火，应迅速切断电源，使用"1211"灭火器或二氧化碳灭火器灭火，在带电状态下，严禁使用水或泡沫灭火器灭火；雷雨天不要在大树下躲雨或站在高处，而应就地蹲在凹处，并且两脚尽量并拢。

3. 保护接地和保护接零

（1）保护接地。为了保障人身安全，避免发生触电事故，将电气设备在正常情况下不带电的金属部分（如外壳等）与接地装置实行良好的金属性连接，这种方式称为保护接地，简称接地。如图 7.7（a）所示，它是一种防止触电的基本技术措施，使用相当普遍。

当电气设备由于各种原因造成绝缘损坏时就会漏电；带电导线碰触机壳时，也会使本不带电的金属外壳等带上电（具有相当高或等于电源电压的电位）。若金属外壳未接地，则操作人员碰触时便会发生触电；如果采用了保护接地，此时就会因金属外壳已与大地有了可靠而良好的连接，便能让绝大部分电流通过接地体流散到地下。

人体若触及漏电设备外壳，因人体电阻与接地电阻相并联，且人体电阻比接地电阻起码大200 倍以上，根据分流原理，通过人体的故障电流将比流经接地电阻的小得多，对人体的危害程度也就极大地减小了，如图 7.7（b）所示。保护接地宜用于中性点不接地的低压系统中。

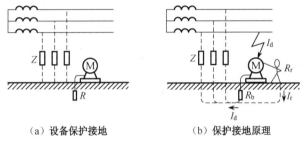

（a）设备保护接地　　　　（b）保护接地原理

图 7.7　保护接地原理图

此外，在中性点接地的低压配电网络中，假如电气设备发生了单相碰壳故障，若实行了保护接地，由于电源相电压为 220V，如果按工作接地电阻为 4Ω，保护接地电阻为 4Ω计算，则故障回路将产生 27.5A 的电流。一般情况下，这么大的故障电流定会使熔断器熔断或自动开关跳闸，从而切断电源，保障了人身安全。

但保护接地也有一定的局限性，这是由于为保证熔丝熔断或自动控制开关跳闸，一般规定故障电流必须大于熔丝额定电流的 2.5 倍，因此，27.5A 的故障电流便只能保证额定电流为 11A 的熔丝的开关动作；若电气设备容量较大，所选用的熔丝与开关的额定电流超过了上述数值，此时便不能保证切断电源，进而也就无法保障人身安全了。所以保护接地存在着一定的局限性，即中性点接地的系统不宜再采用保护接地。

（2）保护接零。为了保证电气设备安全工作，必须将电力系统（电网）某一点（通常是中性点）直接或经电阻、消弧线圈接地，称为工作接地，又称电源接地。

将电气设备在正常情况下不带电的金属部分用导线直接与低压配电系统的零线相连接，这种方式便称为保护接零，简称接零。接零线的绝缘导线一般为黄绿双色。保护接零与保护接地相比，能在更多的情况下保证人身安全，防止触电事故。

在实施上述保护接零的低压系统中，电气设备一旦发生了单相碰壳漏电故障，便形成了一个短路回路。因该回路内不包含工作接地电阻与保护接地电阻，整个回路的阻抗就很小，因此故障电流必将很大（远远超过 7.5A），足以在短时间内使熔丝熔断、保护装置或自动开关跳闸，

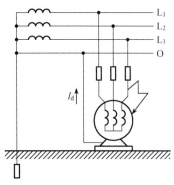

图 7.8　工作接地和保护接零

从而切断电源，保障了人身安全，如图 7.8 所示。

显然，采取保护接零方式后，便可扩大安全保护的范围，同时克服了保护接地方式的局限性。

（3）注意事项。在低压配电系统内采用保护接零方式时，应注意以下要求：

① 三相四线制低压电源的中性点必须良好接地，工作接地电阻值应符合要求。

② 在采用保护接零方式的同时，还应装设足够的重复接地装置。

③ 同一低压电网中（指同一台配电变压器的供电范围内），在采用保护接零方式后，便不允许再采用保护接地方式（对其中任一设备）。

④ 零线上不准装设开关和熔断器。零线的敷设要求应与相线一样，以免出现零线断线故障。

⑤ 零线应保证在低压电网内任何一相短路时，能够承受大于熔断器额定电流 2.5～4 倍及自动开关额定电流 1.25～2.5 倍的短路电流，且不小于相线载流量的一半。

⑥ 所有电气设备的保护接零线，应以并联方式连接到零干线上。

必须指出，在实行保护接零的低压配电系统中，电气设备的金属外壳在正常情况下有时也会带电。为了确保保护接零方式的安全可靠，防止零线断线所造成的危害，系统中除工作接地外，还必须在零线的其他部位进行必要的接地。这种接地称为重复接地。

4．电气火灾的防范及扑救常识

一般情况下，发生电气火灾前，电线会因过热烧焦绝缘皮，散发出一种刺鼻的气味，当闻到此气味首先想到可能是电气线路故障引起的，应立即拉闸停电，查明原因。引起电气火灾的主要原因有：设备或线路过载运行；供电线路绝缘老化，受损引起漏电、短路；设备过热、温度太高引起绝缘纸、绝缘油等燃烧；电气设备运行中产生明火（火花、电弧），引燃易燃物品；静电火花引燃等。

为防止电气火灾事故，首先，在安装电气设备的时候，必须满足安全防火的各项要求，使用合格的电气设备。例如，破损的开关、灯头和电线都不能使用；电线的接头要按规定连接方法连接牢固，并使用绝缘胶带包好；对接线桩头、端子的接线要拧紧螺钉，防止因接线松动造成接触不良；对电工已经安装好的电气设备，如果使用过程中发现松动、接触不良或过热，则要及时处理。其次，不要在低压线路的元器件如开关、插座、熔断器等附近放置油类、棉花、木屑等易燃物品。

一旦发生电气火灾，首先要切断电源，进行扑救，切记不得使用泡沫灭火器带电灭火；带电灭火应用不导电的灭火剂，如干粉、二氧化碳等；人及所带器材与带电体之间保持足够的安全距离；对架空线路等空中设备灭火时，人与带电体之间的仰角不应超过 45°，以防止导线断落危及人员安全；如果有带电导线断落到地面上，则应在落地点周围画警戒圈，防止可能的跨步电压电击。

日常生活中要注意保证消防通道的畅通无阻，消防栓、灭火器等消防设备要定期检修，保证完好。

7.2.4　触电急救知识

1．使触电者脱离电源的方法

人触电以后，可能由于痉挛或失去知觉等原因而紧抓带电体，不能自行摆脱电源。这时，使触电者尽快摆脱电源是救活触电者的关键。使触电者脱离电源的方式，具体可以用以下五个字来概括。

"拉"——就近拉开电源开关。

"切"——用带绝缘的利器切断电源线。

"挑"——如果导线搭接在触电者身上，可以用干燥的木棍或竹竿等挑开导线或用干燥绝缘手套拉导线或者触电者，使之脱离电源。

"拽"——救护人员可戴上手套或在手上包缠干燥的衣服等绝缘物品拽触电者，使之脱离电源。

"垫"——如果导线缠绕在触电者身上，救护人员可先用干燥的木板塞至触电者的身体下面，使其与地绝缘来隔断电源通路，再采取其他办法把电源切断。

2．触电者脱离电源后的症状判断

触电者脱离电源后，应迅速判断其症状。①判断触电者有无知觉；②判断呼吸是否停止；③判断脉搏是否搏动；④判断瞳孔是否放大。根据其受电流伤害的程度不同，采用不同的急救法。

3．现场急救方法

当触电者脱离电源后，必须根据触电者的具体情况，迅速地对症实施医务抢救。据统计，触电后不超过 1min 即救治者，救活率为 90%；触电后 6min 开始救治，救活率仅为 10%；触电后 12min 才开始救治，救活率很小。所以及时抢救极为重要。现场实施心肺复苏，采用的主要救护方法有人工呼吸和胸外心脏挤压法。

4．节约用电

能源是国民经济发展的重要物质基础，节约用电是节约能源的主要方面之一。节约用电就是要采取技术可行、经济合理的环保措施，科学、合理地使用电能，提高电能的利用效率。节约用电有着十分重要的意义：有利于节约发电所需的一次能源，减轻能源及交通运输负担；有利于节省国家对发电、供电、用电设备的基建投资；有利于企业采用新技术、新工艺、新材料，加强用电的科学管理，促进企业生产水平和管理水平的提高；有利于企业减少电费支出，降低产品的生产成本，提高经济效益。

节约用电主要从管理和技术两方面着手：从管理方面，应加强企业计划用电，及时进行负荷调整，降低高峰负荷，充分利用分时供电的政策，提高供用电效率；从技术方面，应大力推广绿色电力能源，即由太阳能、风能、地热能、生物质能等可再生能源生产的电力。由于其发电成本较高，我国政府和电业部门制定和出台了一系列相关鼓励性政策。

7.3　常用电工工具及仪表的使用

7.3.1　常用电工工具的使用

1．低压验电器

低压验电器是检验低压线路和电气设备是否带电的一种测量工

微课：常用电工工具及仪表的使用

具，又称验电笔、试电笔。低压验电器通常有发光式和数显式两种。图 7.9 所示的低压验电器测量的对地电压范围为 60～500V。发光式验电笔由氖管、电阻、弹簧、笔身和笔尖等组成；数显式验电笔由显示器、电子元器件、笔身和笔尖等组成。使用时，用手指接触笔尾的金属体，使氖管（显示器）窗口背光朝向自己，当验电笔接触带电体时，电流经过带电体、验电笔、人体和大地形成回路，根据氖管是否发光或显示器显示的电压等级，可判断低压电气设备是否带电。

2. 螺丝刀

螺丝刀又称起子，如图7.10所示，用于紧固或旋松螺钉，分一字形和十字形两种，分别用来紧固或旋松一字槽和十字槽的螺钉。使用时应按照螺钉的规格选择合适的螺丝刀，还应注意：不可使用金属杆直通柄顶的螺丝刀，以防造成触电事故；紧固或旋松带电螺钉时，手不得触及螺丝刀的金属杆，以免发生触电事故，螺丝刀的金属杆上应套绝缘管。

（a）发光式验电笔　　　（b）数显式验电笔

图7.9　低压验电器

图7.10　螺丝刀

3. 钢丝钳、尖嘴钳、斜口钳和剥线钳

斜口钳又称斩线钳，如图7.11（a）所示。钳柄的绝缘套耐压1000V，专门用来剪断较粗的金属丝，还可以直接剪断低压带电导线。

尖嘴钳适用于在狭小工作空间的操作，它分铁柄和绝缘柄两种。尖嘴钳如图7.11（b）所示。其耐压为500V。带有刀口的尖嘴钳能剪断细小的金属丝；能夹持较小的螺钉、垫圈、导线等；能将单股导线弯成各种形状。

钢丝钳主要由钳头和钳柄两部分组成，钳头由钳口、齿口、刀口和铡口四部分组成。钢丝钳如图7.11（c）所示。其用途很多，钳口用来弯绞和钳夹导线线头；齿口用来紧固或旋松螺母；刀口用来剪切或剖削软导线绝缘层；铡口用来铡切导线线芯、钢丝等较硬金属丝等。使用前，必须检查绝缘柄的绝缘性是否良好；剪切带电导线时，不能用刀口剪切两根不同的相线，以免发生短路事故。

剥线钳是用来剥落小直径导线外部绝缘层的专用工具，如图7.11（d）所示。它由钳头和手柄两部分组成，剥线钳由压线和切口组成。直径为0.5～3mm的多个切口可适应不同规格的芯线。剥线时，将导线放入相应的刀口中（剥线钳刀口直径比导线直径稍大，否则将切断线芯），用手将钳柄握紧，导线的绝缘层即被割破，且自动弹出。钳口装有长度定位器，能保持剥线长度一致。

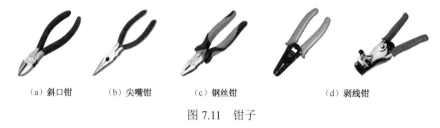

（a）斜口钳　　　（b）尖嘴钳　　　（c）钢丝钳　　　（d）剥线钳

图7.11　钳子

4. 电工刀

电工刀是用来剖削导线绝缘层、切割缺口等的专用工具，如图7.12所示。有的多用电工刀还带有手锯和尖锥，用于电工材料的切割和挖孔。电工刀不带绝缘装置，因此不能带电作业；为避免误伤，不得传递刀身未折进刀柄的电工刀；使用完毕后随即将刀身折进刀柄。

图 7.12 电工刀及电工包

5. 电烙铁

电烙铁是一种焊接工具，如图 7.13 所示，主要用于手工焊接电路板上的电子元器件。电烙铁通电后，电流经过电阻丝发热使烙铁头升温。烙铁头达到工作温度后，将固态焊锡丝加热熔化，再借助助焊剂，使其润湿、扩散，流入被焊金属之间，待其冷却后形成牢固可靠的焊接点，实现元器件与电路板的电气连接。

图 7.13 电烙铁

7.3.2 常用电工仪表的使用

1. 万用表

万用表是电工必备的仪表之一，它是一种多功能、多量程的便携式电工仪表，分为指针式万用表和数字式万用表，如图 7.14 所示。

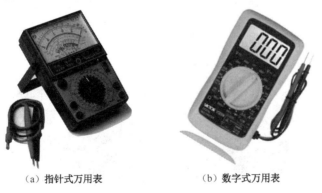

（a）指针式万用表 　　　　　　（b）数字式万用表

图 7.14 万用表

万用表可以测量直流电流、交直流电压和电阻，还可以测量电容、功率、晶体管的直流放大系数 β 等。指针式万用表主要由表头、面板、挡位转换开关和电路板等组成，表头是万用表的测量显示窗口，共有七条刻度线，从上至下依次为电阻、直流毫安、交流电压、晶体管共射极直流放大系数、电容、电感、分贝等刻度；面板中间是挡位转换开关，左下角标有红色"+"的为用于插入红表笔的正极插孔，标有黑色"−"的为用于插入黑表笔的负极插孔；右下角"2500V"为交直流 2500V 插孔，"5A"为直流插孔；左上角为晶体管类型判断插口；

右上角为电阻调零电位器旋钮。挡位转换开关有 5 个挡位，共 24 个量程。下面介绍万用表的基本使用方法。

① 测量直流电压。把万用表两表笔插好，红表笔插入"+"孔，黑表笔插入"−"孔，将挡位开关旋至直流电压挡，先选择较高的量程，将万用表两表笔并接在被测电路上，红表笔接直流电压的正极（高电位），黑表笔接直流电压的负极（低电位），不能接反，再根据测出的电压值，选用较低的量程，使指针指在满刻度的 2/3 处附近，读数时视线应与表盘垂直。

② 测量交流电压。将挡位开关旋至交流电压挡，表笔不分正负，测量方法与测量直流电压方法相似。注意所读数值为交流电压的有效值。

③ 测量电阻。插好表笔，将挡位开关旋至电阻挡，选择合适的量程。首先短接红、黑表笔，旋动电阻调零电位器旋钮，使指针指到电阻刻度右边的 0 刻度处，此过程即电阻挡调零。每次换电阻挡，量程都需要重新调零。然后使被测电阻脱离电源，用两表笔接触电阻两端，读出指针所指的数值。最后被测电阻值为读数乘以所选量程的倍率。若指针摆动幅度过大或过小，可重新调整挡位，确保读数的精度。最好不要使用刻度左边 1/3 的部分，因为这部分电阻刻度较密集，读数误差较大。

④ 测量直流电流。把万用表两表笔插好，将挡位开关旋至直流电流挡，先选择较高的量程，将被测电路断开，将万用表两表笔串接在被测电路上，让直流电流从红表笔流入，从黑表笔流出，不能接反。根据测出的电流值，再选用较低的量程，以保证读数的精度。

使用万用表时要注意：测量时不能用手触摸表笔的金属部分，以保证安全和测量的准确性；测量直流量时要注意被测量的极性，避免指针反偏打坏表头；不允许带电测电阻，否则会烧坏万用表；测量完毕应将挡位开关旋至交流电压最高挡或空挡；电阻挡每次换挡都要进行调零。

2. 兆欧表

兆欧表是专门测量兆欧级电阻的仪表，其外形如图 7.15 所示。电气设备正常运行的条件之一就是各种电气设备的绝缘良好。当受热和受潮时，绝缘材料会老化，其绝缘电阻值会降低。为避免发生事故，要求用仪表判断电气设备的绝缘性。由于绝缘电阻的数值一般比较高，使用万用表得到的测量值不能反映在高压条件下工作的真实绝缘电阻值。

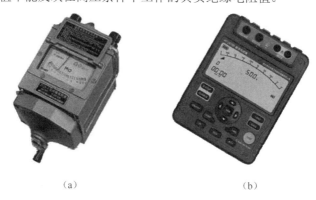

（a）　　　　　　　　　　　　（b）

图 7.15　兆欧表

兆欧表主要由测量机构和电源两部分组成，其中电源部分是手摇直流发电机，可产生较高的电压，电压越高，其测量范围越广，常用的电压规格有 500V、1000V 和 2500V 等。兆欧表上有接地（E）、线路（L）和保护环（G）三个端钮，测量前要进行一次开路和短路试验，以检查兆欧表是否良好：L、E 两端钮开路，以 2rad/s 速度均匀摇动手柄，指针应指在"∞"处；L、E 两端钮短接，缓慢摇动手柄，指针应指在"0"处，否则说明兆欧表是坏的。

测量电动机设备的绝缘电阻时，将电动机绕组接在 L 端钮上，机壳接于 E 端钮上；测量电缆的导电线芯与电缆外壳的绝缘电阻时，将被测两端分别接于兆欧表 E、L 两端钮上，然后将电缆线芯、壳之间的内层绝缘接于保护环端钮 G 上，以消除表面漏电引起的误差。测量过程中，以 2rad/s 的速度匀速摇动手柄，待指针稳定后读数。

选择兆欧表，要根据所测量电气设备的电压等级来决定：一般测量的额定电压在 500V 及以下的电气设备，可选择 500V 或 1000V 的兆欧表；额定电压在 500V 及以上的电气设备，可选择 1000~2500V 的兆欧表。兆欧表使用完毕后，将兆欧表的 L、E 两端钮短接，对兆欧表进行放电，以免发生触电事故。

3. 钳形电流表

钳形电流表是无须断开电路测量电流的仪表，又称卡表，分数字式和指针式两种，其外形如图 7.16 所示。它由电流互感器、钳形扳手和电磁式电流表组成。测量前应检查电流表指针是否指零，否则要机械调零；选择合适的量程，先大后小或根据铭牌估算；当使用最小量程测量，读数还不明显时，可将被测导线绕几匝，匝数要以钳口中央的匝数为准，则读数=指示值×量程/满偏数值×匝数；测量时，应使被测导线处在钳口中央，并使钳口闭合紧密，以减少误差；测量完毕，要将转换开关放在最大量程处。钳形电流表使用时应注意：每次测量只能钳入一根导线；被测线路的电压要低于钳形电流表的额定电压；测量高压线路的电流时要戴绝缘手套，穿绝缘鞋，站在绝缘垫上；钳口要闭合紧密，不能带电换量程。

4. 电能表

电能表又称电度表，是用来测量一段时间内负载消耗电能的仪表，其外形如图 7.17 所示。它根据电磁感应的原理制成，是一种感应式仪表。电能表有单相电能表和三相电能表之分，还有机械式和电子式之分，由于电子式电能表计量精确度、可靠度、防震度和制造成本等方面都比机械式电能表优越，目前电子式电能表得到广泛应用。

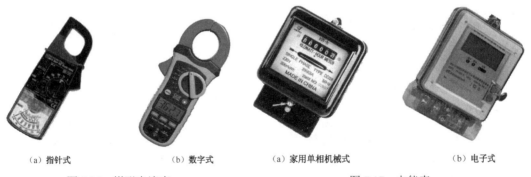

（a）指针式　　　　　　（b）数字式　　　　　　（a）家用单相机械式　　　　（b）电子式

图 7.16　钳形电流表　　　　　　　　　图 7.17　电能表

图 7.18 所示的家用单相电能表共有 4 个接线柱，从左至右编号为 1、2、3、4。接线方法：一般 1、3 接线柱接电源进线，2、4 接线柱接电源出线；电能表总线必须采用铜芯塑料硬线，其横截面积不得小于 1.5mm²，中间不准有接头；电能表总线必须明线敷设，采用线管安装时，线管也必须明装；安装完成后，电能表必须垂直于地面。

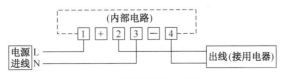

图 7.18　家用单相电能表接线

本章小结

（1）电力系统是由发电厂、电力网和电能用户组成的一个集发电、输送电、变配电和用电的整体。根据所用能源，发电厂分为火力发电厂、水力发电厂、原子能发电厂等。

（2）高压输电线路和低压配电线路统称为电力线路，其作用是输送电能，并把发电厂、变配电所和电能用户连接起来。变电是指变换电压的等级；配电是指电力的分配。低压配电线路的架设可采用架空线路或电缆线路；供电质量包括供电的可靠性、电压质量、频率质量及电压波形质量等四方面。

（3）电流通过人体称为触电。触电可分为电击与电伤两种。触电的伤害程度主要取决于通过人体电流的大小。触电的方式有单相触电、两相触电和跨步电压触电。

（4）电气设备由于各种原因造成绝缘损坏时就会漏电；带电导线碰触机壳时，也会使本不带电的金属外壳等带上电，人体触及带电外壳会引起触电事故，所以电气设备必须采取保护接地、保护接零和重复接地等措施。

（5）触电急救过程中，首先要使触电者尽快摆脱电源；其次，迅速判断其症状，采用不同的急救法。现场采用的主要救护方法是就地心肺复苏法，具体有人工呼吸和胸外心脏挤压法等方法。

（6）常用电工工具包括低压验电器、螺丝刀、钢丝钳、尖嘴钳、斜口钳、剥线钳、电工刀和电烙铁等；常用电工仪表有万用表、兆欧表、钳形电流表和电能表等。

自我评价

一、填空题

1. 三峡电站属于＿＿＿＿＿发电站，大亚湾电站属于＿＿＿＿＿发电站，阳逻电站属于＿＿＿＿＿＿＿。

2. 触电对人体的伤害分为＿＿＿＿＿和＿＿＿＿＿两种，触电方式一般有＿＿＿＿＿、＿＿＿＿＿和＿＿＿＿＿。

3. 工厂中的动力电源的电压为＿＿＿＿＿V；照明电压为＿＿＿＿＿V；安全电压为＿＿＿＿＿V。

4. 万用表可以用来测量＿＿＿＿＿、＿＿＿＿＿、＿＿＿＿＿和＿＿＿＿＿等。

二、选择题

5. 触电者脱离电源后，呼吸心跳停止时，立即就地采用的抢救方法是（　　）。
    A．人工呼吸　　　　　B．胸外按压　　　　　C．心肺复苏

6. 使用电压表测量电压时，电压表的连接方式为（　　）。
    A．并联方式　　　　　B．串联方式　　　　　C．混联方式

7. 黄绿双色绝缘导线代表（　　）。
    A．保护零线　　　　　B．工作零线　　　　　C．地线

8. 触电急救首先要做的事是（　　）。
    A．大声呼救　　　　　B．迅速断电　　　　　C．抢救伤员

9. 绝缘性能的基本指标是（　　）。
    A．绝缘电阻　　　　　B．泄漏电流　　　　　C．介质损耗

10. 触电急救必须分秒必争，立即（　　）迅速用心肺复苏法进行抢救。
    A．送医院　　　　　　B．打120电话　　　　C．就地

11．触电事故季节性明显，主要表现为（　　）。

A．6～9 月事故多　　　B．1～5 月事故多　　　C．10～12 月事故多

12．对单相用电负载，单极开关应接（　　）。

A．相线（火线）　　　B．工作零线　　　C．地线

13．下列场所属于一类负荷的是（　　）。

A．交通枢纽　　　　　B．电影院　　　　C．炼钢厂

三、判断题

14．电力负荷分类是按照停电时可能造成的影响和损失大小进行分类的。（　）

15．只要触电电压不高，流经人体的电流不会对人体造成危害。（　）

16．从用电角度来说，40W 的荧光灯比 40W 的白炽灯耗电量小。（　）

17．测量电流时将电流表串联在被测电路中。（　）

18．保护接地就是保护接零。（　）

19．使用万用表测量电阻时不能带电测量。（　）

20．使用万用表可以测量电动机设备的绝缘电阻。（　）

21．几种线路同杆架设时，电力线路在通信线路的下方。（　）

22．当手不慎触摸带电体时，手会不由自主地紧握导线，这是因为电有吸力。（　）

习题 7

7-1．什么是电力系统和电力网？电力系统由哪几部分组成？

7-2．变电所和配电所的作用是什么？二者的区别有哪些？

7-3．什么是保护接地？什么是保护接零？

7-4．什么是触电？触电的方式有哪些？

7-5．安全用电应注意哪些方面的问题？

7-6．遇到触电事故和电气火灾事故应分别采取哪些措施？

7-7．生产和生活中如何做到节约用电？

模块二 电子技术部分

第8章

半导体器件

知识目标

①了解半导体的结构及特点;②理解二极管的单向导电性、三极管的电流分配与放大原理; ③掌握二极管、三极管的参数及其应用。

技能目标

①能正确识别二极管、三极管及其型号；②能利用 PN 结的单向导电性进行简易测试。

半导体器件具有体积小、质量轻、使用寿命长等优点，因而在电子技术中应用非常广泛。 本章从半导体材料特性入手，分别介绍二极管、三极管、场效应管的基本构成、电气特性。

8.1 半导体的导电特性

8.1.1 物质的导电性

微课：半导体的基本知识

自然界中存在着许多不同的物质，根据其导电性能的不同大体可分为导体、绝缘体和半导体三大类。

导体内部存在着大量的能摆脱原子核束缚的自由电子，在外电场的作用下，这些自由电子将逆着电场方向定向运动而形成较大的电流，因此导体导电能力很强。导体的电阻率一般小于 $10^{-4}\Omega/cm$。典型的导体材料有铜、铝、银等。

绝缘体的原子核对最外层电子的束缚力很大，常温下自由电子很少，难以形成较大的定向电流，因此绝缘体的导电能力非常差。绝缘体的电阻率一般大于 $10^{10}\Omega/cm$。典型的绝缘体材料有塑料、橡胶、陶瓷、云母等。

半导体的导电性能介于导体和绝缘体之间，其电阻率在 $10^{-3}\sim10^9\Omega/cm$ 之间。常用的半导体材料有硅（Si）、锗（Ge）、硒（Se）、砷化镓（GaAs）以及其他金属氧化物和硫化物等。半导体是构成二极管、三极管的基本材料。

半导体材料中硅和锗的应用最广，硅原子和锗原子的电子数分别是 14 和 32，所以它们最外层都有 4 个电子，属于 4 价元素，其原子结构简化模型如图 8.1 所示。每个原子的 4 个价电子不仅受自身原子核的束缚，还与周围相邻的 4 个原子发生联系，相邻的原子被共有的价电子联系在一起，称为共价键结构，如图 8.2 所示。

半导体在常态下由于其内部的共价键结构，电子受到的束缚力较强，因而导电能力非常弱。当半导体受到热激发或光照或掺入适量杂质后，其导电能力会发生显著变化，这种特性分别称为半导体的热敏性、光敏性和杂敏性。正因为半导体材料的这些特性，其在电子器件领域得到广泛应用。

图 8.1　硅和锗的原子结构简化模型　　　　图 8.2　硅和锗的共价键结构

热敏性是指半导体的导电能力随着温度的升高而迅速增强。半导体的导电能力对温度的变化十分敏感。一般温度每上升 10℃，物质的导电能力将增强一倍，利用此特性可以制造热敏电阻等器件。

光敏性是指半导体的导电能力随着光照的强弱而有显著的改变。例如，硫化镉薄膜，当无光照时其电阻为几十兆欧姆，在有光照时其电阻可以下降到几十千欧姆。利用半导体的光敏性可以制造生活中常见的光电二极管和光敏电阻等器件。

杂敏性是指半导体的导电能力在掺入适量杂质后而发生显著变化的特性。例如，在纯净的半导体硅中掺入百万分之一的磷后，电阻率就会下降到原来的万分之一，导电能力明显增强。利用半导体的杂敏性可以制造出不同性能、不同用途的半导体器件，如二极管、三极管和场效应管等。

8.1.2　本征半导体

本征半导体是指完全纯净、不含任何杂质、具有晶体结构的半导体。

以硅材料本征半导体为例，在共价键结构中，原子最外层虽然具有 8 个电子而处于较稳定的结构，但共价键结构中的电子还不像绝缘体中的价电子被束缚得那么紧，在获得一定的能量（温度升高或受到光照）后，即可挣脱原子核的束缚成为带负电荷的自由电子，同时在原来的共价键位置上留下一个相当于带有单位正电荷的空穴，这种现象称为本征激发。

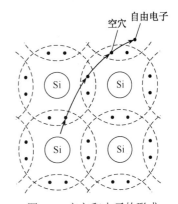

图 8.3　空穴和电子的形成

在外电场的作用下，有空穴的原子可以吸引相邻原子中的价电子来填补空穴，同时失去一个价电子的相邻原子的共价键中出现另外一个空穴，它也将由相邻原子中的价电子来递补而又出现一个新的空穴，这种递补效应如图 8.3 所示。如此继续下去，就像空穴在运动，且空穴的运动方向与价电子的运动方向相反，因此空穴的运动相当于正电荷的运动。这种电荷的定向运动形成电流，因而自由电子和空穴都称为载流子。本征半导体中的自由电子和空穴总是成对出现，同时不断复合，在一定温度下，载流子的产生与复合达到动态平衡并维持一定的数目。温度越高，载流子越多，导电性能也就越好。所以半导体器件受温度影响很大。

综上所述，当在半导体两端加上外电压时，半导体中将出现两部分电流，一部分是自由电子定向运动所形成的电子电流，另一部分是被原子核束缚的价电子递补空穴形成的空穴电流，即在半导体中同时存在电子导电和空穴导电，这是半导体导电方式与金属导电方式的本质差别。

8.1.3 N 型半导体和 P 型半导体

本征半导体虽然有自由电子和空穴两种载流子，但由于数量极少，导电能力很差。如果在本征半导体中掺入某种微量元素后，它的导电能力可大大增强。根据掺入杂质的不同，杂质半导体可分为 N 型半导体和 P 型半导体两种类型。

1. N 型半导体

在 4 价的硅（或锗）中掺入微量的 5 价元素（如磷、砷等）后，5 价杂质原子替代了晶体中某些 4 价原子。磷原子最外层有 5 个价电子，与硅原子构成共价键后，将多出一个价电子。多余的一个价电子很容易成为带负电的自由电子，同时由于磷原子失去一个电子，成为带正电的离子。每掺入一个磷杂质原子，就相当于掺入了一个自由电子。于是，在杂质半导体中的自由电子数目大大增加，自由电子导电是这种半导体的主要导电方式，故称这种杂质半导体为电子型半导体或 N 型半导体。N 型半导体结构示意图如图 8.4（a）所示。N 型半导体中自由电子为多数载流子（简称多子），空穴为少数载流子（简称少子）。

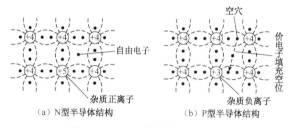

图 8.4　杂质半导体的内部结构

2. P 型半导体

在 4 价的硅（或锗）中掺入微量的 3 价元素（如硼、铝等）后，3 价杂质原子替代了晶体中某些 4 价原子。硼原子最外层只有 3 个价电子，与相邻的硅原子组成共价键时将因为缺少一个电子而产生一个空穴，这个空穴极容易被临近共价键中的价电子所填补使杂质原子变成负离子。每掺入一个硼原子就相当于掺入了一个空穴。于是，在杂质半导体中的空穴数目大大增加，空穴导电是这种半导体的主要导电方式，故称这种杂质半导体为空穴型半导体或 P 型半导体。P 型半导体结构示意图如图 8.4（b）所示。P 型半导体中空穴为多数载流子，自由电子为少数载流子。

无论是 N 型半导体还是 P 型半导体，虽然它们都有一种载流子占多数，但整个晶体仍然保持电中性。虽然杂质半导体的导电能力比本征半导体有了明显增强，但远远不如导体的导电能力，因此独立的杂质半导体没有实用价值。实际应用中通常将这两种杂质半导体组成 PN 结，并制造出各种应用广泛的半导体器件。

8.2 PN 结

8.2.1 PN 结的形成

在一块 N 型半导体的局部再掺入浓度较大的 3 价杂质，使其局部变形为 P 型半导体，这样在两种不同类型半导体的交界面两侧的两种载流子浓度有很大差别，因此会产生载流子从高浓度区向低浓度区的运动，称为扩散运动，如图 8.5 所示。多数载流子扩散到对方区域后，使对方区域的多数载流子因复合而耗尽，于是 P 区和 N 的交界处就会出现数量相等、不能移动的负离子区和正离子区，这些不能移动的带电离子形成了空间电荷区，也就是 PN 结，如图 8.5（a）所示。空间电荷区内的正负离子虽然带电，但它们不能移动，不参与导电，且区域内的多数载流子已扩散到对方区域并复合耗尽，所以空间电荷区也称为耗尽层。

空间电荷区靠近 P 区带负电，靠近 N 区带正电，因此形成了一个电场方向由 N 区指向 P 区的内建电场，简称内电场。由于内电场的方向是从 N 区指向 P 区，因此这个电场对多数载流子的扩散起到阻碍作用；对少数载流子的运动起到了加强作用。少数载流子在电场力作用下的定向移动，称为漂移运动。扩散运动和漂移运动互相联系又互相矛盾，扩散运动使空间电荷区变宽，并使内电场加强。在一定条件（如温度一定）下，多数载流子的扩散运动逐步减弱，而少数载流子的漂移运动逐渐增强，最终扩散运动和漂移运动达到动态平衡，平衡后空间电荷区的宽度基本稳定下来，PN 结就处于相对稳定的状态，如图 8.5（b）所示。达到动态平衡时，多数载流子的扩散数量与少数载流子的漂移数量相等，流过 PN 结的总电流为零，因此 PN 结呈电中性。

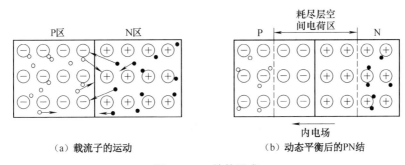

（a）载流子的运动 　　　　　　　　　（b）动态平衡后的PN结

图 8.5 PN 结的形成

8.2.2 PN 结的单向导电性

从 PN 结的形成过程可知，当 PN 结没有外加电压时，半导体中的扩散运动与漂移运动处于动态平衡状态，流过 PN 结的总电流为零。如果在 PN 结上施加正向电压，即外电源的正端接 P 区，负端接 N 区，如图 8.6（a）所示，则外电源所形成的外电场与内电场的方向相反，扩散运动和漂移运动的平衡被打破。外电场驱使 P 区的空穴进入空间电荷区抵消一部分负空间电荷，同时驱使 N 区的自由电子进入空间电荷区抵消一部分正空间电荷，使整个空间电荷区变窄，内电场被削弱，多数载流子的扩散运动加强，形成较大的扩散电流，即正向电流（由 P 区流向 N 区）。外电场越强，正向电流越大，此时 PN 结呈现很低的电阻。正向电流包括空穴电流和电子电流两部分。虽然空穴和电子带有极性不同的电荷，但由于它们的运动方向相反，所以电流方向一致。外电源不断地向半导体提供电荷，使得电流得以维持。

若给 PN 结施加反向电压，即外电源的正端接 N 区，负端接 P 区，如图 8.6（b）所示，则外电源所形成的外电场与内电场的方向一致，扩散运动和漂移运动的平衡也被打破。增强的合成电场将空间电荷区两侧的空穴和自由电子移走，空间电荷区变宽，内电场增强，使多数载流子的扩散运动难以进行。与此同时，内电场的增强也加强了少数载流子的运动，N 区的空穴越过 PN 结进入 P 区，P 区的自由电子越过 PN 结进入 N 区，形成反向电流（由 N 区流向 P 区）。由于少数载流子数量很少，因此形成的反向电流也很小，PN 结呈现的反向电阻很高。由于反向电流是价电子被热激发挣脱共价键的束缚而产生的，温度越高，被激发的少数载流子数量越多，因此温度对反向电流的影响很大。

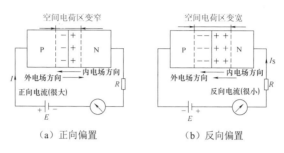

图 8.6　PN 结的单向导电性

综上所述，给 PN 结加上正向电压时 PN 结呈现很低的电阻，处于导通状态，正向电流很大；加上反向电压时，PN 结处于截止状态，反向电流很小。PN 结的这种特性称为单向导电性。

8.2.3　PN 结的击穿特性

当加在 PN 结两端的反向电压增大到一定值时，PN 结的反向电流将随着反向电压的增加而急剧增大，这种现象称为反向击穿。发生反向击穿后，只要反向电流和反向电压的乘积不超过 PN 结容许的耗散功率，PN 结一般不会损坏。如果反向电压降低到击穿电压以下后，PN 结的性能可恢复到原有状态，即击穿具有可逆性，则这种击穿称为电击穿；若反向击穿电流超过一定值，将导致 PN 结结温过高而烧坏，这种现象称为热击穿，热击穿是不可逆的。

8.3　半导体二极管

8.3.1　二极管的基本特点

微课：半导体二极管

从 PN 结的两端引出电极引线并用外壳封装，就成为半导体二极管（简称二极管）。由 P 区引出的电极为正极（或称阳极，用 A 表示），由 N 区引出的电极为负极（或称阴极，用 K 表示），电路符号中的箭头表示正向电流的流通方向。二极管的结构及符号如图 8.7 所示。

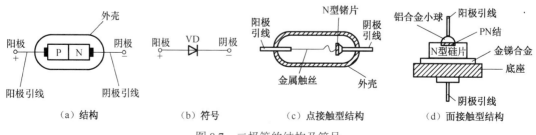

图 8.7　二极管的结构及符号

二极管按其结构的不同可以分为点接触型和面接触型两类。点接触型二极管的 PN 结面积和极间电容都很小，不能承受高的反向电压和大电流，因而适于制作高频检波和脉冲数字电路里的开关元件，以及作为小电流的整流管使用。例如常见的检波二极管 2AP1，其最大正向电流为 16mA，最高反向工作电压为 20V，极间电容小于 1pF，最高工作频率可达 150MHz。

面接触型二极管的 PN 结面积大，能通过较大的正向电流，但极间电容也较大，这类器件适用于低频电路，主要用于整流。例如常见的整流二极管 1N4001，其最大正向电流为 1A，最高反向工作电压为 50V。

1. 二极管的伏安特性曲线

二极管由一个 PN 结构成，因而具有单向导电性。在外加于二极管两端的电压 u_D 作用下，二极管电流 i_D 的变化规律称为二极管的伏安特性曲线，如图 8.8 所示。

当外加正向电压很低时（图中 OA 段），外电场不足以克服 PN 结的内电场对多数载流子扩散运动造成的阻力，正向电流几乎为零，二极管呈现很大的电阻。当正向电压超过一定数值后，内电场被大大削弱，电流增长很快（图中 BC 段）。这个电流从几乎为零到开始快速增长的转折点（A 点）所需的电压称为死区电压，其大小与材料和环境有关，通常硅二极管死区电压约为 0.5V，锗二极管约为 0.1V。加在二极管两端的正向电压大于死区

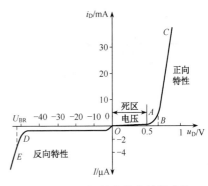

图 8.8 二极管的伏安特性曲线

电压后，二极管的电流与外加电压呈指数关系，二极管进入导通状态。导通后的二极管正向压降，硅管约为 0.7V，锗管约为 0.3V。

二极管两端外加反向电压（$u_D<0$）的伏安特性为二极管的反向特性（图中 OD 段），此时 PN 结内流过的电流由少数载流子的漂移运动形成，反向电流很小，一般为微安数量级。只要反向电压不超出某一范围（在 O 点到 D 点间变化），反向电流大小基本恒定，且与反向电压的高低无关，因此通常称之为反向饱和电流 I_S。

当外加反向电压高于某一数值时（图中 E 点），反向电流将突然增大，二极管失去单向导电性，这种现象称为击穿，因此 E 点的电压称为反向击穿电压，用 U_{BR} 表示。

二极管特性曲线较为复杂，在实际电路分析中经常进行等效模型分析，包括理想模型、恒压降模型等。

（1）理想模型。将二极管视为理想二极管。理想二极管在导通时正向压降视为零，在截止时电流为零，其在电路中的作用就像开关一样。

（2）恒压降模型。当二极管正向导通时，导通电压不随正向电流变化且为恒定值（硅管 0.7V，锗管 0.3V）；二极管截止时正向电流为零。

> **【例 8.1】**硅二极管电路如图 8.9（a）所示，判断二极管是导通还是截止，分别以二极管理想模型和恒压降模型计算输出电压 U_O 值。
>
> **解：**在图 8.9（a）所示电路中，将二极管 VD 断开，参考点选地电位 O 点，则 A、B 间的电压为：
>
> $$U_{AB} = U_A - U_B = [(-5)-(-10)]=5（V）$$
>
> 因此，二极管接入后将处于正向导通状态。

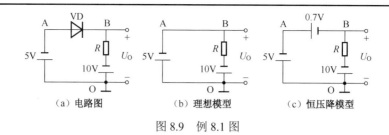

（a）电路图　　　　　　（b）理想模型　　　　　　（c）恒压降模型

图 8.9　例 8.1 图

（1）二极管采用理想模型时，正向导通电压视为零，等效电路如图 8.9（b）所示，输出电压 $U_O = U_A = -5V$。

（2）二极管采用恒压降模型时，硅管导通电压为 0.7V，等效电路如图 8.9（c）所示，输出电压 $U_O = U_A - 0.7V = -5.7V$。

2．二极管的主要参数

二极管的特性除了用特性曲线表示，还可以用参数来描述，实际应用中一般查阅器件手册，依据参数来合理选用二极管。

（1）最大整流电流 I_F。最大整流电流 I_F 是指二极管长时间工作时允许通过的最大正向平均电流。使用时如果超过此值，则有可能损坏二极管。

（2）最高反向工作电压 U_{RM}。最高反向工作电压 U_{RM} 是指二极管正常使用时允许施加的最高反向电压，通常规定为击穿电压的一半。使用时如果超过此值，则二极管将有被击穿的危险。

（3）反向电流 I_R。反向电流 I_R（又称为反向饱和电流 I_S）是指在室温和规定的反向工作电压下的反向电流值。此值越小，说明二极管的单向导电性越好。当温度升高时，反向电流 I_R 会有所增大。一般温度每升高 10℃，反向电流 I_S 将增加一倍。

（4）最高工作频率 f_M。最高工作频率 f_M 是指二极管能保持单向导电性的外加电压的最高频率，其值的大小取决于 PN 结结电容的大小。结电容越小，则二极管允许的最高工作频率越高。通常点接触型锗二极管结电容较小，最高工作频率可达数百兆赫兹，而面接触型硅整流二极管的最高工作频率只有几千赫兹。

8.3.2　二极管的应用

二极管的应用范围很广，在电路中主要利用它的单向导电性实现整流、检波、限幅、元件保护，它在数字电路中常作为开关元件使用。

1．整流

二极管的单向导电性可以将大小和方向都随时间发生变化的正弦交流电变为单向脉动的直流电，这种应用称为整流。二极管整流电路简单且成本低廉，在电源电路中广泛采用。

图 8.10（a）是单个二极管整流应用的典型电路，在变压器交流电压 u_2 的正半周，电压极性为上正下负，二极管因正向偏置而导通，此时电流流过负载 R_L，在负载上得到一个极性为上正下负的电压 u_0。在 u_2 的负半周，电压极性为上负下正，二极管因反向偏置而截止，流过二极管的电流基本上等于零，负载电流也近似为零，所以负载上的电压 $u_0 = 0$，此时 u_2 全部加于二极管两端。整流不断重复上述过程，负载电阻 R_L 上的电压始终上正下负，而且只有在 u_2 的正半周才有波形输出，从而实现了将输入的正负交流电压波形整定为只有正电压的脉动直流波形。波形如图 8.10（b）所示。

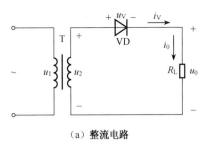
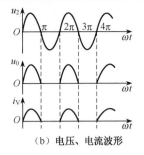

（a）整流电路　　　（b）电压、电流波形

图 8.10　二极管整流

2．限幅

利用二极管的单向导电性，将输入电压限定在要求的范围之内称为限幅。如图 8.11（a）所示，假设 VD_1、VD_2 为理想二极管，当输入电压 $u_i > 2V$ 时，二极管 VD_1 因正向偏置而导通，二极管 VD_2 因反向偏置而截止，此时 $u_o = 2V$；当 $u_i < -2V$ 时，二极管 VD_1 截止，二极管 VD_2 导通，输出电压 $u_o = -2V$；当 u_i 在 $-2V$ 与 $+2V$ 之间时，VD_1 和 VD_2 都截止，在此范围内输出电压 $u_o = u_i$，因此电路实现了将 u_i 输入波形限幅在 $-2V$ 到 $+2V$ 的范围内。限幅输出波形如图 8.11（b）所示。

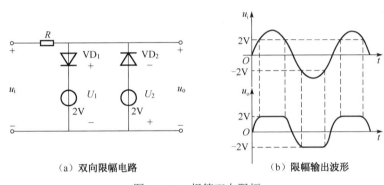

（a）双向限幅电路　　　（b）限幅输出波形

图 8.11　二极管双向限幅

二极管的用途很广，其开关应用和检波应用等将在相关应用电路中进行分析。

8.3.3　特殊二极管

二极管在电子电路中应用很广，依据应用需求还制造出特殊用途的二极管，常用的包括稳压二极管、发光二极管、光电二极管等。

1．稳压二极管

稳压二极管（简称稳压管）工作在反向击穿区，其伏安特性及电路图形符号如图 8.12 所示。

由于反向工作区的曲线很陡，反向电流在很大范围内变化时，端电压变化很小，因而具有稳压作用。图 8.12 中的 U_Z 表示反向击穿电压，当电流的增量 ΔI_Z 很大时，只引起很小的电压变化 ΔU_Z。只要反向电流不超过其最大稳定电流，就不会出现破坏性的热击穿。

稳压二极管的主要参数如下。

（1）稳定电压值 U_Z。

稳定电压值 U_Z 是指稳压二极管工作在反向击

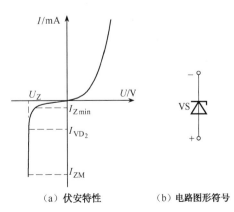

（a）伏安特性　　　（b）电路图形符号

图 8.12　稳压二极管的伏安特性及电路符号

穿区时的稳定工作电压，使用时依据电路需要的稳压输出值来选择稳压二极管的型号。例如，2CW15 稳压二极管的稳定电压值在 7～8.5V 之间。

（2）最小稳压电流 $I_{Z\min}$。

最小稳压电流 $I_{Z\min}$ 是指稳压二极管正常工作时需要的最小反向电流，稳压二极管工作时的电流应大于 $I_{Z\min}$，低于此值时输出电压将变得不稳定。

（3）最大耗散功率 P_{ZM} 和最大稳压电流 I_{ZM}。

最大耗散功率 P_{ZM} 指稳压二极管不被热击穿的最大功率损耗。最大稳压电流 I_{ZM} 是指稳压二极管允许流过的最大反向工作电流。正常工作时稳压二极管的电流和功率不应超过这两个极限参数，否则稳压二极管有被热击穿的危险。二者之间的关系为：$P_{ZM}=U_Z I_{ZM}$。

【例8.2】稳压二极管的稳压电路如图 8.13 所示，已知 U_i =24V，稳压二极管采用 2CW20，其参数为 U_Z =15V，最小稳压电流 $I_{Z\min}$ =5mA，最大稳压电流为 15mA，求限流电阻的阻值 R 的范围。

解：稳压二极管要正常工作，流经稳压二极管的电流 I_Z 必须在最小稳压电流和最大稳压电流之间。

为了使输出电压稳定，当 R 最大时 I_Z 至少为 5mA，因此 $R_{\max}$ =(24-15)V/5mA=1.8kΩ。

为了使稳压二极管可靠工作不至于被热击穿，I_Z 应不大于 15mA，即 $R_{\max}$ =(24-15)V/15mA=0.6kΩ

因此，限流电阻的阻值 R 的范围应为 0.6kΩ～1.8kΩ，具体选取电阻值时还应考虑到负载的 R_L 对 I_Z 的影响。

【例8.3】电路如图 8.14 所示，设两个硅稳压二极管的稳定电压 U_Z 均为 6V，求输出电压 U_o。

解：首先判断两个稳压二极管的工作状态，按图 8.14 中参数，电源电压为 20V，大于 VS$_1$ 的稳定电压 6V，因此 VS$_1$ 反向击穿，其两端电压为 6V。流经 VS$_1$ 的稳定电流也流过稳压二极管 VS$_2$，使 VS$_2$ 正向导通，此时 VS$_2$ 两端电压为 0.7V。因此，输出电压 U_o =6+0.7=6.7（V）。

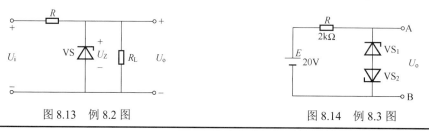

图 8.13　例 8.2 图　　　　　图 8.14　例 8.3 图

2．发光二极管

发光二极管（LED）是将电能直接转换成光能的半导体元件。和普通二极管一样，发光二极管也是一个 PN 结，内部采用镓（Ga）、砷（As）、磷（P）等化合物制成。不同材料的 PN 结正向导通时发出不同颜色的光，且发光亮度随通过的正向电流增大而增强。通常红、绿、黄等颜色光的发光二极管导通电压在 1.8V 左右，正向工作电流为几毫安到几十毫安，典型值为 10mA。这类发光二极管常用于信号指示、数字和字符显示（由多个发光二极管组合成数码显示管）等。发光二极管的符号及驱动电路如图 8.15（a）所示。

近年来，发白色光的发光二极管（简称白光管）在绿色照明领域得到迅速推广。白光管的正向导通电压在 3.0～3.2V 之间，工作电流通常在几百毫安到几安培之间，单个白光管的功率可达几瓦甚至几十瓦，因其电光转换效率高以及可靠性好，常用于室内外照明、景观灯等。

3．光电二极管

光电二极管又称光敏二极管，是一种将光信号转换为电信号的器件，其 PN 结工作在反向偏置状态。光电二极管外壳上有一个接收光照的玻璃窗口，当有光照时形成反向电流，且反向电流大小与光照强度有关，因而通过回路中的偏置电阻就可以获取由光转换得到的电压信号。光电二极管广泛应用于光测量和光电自动控制系统中，如光纤通信、家电遥控、自动控制中的隔离电路等。光电二极管的符号及驱动电路如图 8.15（b）所示。

4．变容二极管

变容二极管是利用 PN 结的结电容随反向电压变化而变化的特点制造而成的，因此工作在反向偏置状态。改变变容二极管的反向直流偏置电压，就可以改变其电容量。变容二极管广泛用于调谐回路中，如收音机、电视机中的选台回路及频道切换回路。变容二极管的符号及驱动电路如图 8.15（c）所示。

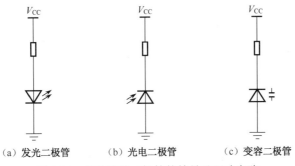

(a) 发光二极管　　　(b) 光电二极管　　　(c) 变容二极管

图 8.15　几种特殊二极管的符号及驱动电路

8.3.4　二极管的识别与测试

1．二极管的型号命名

根据国家标准 GB/T 249—2017《半导体分立器件型号命名方法》，国产半导体二极管的型号由五部分组成，各部分的意义如表 8-1 所示。

表 8-1　国产二极管器件的型号命名规则

第一部分		第二部分		第三部分		第四部分	第五部分
用阿拉伯数字表示器件的电极数目		用汉语拼音字母表示器件的材料和极性		用汉语拼音字母表示器件的类型		用阿拉伯数字表示器件的序号	用汉语拼音字母表示规格号
符号	意义	符号	意义	符号	意义		
2	二极管	A B C D E	N 型，锗材料 P 型，锗材料 N 型，硅材料 P 型，硅材料 化合物或合金材料	P H V W C Z L S K N F	小信号管 混频管 检波管 电压调整管和电压基准管 变容管 整流管 整流堆 隧道管 开关管 噪声管 限幅管		

型号示例：2AP9（2—二极管，A—锗管，P—小信号管，9—序号）；2CZ54D（2—二极管，

C—硅管，Z—整流管，54—序号，D—规格号）。

2．二极管的外形及极性识别

型号与用途不同的二极管，其外形有较大差别，一般会在外壳上印有正负极标志。对圆柱形封装的二极管，在其负极（或称阴极 K）印有一圈颜色环或色点，发光二极管出厂时通常引脚线较长的一端为正极（或称阳极 A），如图 8.16 所示。

（a）常用二极管外形　　　　　　（b）极性标志

图 8.16　常用二极管的外形及极性标志

3．二极管的测试

将数字万用表置于二极管挡，红表笔接二极管正极，黑表笔接二极管负极，表头显示该二极管的正向导通电压，单位为毫伏（mV）；将表笔反接时表头应该显示超量程指示"1"，即二极管反向截止。

指针式万用表测试二极管时用 R×100 或 R×1k 电阻挡测试其单向导电性（黑表笔为内部电源正极，红表笔为内部电源负极），表头显示二极管正向电阻或反向电阻。由于指针式万用表 R×1k 以下电阻挡内部使用 1.5V 电池，在测试正向导通电压大于 1.5V 的发光二极管时应调整在 R×10k 电阻挡，以利用指针式万用表内部的 9V 叠层电池供电。

8.4　半导体三极管

半导体三极管又称晶体三极管、晶体管，简称三极管。它是通过一定的工艺，将两个不同特质的 PN 结结合在一起，利用双 PN 结的特殊结构以及加电后的相互影响，使三极管呈现出不同于单个 PN 结的特性，具有电流放大作用。

8.4.1　三极管的基本结构

根据组成三极管的两个 PN 结的结合方式不同，三极管分为 NPN 和 PNP 两种类型。图 8.17 所示为 NPN 型三极管和 PNP 型三极管的结构及电路符号。

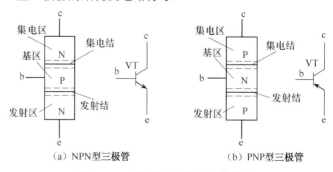

微课：半导体三极管

（a）NPN型三极管　　　　　　（b）PNP型三极管

图 8.17　三极管的结构及电路符号

构成三极管的三个区分别称为发射区、基区和集电区，对应引出脚分别为发射极（e）、基极（b）和集电极（c）。三极管电路符号中，发射极箭头方向表示发射结加正向电压时发射极电流的方向。NPN 型三极管和 PNP 型三极管具有类似的结构特点，只不过各电极端的电压极性和电流方向不同。在制造三极管时，发射区掺杂浓度最高，基区做得很薄且掺杂浓度最低，集电区面积大且掺杂浓度低于发射区，这种制造工艺和结构特点为三极管进行电流放大提供了内部条件。

三极管的种类繁多，按制造用的半导体材料不同分为硅管、锗管；按功率不同分为小功率管、中功率管和大功率管；按工作的频率不同分为高频管和低频管。

8.4.2　三极管的放大原理及电流分配

三极管必须在发射结上加正向偏置电压，在集电结上加反向偏置电压，才能具有放大作用。也就是三极管三个电极的电位应满足如下关系。

对 NPN 型三极管：$U_C > U_B > U_E$。

对 PNP 型三极管：$U_C < U_B < U_E$。

下面以 NPN 型三极管为例讨论三极管的放大原理和各极的电流分配。

1．三极管的放大原理

三极管的放大电路如图 8.18 所示。

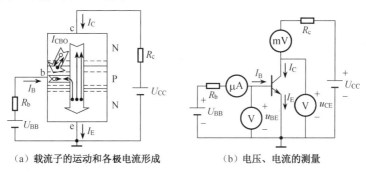

(a) 载流子的运动和各极电流形成　　　　(b) 电压、电流的测量

图 8.18　三极管的放大电路

如图 8.18（a）所示，由于发射结正偏，在正向电压作用下，高掺杂浓度的发射区多数载流子（电子）越过发射结不断向基区扩散，并不断由电源得到补充，从而形成较大的发射极电流 I_E，由于发射极电流由电子流动形成，因此电流方向与电子运动方向相反；基区制造时做得很薄，到达基区的电子绝大多数扩散到集电结边缘，并且由于集电结反偏，这些电子会全部漂移过集电结，从而形成较大的集电极电流 I_C；同时到达基区的少部分电子与基区的空穴复合而形成基极电流 I_B，由于这部分电子数量较少，因而基极电流很小。

从载流子的运动分析可知，三极管中的两种载流子都参与导电，所以这种三极管又称为双极型三极管。从各极载流子数量分析可知，如果将信号从基极输入，从集电极输出，则可以用较小的基极信号激励电流，得到较大的集电极信号输出电流，从而实现电流的放大。三极管的电流放大作用同样可以转化为电压放大作用，当输入电压变化时，会引起基极电流 I_B 的变化，由于 I_B 的变化，在集电极输出端就会引起集电极电流 I_C 的较大变化，该放大后的电流在集电极电阻 R_c 上就会产生较大的输出电压，从而实现电压的放大。

2．各极电流分配关系

在图 8.18（b）所示电路中，如果改变基极电阻 R_b，则基极电流 I_B、集电极电流 I_C、发射极电流 I_E 都将发生变化。某一型号的三极管实验数据如表 8-2 所示。

I_B	0	0.01	0.02	0.04	0.06
I_C	<0.001	0.48	0.97	1.92	2.99
I_E	<0.001	0.49	0.99	1.96	3.05

观察表 8-2 中数据，发现数据具有以下规律。

（1）每一列数据都满足基尔霍夫电流定律，即

$$I_E = I_B + I_C$$

上式也称为三极管电流分配关系，即发射极电流等于基极电流与集电极电流之和。由于基极电流 I_B 通常比集电极电流 I_C 小得多，因此 $I_E \approx I_C$。

（2）每一列的基极电流与集电极电流满足一定比例关系：

第三列数据：$I_C / I_B = 0.48/0.01 = 48$

第四列数据：$I_C / I_B = 0.97/0.02 = 48.5$

第五列数据：$I_C / I_B = 1.92/0.04 = 48$

即集电极电流与基极电流呈倍数关系：

$$\frac{I_C}{I_B} = \overline{\beta}$$

$\overline{\beta}$ 称为三极管的直流电流放大倍数，反映三极管对直流电流的放大能力。

（3）任意两列数据对应的 I_C 之差（ΔI_C）与 I_B 之差（ΔI_B）的比值也呈倍数关系：

$$\frac{\Delta I_C}{\Delta I_B} = \beta$$

β 称为三极管的交流电流放大倍数，反映三极管对交流电流的放大能力。即如果在基极上有一个小的交流电流信号，则在集电极上可以得到一个大的且与基极信号成比例的电流信号，因此，三极管属于电流控制器件。

通常直流电流放大倍数 $\overline{\beta}$ 和交流电流放大倍数 β 近似相等，在工程计算中，可认为 $\overline{\beta} = \beta$。

8.4.3　三极管的特性曲线

三极管各极电流与电压的关系也可用伏安特性曲线来表示。将图 8.18（b）改画成图 8.19（a），可将电路分成输入回路和输出回路，分别用输入特性曲线和输出特性曲线表示。

1．输入特性曲线

输入特性曲线是指当三极管的集电极-发射极电压一定（u_{CE} 不变）时，输入回路中的电流 i_B 与电压 u_{BE} 之间的关系曲线，二者的关系可以表示如下。

$$i_B = f(u_{BE}) \big|_{u_{CE}=常数}$$

输入特性曲线如图 8.19（b）所示，与二极管的伏安特性曲线极其相似，这是因为三极管输入回路实质上就是一个 PN 结，不过它与 u_{CE} 有关，u_{CE} =1V 时的曲线比 u_{CE} =0V 时的曲线右移一段距离，但 u_{CE} >1V 时的曲线基本重合。

从输入特性曲线可以看出，当 u_{BE} 小于死区电压时（发射结不能正向导通），I_B =0，三极管截止；当 u_{BE} 大于死区电压时才有基极电流，三极管导通。三极管导通后，发射结压降 u_{BE} 基本维持不变，硅管约为 0.7V，锗管约为 0.3V，这是判断三极管是否工作在放大状态的依据之一。

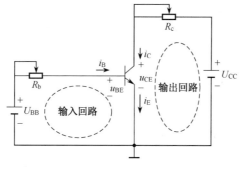

（a）输入、输出回路

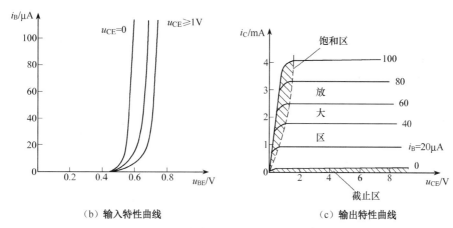

（b）输入特性曲线　　　　　　　　　（c）输出特性曲线

图 8.19　三极管的输入、输出特性曲线

2. 输出特性曲线

输出特性曲线是指当三极管的基极电流 i_B 为某一固定值时，输出回路中的电流 i_C 与电压 u_{CE} 之间的关系曲线，二者的关系可以表示如下。

$$i_C = f(u_{CE})\Big|_{i_B = 常数}$$

取不同的 i_B 得到不同曲线，因此三极管输出特性曲线是一组曲线，如图 8.19（c）所示。通常把三极管的输出特性曲线分成三个工作区：

（1）截止区。在 $i_B = 0$ 所对应的曲线下方的区域为截止区，此区域 $i_B = 0$，$i_C = I_{CEO} \approx 0$，即集电极只有很小的穿透电流。三极管工作于截止区的电压条件是：发射结反向偏置（或零偏置），集电结反向偏置。由于输入特性中存在死区电压，通常硅管 $u_{BE} \leqslant 0.5V$ 或锗管 $u_{BE} \leqslant 0.1V$ 时，三极管进入截止状态。

（2）放大区。输出特性曲线近似于水平的部分是放大区（$u_{CE} > 1V$ 的区域），在放大区集电极电流 i_C 和基极电流 i_B 都不为零且成 β 倍，表明三极管具有电流放大能力。三极管工作于放大区的电压条件是：发射结正向偏置，集电结反向偏置。

（3）饱和区。输出特性曲线中 u_{CE} 较小的区域（$u_{CE} < u_{BE}$）是饱和区，在饱和区集电极电流 i_C 和基极电流 i_B 都不为零，但已经不成比例。饱和区的集电极和发射极两端的电压降 u_{CE} 很小，通常硅管为 0.3V，锗管为 0.1V。三极管工作于饱和区的电压条件是：发射结和集电结都为正向偏置。进入饱和区，集电结之所以变为正向偏置，是因为集电极电流大到一定程度时，集电极电阻两端的电压降太大，致使集电极电位小于基极电位。

从三极管的输出特性可以看出，三极管不仅可用于电流放大，还可以用作电子开关。当三极管进入截止区时，集电极电流为零，相当于开关断开；当三极管进入饱和区时，集电结电压

降 u_{CE} 只有 0.3V 或更低，相当于开关闭合。三极管在数字电路中广泛工作于开关状态，相当于一个无触点电子开关，且开关速度可达每秒数百万次，正是利用三极管的开关特性，计算机技术有了高速发展，得到广泛应用。

8.4.4 三极管的主要参数

1. 电流放大系数

（1）直流电流放大系数 $\overline{\beta}$。

$\overline{\beta}$ 是三极管接成共发射极电路时，在没有交流输入信号的情况下，三极管集电极直流电流 I_C 与基极直流电流 I_B 的比值，即

$$\overline{\beta} = \frac{I_C}{I_B}$$

（2）交流电流放大系数 β。

β 是三极管接成共发射极电路时，输出集电极电流 I_C 的变化量与输入基极电流 I_B 的变化量的比值，即

$$\beta = \frac{\Delta I_C}{\Delta I_B}$$

三极管的直流电流放大倍数 $\overline{\beta}$ 很容易用万用表测出，而交流电流放大倍数 β 则需要用专门的仪器和电路来测量。$\overline{\beta}$ 和 β 所描述的三极管参数的意义虽然不同，但两者数值非常接近。因此在工程计算上，通常按 $\overline{\beta} = \beta$ 来估算。

三极管电流放大倍数是三极管的重要性能参数之一。小功率管的 β 值一般比较大，在 20～200 之间。β 太小，则电流放大作用差；β 太大，则管子的工作稳定性差。

2. 三极管极间反向电流

（1）反向饱和电流 I_{CBO}。

当发射极断开时，集电极和基极之间的反向电流称为反向饱和电流，用 I_{CBO} 表示。I_{CBO} 是由少数载流子形成的，受温度影响较大，其值越小表明三极管集电结性能越好。在常温下，小功率硅管的 I_{CBO} 为纳安级，小功率锗管的 I_{CBO} 则为微安级，因此在工作环境温度变化较大的场合一般选用硅管。

（2）穿透电流 I_{CEO}。

当基极开路时，集电极流向发射极的电流称为穿透电流，用 I_{CEO} 表示。I_{CEO} 是基极开路时，少数载流子从集电区穿过基区流入发射区所形成的。穿透电流 I_{CEO} 与反向饱和电流 I_{CBO} 的关系为：$I_{CEO} = (1+\beta) I_{CBO}$。

I_{CEO} 也是衡量三极管质量好坏的一个指标，其值越小越好。在输出特性曲线上，$i_B = 0$ 时对应的 I_{CE} 即 I_{CEO}，硅管的 I_{CEO} 比锗管小。

3. 三极管的极限参数

三极管的极限参数是指三极管在正常工作时，管子上的电压、电流及功率等参数不得超过的限度。电压、电流及功率超过极限参数时会使三极管性能变差甚至损坏。

（1）集电极最大允许电流 I_{CM}。

当集电极电流超过一定值时，β 值会下降。β 值下降到正常值 2/3 时的集电极电流称为集电极最大允许电流，用 I_{CM} 表示。当集电极电流超过 I_{CM} 时，不一定会损坏三极管，但放大倍数会下降很多，这是使用中应该避免的。

（2）集电极—发射极间反向击穿电压 $U_{(BR)CEO}$。

当基极开路时，加在集电极与发射极之间的三极管不被击穿的最高允许电压称为集电极—发射极反向击穿电压，用 $U_{(BR)CEO}$ 表示，通常在几十到几百伏间。

（3）发射极—基极间反向击穿电压 $U_{(BR)EBO}$。

当集电极开路时，在发射极和基极之间所允许施加的最高电压称为发射极—基极反向击穿电压，用 $U_{(BR)EBO}$ 表示，通常在几伏到几十伏间。

三极管的极间反向击穿电压还有集电极—基极反向击穿电压 $U_{(BR)CBO}$。无论是 $U_{(BR)CBO}$、$U_{(BR)CEO}$ 还是 $U_{(BR)EBO}$，超过其极限，三极管的反向电流都会急剧增加，性能变差甚至损坏。因此选择三极管时，要保证相应的极间反向击穿电压大于实际工作电压的两倍以上。

（4）集电极最大允许耗散功率 P_{CM}。

三极管工作时，集电结上的电压 U_{CE} 比较大，当有集电极电流通过时，在集电结上就会产生功耗而使管芯发热导致温度升高，通常用 P_{CM} 表示集电结上允许功率损耗的最大值。三极管在使用时应保证 $U_{CE} \cdot I_{CM} < P_{CM}$，以控制管芯的温升（硅管的允许温度约为150℃）。三极管的集电极最大允许耗散功率曲线如图 8.20 所示，使用中要确保三极管在安全工作区。

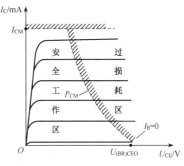

图 8.20 三极管的 P_{CM} 曲线

4．温度对三极管参数的影响

由于半导体材料具有热敏性，因此温度对三极管的各参数都有影响，参数的变化甚至会改变三极管的工作状态。温度对三极管参数的主要影响有如下三点。

（1）三极管的电流放大系数 β 随着温度升高而增大，无论是硅管还是锗管，温度每升高1℃，β 值相应地增大 0.5%～1%。

（2）发射结正向压降 U_{BE} 随着温度升高而减小，温度每升高1℃，U_{BE} 值相应降低 2.5mV。利用这个特性，可以制造半导体温度传感器，实现温度检测与控制。

（3）集电极—基极反向饱和电流 I_{CBO} 随着温度变化按指数规律变化，温度每升高10℃，I_{CBO} 约增加一倍，而 I_{CBO} 的变化将引起 I_{CEO} 更大的变化，严重影响三极管的工作状态。

8.4.5 三极管的识别与测试

1．三极管的型号命名

国产半导体三极管按国家标准 GB 249—2017 命名，各部分意义如表 8-3 所示。

表 8-3 三极管的型号命名及意义

第 一 部 分		第 二 部 分		第 三 部 分		第 四 部 分	第 五 部 分
用阿拉伯数字表示器件电极数目		用汉语拼音字母表示器件的材料和极性		用汉语拼音字母表示器件的类型		用阿拉伯数字表示序号	用汉语拼音字母表示规格
符号	意义	符号	意义	符号	意义	意义	意义
3	三极管	A	PNP 型，锗材料	X	低频小功率管	若前三部分相同，仅第四部分不同，则表示某些性能有差异	用字母 A、B、C……反映反向击穿电压的级别，A 最低，B 次之……
				G	高频小功率管		
		B	NPN 型，锗材料	D	低频大功率管		
		C	PNP 型，硅材料	A	高频大功率管		
		D	NPN 型，硅材料	T	可控整流器（闸流管）		

例如，3AG11 为锗材料 PNP 型高频小功率三极管，3DG110 为锗材料 NPN 型高频小功率三极管。

2．三极管的测试

三极管的主要参数包括电流放大系数 β、特征频率 f_T、集电极最大允许电流 I_{CM}、集电极最大允许耗散功率 P_{CM} 等，需专门仪器如晶体管图示仪才能对指标进行精确测试。在常规条件下可用万用表对三极管进行 NPN 或 NPN 的管型判断，区分各电极，粗测放大倍数以及判别质量好坏等。

（1）管型判断。将指针式万用表置于 R×100 或 R×1k 挡，用黑表笔（表内接电池正极）接三极管中一极，红表笔（表内接电池负极）分别接另外两极，若两次测得的电阻都很小，说明两次测量中 PN 结均导通，此时黑表笔所接为基极，且该管为 NPN 型。反之将红、黑表笔对调并重新测试，可以判断出 PNP 型三极管的基极。采用数字万用表判断管型时用二极管挡，判别方法与指针式万用表相同。

（2）测试放大倍数及区分发射极和集电极。区分出管型和基极后，将三极管基极插入万用表上相应三极管型（NPN 或 PNP）插座的"b"插孔，另外两引脚分别插入插座的"c"和"e"插孔，测试并读出三极管放大倍数。保持基极插孔位置不变，将"c"和"e"插孔中的两引脚互换，再测试一次三极管放大倍数。两次测试中放大倍数大的一次"c"和"e"插孔中的三极管引脚分别为集电极和发射极。

（3）三极管好坏判别。在判断管型的测试中，若无 PN 结导通规律，则说明三极管有 PN 结开路；若无 PN 结截止规律，则说明三极管有 PN 结被击穿。若三极管 PN 结特征都具备，还须粗测电流放大系数 β，一般小功率三极管的 β 值在 20～200 之间。

三极管是电子电路中常见的半导体器件，在电路中可起电流、电压放大和信号产生及电子开关等作用。三极管在使用中有各种组态形式，本书第 9 章将详细讲解三极管的应用。

8.5* 场效应管

三极管是电流控制器件，当它处于放大工作状态时，基极需要从信号源吸取一定的信号电流。对于有一定内阻且信号比较微弱的信号源，信号电压在内阻上会形成压降，以至于真正加到基极的信号电压很微弱，甚至不能对放大器进行有效的激励，这是三极管对微弱信号进行放大的不足之处。本节介绍采用另外一种放大机制的半导体器件，它利用电场效应来控制电流，由于其输入阻抗非常高，因此几乎不吸取信号源电流。这种半导体器件称为场效应晶体管（FET），简称场效应管。场效应管是单极型器件，只有多数载流子参与导电，具有体积小、质量轻、寿命长、耗电省等特点，而且输入电阻高、稳定性好，制造工艺简单，在大规模和超大规模集成电路中得到广泛的应用。

根据结构的不同，场效应管可以分成两大类：结型场效应管（JFET）和绝缘栅型场效应管（MOSFET），下面分别加以介绍。

8.5.1 绝缘栅型场效应管

绝缘栅型场效应管由金属-氧化物-半导体制成（Metal-Oxide-Semiconductor），由于其栅极被绝缘层隔离处于绝缘状态而得名，简称 MOSFET 或 MOS 管。

根据导电沟道的不同，绝缘栅型场效应管有 N 沟道和 P 沟道两种，每一种又分为增强型和耗尽型两个类型。

1．增强型 MOS 管

增强型 MOS 管的结构及图形符号如图 8.21 所示，类型上有 N 沟道和 P 沟道之分。下面以 N 沟道为例，讨论增强型 MOS 管的结构及特点。

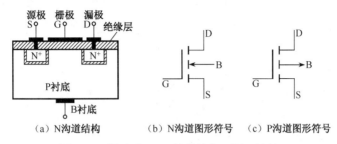

图 8.21　增强型 MOS 管的结构及图形符号

在 P 型半导体的硅薄片（衬底 B）上制造两个掺杂浓度高的 N 区（以 N^+ 表示），两个 N 区分别用铝电极引出作为源极 S 和漏极 D，则两极之间的区域形成导电沟道，漏极电流经沟道流向源极。在衬底表面覆盖很薄的一层二氧化硅绝缘层并用电极引出作为栅极。栅极与源极和漏极均无电接触，故称绝缘栅型。通常衬底上也引出一个与源极相连的电极 B。N 沟道增强型 MOS 管的图形符号如图 8.21（b）所示。

如果以 N 型半导体作为衬底，则可以制造出 P 沟道增强型 MOS 管，其图形符号如图 8.21（c）所示。无论 N 沟道 MOS 管还是 P 沟道 MOS 管，图形符号中的箭头总是从半导体 P 区指向 N 区，与三极管图形符号的发射极箭头的标记方法是一致的。

图 8.22 所示为 N 沟道增强型 MOS 管的测试电路及特性曲线。图 8.22（b）称为转移特性曲线，描述漏源电压 U_{DS} 保持不变时，输入电压 U_{GS} 对输出电流 I_D 的影响。图 8.22（c）称为输出特性曲线，描述栅源电压 U_{GS} 保持不变时，漏源电压 U_{DS} 对输出电流 I_D 的影响。

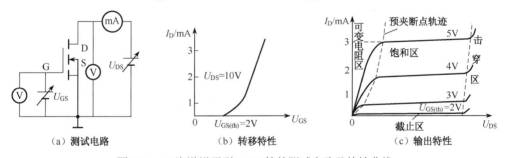

图 8.22　N 沟道增强型 MOS 管的测试电路及特性曲线

从转移特性曲线可以看出，在 U_{GS} 较小时，漏极电流 I_D 为零，场效应管处于关断状态。当 U_{GS} 超过某一值（图 8.22 中为 2V），漏极电流开始从无到有，并随着栅源电压 U_{GS} 的增加而增大，通常将开始出现漏极电流的栅源电压称为场效应管的开启电压，用 $U_{GS(th)}$ 表示。这个特性类似于三极管的截止工作区，与三极管不同的是，即使出现漏极电流，也无栅极电流，因为栅极和漏极、源极是绝缘的，这也是场效应管具有非常高的输入阻抗的原因。场效应管实质上利用加在栅极和源极之间的电压来改变半导体内的电场强度，通过电场控制多数载流子的运动，从而控制漏极电流的有无和大小。因此场效应管属于电压控制器件。所谓增强型，就是指当栅

源电压 $U_{GS}=0$ 时没有漏极电流，只有 U_{GS} 逐步增强到超过其开启电压 $U_{GS(th)}$ 时才有漏极电流，并且漏极电流随着 U_{GS} 的进一步增大而增大。

场效应管的输出特性分为如下三个工作区。

（1）可变电阻区。在 U_{GS} 一定、U_{DS} 较小时，I_D 与 U_{DS} 基本呈线性关系。不同的 U_{GS} 对应的曲线斜率不同，反映出电阻值是随 U_{GS} 变化的，因此该区域称为可变电阻区。

（2）饱和区。在输出特性曲线中近似水平的部分称为饱和区。在饱和区内，U_{GS} 一定时，I_D 基本不变，场效应管相当于一个恒流源，因此饱和区又称为恒流区。当 U_{GS} 变化时，I_D 随着 U_{GS} 的变化而变化，而且基本上呈线性关系，曲线的间隔反映了输入电压 U_{GS} 对输出电流 I_D 的控制能力。场效应管起放大作用时工作在这个区域内。

（3）击穿区。当 U_{DS} 增大到一定值后，漏极和源极之间发生击穿，漏极电流 I_D 急剧增大，这个区域称为击穿区。场效应管工作时应避免进入击穿区而被损坏。

2．耗尽型 MOS 管

增强型 MOS 管只有在 $U_{GS} > U_{GS(th)}$ 时才能形成导电沟道并产生漏极电流，如果在制造时就使场效应管具有一个原始导电沟道，则这种结构的场效应管称为耗尽型 MOS 管，同样它也有 N 沟道和 P 沟道之分。图 8.23 为耗尽型 MOS 管的结构与图形符号。

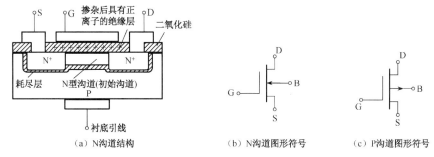

（a）N沟道结构　　　　　　（b）N沟道图形符号　　　　（c）P沟道图形符号

图 8.23　耗尽型 MOS 管的结构及图形符号

耗尽型 MOS 管的特性曲线如图 8.24 所示。在转移特性曲线中，设 U_{DS} 为常数［如图 8.24（a）中为 10V］，在 $U_{GS}=0$ 时，漏极和源极间因存在原始导电沟道而导通，此时流过的电流称为饱和漏极电流 I_{DSS}。当 $U_{GS} < 0$ 时（栅极与源极间加反向电压），导电沟道变窄；当反向电压 U_{GS} 达到一定负值后，导电沟道被彻底夹断，$I_D=0$，此时 U_{GS} 值称为夹断电压，用 $U_{GS(off)}$ 表示。

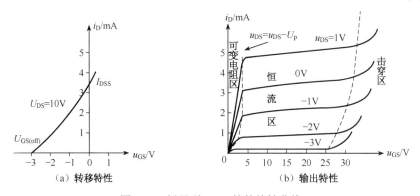

（a）转移特性　　　　　　　　　　　（b）输出特性

图 8.24　耗尽型 MOS 管的特性曲线

耗尽型 MOS 管的输出特性曲线与增强型 MOS 管一样也有三个工作区，不同的是耗尽型不

论栅源电压 U_{GS} 是正还是负，只要在其参数范围内，都能控制漏极电流 I_D，这个特点使耗尽型 MOS 管的应用具有较大的灵活性。

8.5.2　结型场效应管

结型场效应管分为 N 沟道和 P 沟道两种，因在栅极和导电沟道间存在 PN 结而得名。结型场效应管的结构示意图及电路图形符号如图 8.25 所示。它是用一块 N 型半导体作衬底，在其两侧形成两个浓度很高的 P 区，两个 P 区连在一起构成栅极 S。在 N 型衬底两端各引出一个电极分别称为漏极 D 和源极 S。两个 PN 结中间的 N 型区域构成导电沟道，是漏极和源极间的电流通道。

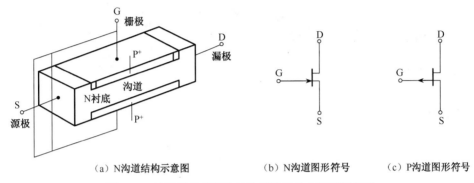

（a）N沟道结构示意图　　　　（b）N沟道图形符号　　　（c）P沟道图形符号

图 8.25　结型场效应管的结构示意图及电路图形符号

结型场效应管的工作原理如图 8.26 所示。当 P 型半导体和 N 型半导体结合在一起时，不同类型半导体的多数载流子之间会发生复合作用，当 $U_{GS}=0$ 时，耗尽层占 N 型半导体体积的很小部分，导电沟道很宽，沟道电阻很小，如图 8.26（a）所示；当施加负的反向电压时，两个 PN 结都反偏，耗尽层加宽，沟道变窄，沟道电阻变大，如图 8.26（b）所示；当施加的 U_{GS} 负值达到一定程度时，如图 8.26（c）所示，两个 PN 结的耗尽层重合，沟道被夹断，沟道电阻趋于无穷大，此时的栅源电压称为夹断电压，用 $U_{GS(off)}$ 表示。

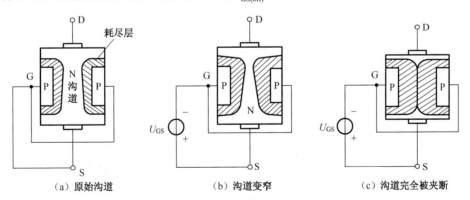

（a）原始沟道　　　　　　　（b）沟道变窄　　　　　　（c）沟道完全被夹断

图 8.26　结型场效应管的工作原理

结型场效应管和对应的 MOS 管具有类似的转移特性和输出特性。图 8.27 是 N 沟道结型场效应管的特性曲线。从图中可以看出，结型场效应管在正常使用时，栅源之间加的是反向偏置电压。结型场效应管的输入电阻虽然没有绝缘栅型 MOS 管那么高，但比普通三极管还是高很多，因此在电子电路中的应用也比较广泛。

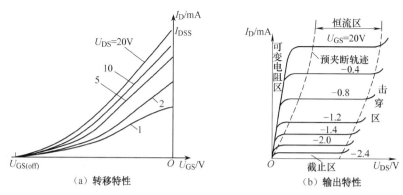

图 8.27　N 沟道结型场效应管的特性曲线

8.5.3　场效应管的主要参数

1. 直流参数

（1）夹断电压 $U_{GS(off)}$ 或开启电压 $U_{GS(th)}$。夹断电压 $U_{GS(off)}$ 是指当 U_{DS} 为固定值，使 I_D 减小到一个很小的值时所需的 U_{GS} 值；开启电压 $U_{GS(th)}$ 是指当 U_{DS} 为固定值，使 I_D 达到某一数值时所需的 U_{GS} 值。

（2）饱和漏极电流 I_{DSS}。当 U_{DS} 为固定值，栅源电压 U_{GS} 为零时的漏极电流称为饱和漏极电流 I_{DSS}。

（3）直流输入电阻 R_{GS}。MOS 管的直流输入电阻是指栅源电压与栅极电流之比，通常在 $10^{10}\Omega$ 以上，这意味着 MOS 管几乎不从信号源吸取电流。由于其直流输入电阻极高，栅极感应的电荷不易被释放，容易造成电压过高而使绝缘层被击穿。通常在运输与储存 MOS 管时，要将三个电极短路；在测试和焊接时，仪器仪表及操作员都应该采取静电防护措施。

2. 交流参数

跨导 g_m。当 U_{DS} 为规定值时，漏极电流的变化量 ΔI_D 和引起这个变化的栅源电压变化量 ΔU_{GS} 之比称为跨导。跨导反映了场效应管的输入电压对输出电流的控制能力，类似于三极管的电流放大倍数。跨导的单位为毫西门子（mS）或微西门子（μS）。

3. 极限参数。

（1）漏源击穿电压 $U_{(BR)DS}$。

当 U_{DS} 增加使漏极电流 I_D 开始急剧上升时的 U_{DS} 称为漏源击穿电压，使用时应避免超过此电压。

（2）栅源击穿电压 $U_{(BR)GS}$。

使二氧化硅绝缘层击穿的栅源电压称为栅源击穿电压，一旦绝缘层击穿将使栅极和源极短路而造成管子损坏。

（3）漏极最大耗散功率 P_{DM}。

场效应管正常工作时所允许的最大耗散功率称为漏极最大耗散功率，类似于三极管中的集电极最大允许耗散功率 P_{CM}。

8.5.4　场效应管与三极管的比较

场效应管与三极管各项特性的比较如表 8-4 所示，在控制方式、噪声、热稳定性方面场效应管优于三极管。在使用场效应管时，为了便于理解电路，可以将其各极与三极管各极对应起来，即栅极与基极对应，漏极与集电极对应，源极与发射极对应。

表 8-4　场效应管与三极管的比较

项　　目	器　　件	
	三　极　管	场　效　应　管
导电机构	既用多数载流子，又用少数载流子	只用多数载流子
导电方式	载流子浓度扩散及电场漂移	电场漂移
控制方式	电流控制	电压控制
类型	PNP、NPN	P 沟道、N 沟道
放大参数	$\beta=50\sim100$ 或更大	$g_m=1\sim100mS$ 或更大
输入电阻/Ω	$10^2\sim10^5$	$10^7\sim10^{15}$
抗辐射能力	差	在宇宙射线辐射下，仍然正常工作
噪声	较大	小
热稳定性	差	好
制造工艺	较复杂	简单，成本低，便于集成化
应用电路	C 极与 E 极一般不可倒置使用	有的型号，D、S 极可倒置使用

8.6　Multisim 仿真实验：二极管双向限幅电路

1．仿真原理图（见图 8.28）

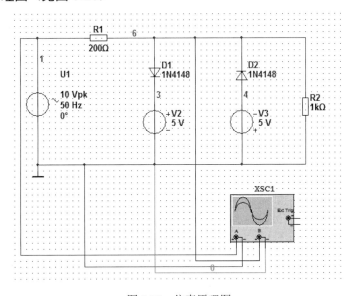

图 8.28　仿真原理图

2．仿真过程

（1）按图 8.28 连接仿真电路，其中示波器通道 A 接交流信号源 U1，通道 B 接负载 R2。

（2）调节交流信号源 U1 输出为正弦波，输出频率为 50Hz，输出电压为 $2V_{pp}$。

（3）启动仿真，观察示波器上通道 B 波形。

（4）调整 U1 输出电压，每次增加 $1V_{pp}$ 直到 $10V_{pp}$，观察每次调整后的波形失真情况。

（5）在 U1 输出电压为 $10V_{pp}$ 时，绘制输出波形，并读出上下限幅的限幅电压值。

3．仿真结果（见图 8.29）

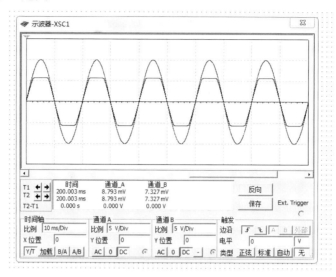

图 8.29　仿真结果

本章小结

（1）硅和锗是常用的半导体材料。半导体分为本征半导体和杂质半导体。杂质半导体分为 N 型半导体和 P 型半导体。

（2）PN 结由 N 型半导体和 P 型半导体结合而成，PN 结具有单向导电性，正向偏置时导通，反向偏置时截止。

（3）二极管内部是一个典型的 PN 结，其主要特点是具有单向导电性。稳压二极管稳压时工作在反向击穿区；光电二极管和发光二极管可用来显示、传输信息等；变容二极管的 PN 结等效电容随反向偏置电压变化而变化。

（4）双极型三极管的内部结构有三个区，即基区、发射区和集电区；外部特性为两个 PN 结，即发射结和集电结；引出三个电极，即基极、发射极和集电极。半导体三极管有 NPN 型和 PNP 型两种结构形式，也称为管型。双极型三极管有两种载流子，电子和空穴都参与导电，利用基极的电流控制作用可以实现电流放大。三极管实现放大作用的外部条件是：发射结正向偏置，集电结反向偏置。

双极型三极管的特性由特性曲线和参数来表征，三极管的参数受温度影响较大，其中 I_{CEO} 和 β 随温度的升高而增大，U_{BE} 随温度升高而减小。三极管的输出特性曲线可划分为三个区：截止区、放大区和饱和区。在需要对输入信号进行线性放大时，应使三极管工作在放大区。

（5）场效应管属于单极型晶体管，只有一种载流子参与导电。场效应管是一种电压控制器件，分为结型场效应管和绝缘栅型场效应管，每一种又分为 N 沟道和 P 沟道两种类型。对于绝缘栅型场效应管，又有增强型和耗尽型两种类型，但结型场效应管只有耗尽型。场效应管的输出特性曲线也可划分为三个区：可变电阻区、饱和区（恒流区）和击穿区。

自我评价

一、填空题

1. 常用的半导体材料有_____和_____。常用的杂质半导体分为___型半导体和___型半导体,这两种半导体结合在一起就形成了_____。

2. 半导体二极管具有单向导电性,外加正偏电压时_____,外加反偏电压时_____。

3. 利用二极管的单向导电性,可以将交流变成直流,这种应用称为_____。

4. 硅二极管的正向导通电压约为_____V,锗二极管的正向导通电压约为_____V。

5. 特殊二极管中,工作在正向工作区的有_____,工作在反向工作区的有_____。

6. 双极型三极管有____和____两种类型,它们的三个电极分别称为____、____和____。

7. 双极型三极管参与导电的载流子有_____和_____,而单极型三极管只有_____参与导电。

8. 双极型三极管的共射输出特性曲线可划分为三个区:_____、_____和_____,在需要对输入信号进行线性放大时,应使三极管工作在_____。

9. 场效应管属于单极型三极管,它只有_____参与导电,其输出特性曲线也可划分为三个区:____、_____和_____。

二、判断题

10. 由硅材料制成的半导体称为 N 型半导体。　　　　　　　　　　　　　　（　　）

11. N 型半导体和 P 型半导体结合形成 PN 结。　　　　　　　　　　　　　（　　）

12. PN 结的单向导电性是指只有一个方向允许通过电流。　　　　　　　　（　　）

13. 各种类型的二极管只有正向导通时才能正常工作。　　　　　　　　　　（　　）

14. 稳压二极管正常工作时应该处于反向击穿区。　　　　　　　　　　　　（　　）

15. 三极管的发射极电流等于基极电流与集电极电流之和。　　　　　　　　（　　）

16. 双极型三极管是电压控制器件,场效应管是电流控制器件。　　　　　　（　　）

17. 三极管进入饱和区相当于一个闭合的开关,截止区相当于一个断开的开关。（　　）

三、选择题

18. N 型半导体中自由电子多于空穴,则 N 型半导体呈现的电性为（　　）。

　　A．正电　　　　　　　　B．负电　　　　　　　　C．电中性

19. 同一个硅二极管分别加 0.5V 和 0.7V 正偏电压,两次呈现的正向电阻（　　）。

　　A．相同

　　B．加 0.5V 时正向电阻更大

　　C．加 0.7V 时正向电阻更大

20. 将两个稳压值分别为 5V 和 6V 的稳压管并联使用,最后得到的稳压值是（　　）。

　　A．5V　　　　　　　B．6V　　　　　　　C．1V　　　　　　　D．11V

21. 将两个稳压值分别为 5V 和 6V 的稳压管串联使用,最后得到的稳压值是（　　）。

　　A．5V　　　　　　　B．6V　　　　　　　C．1V　　　　　　　D．11V

22. 用万用表的电阻挡测试三极管,如果某一个电极对另外两个电极均正向导通且反向截止,则该电极名称为（　　）。

　　A．基极　　　　　　　B．集电极　　　　　　　C．发射极

习题 8

8-1．半导体材料具有哪些特性？

8-2．在本征半导体中参与导电的载流子有哪些？它们是如何形成电流的？

8-3．简述 PN 结的单向导电性。

8-4．结合二极管的伏安特性曲线，说明二极管的正向特性和反向特性、死区电压、反向击穿电压、反向饱和电流的特点。

8-5．要使二极管具有良好的单向导电性，其正向电阻和反向电阻应满足怎样的条件？为什么？

8-6．如何用万用表判别二极管质量的好坏？

8-7．如图 8.30 所示，电源电压 U_1=6V，U_2=3V，电阻 R=300Ω，设二极管为理想二极管，分别判断图 8.30（a）、图 8.30（b）中的二极管是导通还是截止，并计算电压 U_{ab} 和流过电阻的电流。

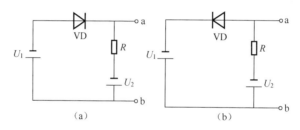

图 8.30　习题 8-7 图

8-8．电路及输入信号波形如图 8.31 所示，设 U_R=-3V，二极管为理想二极管，画出输出电压 u_o 的波形。

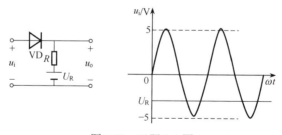

图 8.31　习题 8-8 图

8-9．电路如图 8.32 所示，设稳压二极管的稳定电压值为 6V，试用恒压模型（正向导通电压为 0.7V）计算各电路的输出电压。

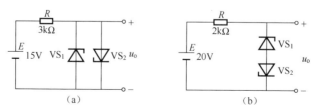

图 8.32　习题 8-9 图

8-10．要保证三极管具有电流放大作用，在工艺上应满足什么条件？为什么？

8-11．要保证三极管具有电流放大作用，发射结、集电结应该正偏还是反偏？分别说明 NPN 型和 PNP 型三极管处于放大工作状态时，三个极的电位高低关系。

8-12．结合三极管的特性曲线，简述三极管工作于截止区、放大区、饱和区的电压条件，以及三个工作区的特点。

8-13．简述如何使用万用表判断一个三极管是 NPN 型三极管还是 PNP 型三极管。

8-14．测得电路中几个硅三极管各极对地电压如图 8.33 所示，判断它们分别工作在什么状态。

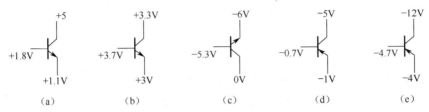

图 8.33　习题 8-14 图

8-15．测得处于放大工作区的三极管三个电极的对地电位分别为 7V、2V、2.7V，判断三极管是硅管还是锗管，是 NPN 型三极管还是 PNP 型三极管，并区分三个电极。

8-16．测得某放大电路中三极管三个引脚的电流分别为：1 脚 0.06mA、2 脚 3.66mA、3 脚 3.6mA，计算三极管的直流放大倍数，并判断 1 脚、2 脚、3 脚分别是三极管的什么极。

8-17．有两个三极管甲和乙，甲管的 I_{CBO} =200nA、β =220；乙管的 I_{CBO} =100nA、β =80。要减小电路的温漂，选用哪一只三极管更合适？为什么？

8-18．场效应管有哪些类型？属于什么类型的控制器件？有什么优点？

8-19．简述场效应管的三个工作区及其特点。

8-20．场效应管与双极型三极管相比有什么异同？

第 9 章

放大电路及集成运算放大器

知识目标

①了解基本放大电路的概念及相应指标；②理解三种组态放大电路的特性；③理解负反馈放大电路的特点及作用；④理解差分放大电路的工作原理及应用；⑤掌握集成运算放大器的特点及应用。

技能目标

①能描述各放大电路的基本应用情况；②能利用所学放大器搭建简单的音频放大电路。

本章主要讲述晶体三极管三种组态放大电路的组成，静态工作点的分析与计算，动态过程的分析以及电压放大倍数、输入和输出电阻等相关参数的计算；简要介绍多级放大电路的特点，以及负反馈放大电路的电路特点及判断方法。在功率放大电路一节中介绍了甲类和乙类放大电路的原理，并重点介绍集成功率放大器 LM386 的有关参数及应用。在运算放大电路一节中介绍差分放大电路抑制零点漂移以及差模和共模放大倍数，讲解运算放大电路的特点，并介绍集成运算放大器的应用。

9.1　基本放大电路

9.1.1　共发射极放大电路

1. 共发射极放大电路原理图

微课：基本放大电路

在图 9.1（a）所示的共发射极基本放大电路中，输入端接低频交流电压信号 u_i（如音频信号，频率为 20Hz～20kHz）。输出端接负载电阻 R_L（可能是小功率的扬声器、微型继电器，或者接下一级放大电路等），输出电压用 u_o 表示。电路中各元器件作用如下。

（1）集电极电源电压为 V_{CC} 为输出信号提供能量，并保证发射结处于正向偏置状态，集电结处于反向偏置状态，使三极管工作在放大区。

（2）三极管 VT 是放大电路的核心元件。利用三极管在放大区的电流控制作用，即 $i_C = \beta i_B$ 的电流放大作用，将微弱的电信号进行放大。

（3）集电极电阻 R_C 是三极管的集电极负载电阻，它将集电极电流的变化转换为电压的变化，实现电路的电压放大作用。

（4）基极电阻 R_B 用于保证三极管工作在放大状态。改变基极电阻的阻值可使三极管有合适的静态工作点。

（5）两个耦合电容 C_1、C_2 起隔直流、通交流的作用。

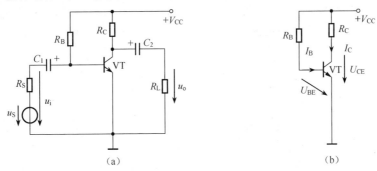

图 9.1　共发射极基本放大电路及其直流通路

2. 静态分析

放大电路未接入 u_i 前称为静态。动态则指加入 u_i 后的工作状态。静态分析就是确定静态值，即直流电量，由电路中的 I_B、I_C 和 U_{CE} 一组数据来表示。这组数据是晶体管输入、输出特性曲线上的某个工作点，习惯上称为静态工作点，用 Q（I_B、I_C、U_{CE}）表示。

由放大电路的直流通路可确定静态工作点。将耦合电容 C_1、C_2 视为开路，画出如图 9.1（b）所示的共发射极放大电路的直流通路，由电路得

$$\left. \begin{array}{l} I_B = \dfrac{V_{CC} - U_{BE}}{R_B} \approx \dfrac{V_{CC}}{R_B} \\ I_C = \beta I_B \\ U_{CE} = V_{CC} - I_C R_C \end{array} \right\} \tag{9.1}$$

用式（9.1）可以近似估算此放大电路的静态工作点。三极管导通后硅管 U_{BE} 为 0.6～0.7V（锗管 U_{BE} 为 0.2～0.3V）。而当 V_{CC} 较大时，U_{BE} 可以忽略不计。

3. 动态分析

静态工作点确定以后，利用微变等效电路可分析放大电路在输入电压信号 u_i 的作用下，工作在特性曲线的放大区时的放大特性。

（1）三极管的微变等效电路。三极管的微变等效电路就是三极管在小信号（微变量）的情况下，将三极管（非线性元件）用一个线性电路代替，如图 9.2 所示。三极管基极和发射极之间等效为一个阻值为 r_{be} 的电阻，通常在低频小信号下 r_{be} 可用下式估算

$$r_{be} = 300 + (1 + \beta) \frac{26(\text{mV})}{I_E(\text{mA})} \tag{9.2}$$

r_{be} 一般为几百到几千欧姆，三极管集电极和发射极之间可等效为一个受控的恒流源，即

$$\Delta I_C = \Delta \beta I_B \ \text{及} \ i_c = \beta i_b \tag{9.3}$$

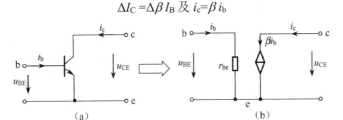

图 9.2　三极管的微变等效电路

（2）共发射极放大电路的微变等效电路。放大电路的直流通路可用来确定静态工作点。交

流通路则反映了信号的传输过程，通过它可以分析计算放大电路的性能指标。图 9.1（a）所示电路中，两个耦合电容的容抗对交流信号而言可忽略不计，在交流通路中视为短路，直流电源为恒压源，两端无交流压降，也可视为短路。据此画出图 9.3（a）所示的交流通路。将交流通路中的三极管用微变等效电路取代，可得图 9.3（b）所示共发射极放大电路的微变等效电路。

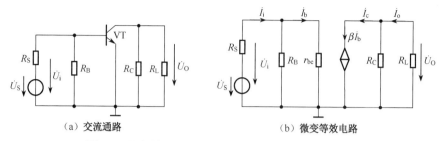

（a）交流通路 　　　　　　　　　　　（b）微变等效电路

图 9.3　共发射极放大电路的交流通路及微变等效电路

（3）动态性能指标。

① 电压放大倍数 A_U。电压放大倍数 A_U 是共发射极放大电路输出电压与输入电压之间的比值，是小信号电压放大电路的主要技术指标，其表达式如下。

$$A_U = \frac{\dot{U}_o}{\dot{U}_i} = \frac{-\beta \dot{I}_b (R_C // R_L)}{\dot{I}_b r_{be}} = -\beta \frac{R_L'}{r_{be}} \tag{9.4}$$

其中，$R_L' = R_C // R_L$，式（9.4）中的负号表示输出电压与输入电压的相位相反。

当放大电路输出端开路时（未接负载电阻），可得空载时的电压放大倍数（A_{U0}）：

$$A_{U0} = -\beta \frac{R_C}{r_{be}} \tag{9.5}$$

比较式（9.4）和式（9.5），可得出：放大电路接有负载电阻时的电压放大倍数比空载时小。R_L 越小，电压放大倍数越小。一般共发射极放大电路为提高电压放大倍数，总希望负载电阻 R_L 大一些。

② 放大电路的输入电阻 r_i。输入电阻 r_i 也是放大电路的一个主要的性能指标。放大电路是信号源（或前一级放大电路）的负载，其输入端的等效电阻就是信号源（或前一级放大电路）的负载电阻，也就是放大电路的输入电阻 r_i。其定义为输入电压与输入电流之比。即

$$r_i = \frac{U_i}{I_i} \tag{9.6}$$

一般输入电阻越大越好。

③ 输出电阻 r_o。

放大电路的输出电阻 r_o，即从放大电路输出端看进去的戴维南等效电路的等效内阻，它的大小影响本级和后级的工作情况。实际中采用如下方法计算输出电阻。

将输入信号源短路，但保留信号源内阻，在输出端加一信号 U_o'，以产生一个电流 I_o'，则放大电路的输出电阻为

$$r_o = \frac{U_o'}{I_o'}\bigg|_{U_s=0} \tag{9.7}$$

通常输出电阻越小，负载得到的输出电压越接近输出信号，或者说输出电阻越小，负载电阻大小变化对输出电压的影响越小，带载能力就越强。一般输出电阻越小越好。

【例 9.1】在图 9.1（a）所示的共发射极基本放大电路中，已知 $V_{CC}=12V$，$R_B=300k\Omega$，$R_C=4k\Omega$，$R_L=4k\Omega$，$R_S=100\Omega$，三极管的 $\beta=40$。①估算静态工作点；②计算电压放大倍数；

③计算输入电阻和输出电阻。

解： ① 估算静态工作点。由图 9.1（b）所示直流通路得

$$I_B \approx \frac{V_{CC}}{R_B} = \frac{12}{300} = 40 \text{（μA）}$$

$$I_C = \beta I_B = 40 \times 40 = 1.6 \text{（μA）}$$

$$U_{CE} = V_{CC} - I_C R_C = 12 - 1.6 \times 4 = 5.6 \text{（V）}$$

② 计算电压放大倍数。首先画出图 9.3（a）所示的交流通路，因 $I_E \approx I_C$，然后画出图 9.3（b）所示的微变等效电路，可得：

$$r_{be} = 300 + (1 + \beta)\frac{26}{I_E} = 300 + 41 \times \frac{26}{1.6} = 0.966 \text{（k\Omega）}$$

$$\dot{U}_o = -\beta \dot{I}_b \cdot (R_C // R_L)$$

$$\dot{U}_i = \dot{I}_b r_{be}$$

$$A_U = \frac{\dot{U}_o}{\dot{U}_i} = \frac{-\beta \dot{I}_b \cdot (R_C // R_L)}{\dot{I}_b r_{be}} = -40 \times \frac{2}{0.966} = -82.8$$

③ 计算输入电阻和输出电阻。根据式（9.6）得

$$r_i = \frac{U_i}{I_i} = R_B // r_{be} \approx 0.966 \text{k}\Omega$$

$$r_o = R_C = 4 \text{k}\Omega$$

（4）放大电路其他性能指标的介绍。输入信号经放大电路放大后，输出波形与输入波形不完全一致称为波形失真，而由于三极管特性曲线的非线性引起的失真称为非线性失真。下面分析静态工作点位置不同对输出波形的影响。

① 波形的非线性失真。如果静态工作点太低，如图 9.4 所示 Q' 点，当输入信号 u_i 在负半周时，三极管进入截止区工作。这样就使 i_c' 的负半周波形和 u_o' 的正半周波形都严重失真（输入信号 u_i 为正弦波）。这种失真称为截止失真。

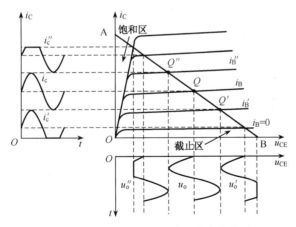

图 9.4　静态工作点与非线性失真的关系

消除截止失真的方法是提高静态工作点，适当减小输入信号 u_i 的幅值。对于图 9.1 所示的共发射极放大电路，可以减小 R_B，增大 I_{BQ}，使静态工作点上移来消除截止失真。

如果静态工作点太高，如图 9.4 所示 Q'' 点，当输入信号 u_i 在正半周时，三极管进入饱和区工作。这样就使 i_c'' 的正半周波形和 u_o'' 的负半周波形都严重失真，这种失真称为饱和失真。消除饱和失真的方法是降低静态工作点，适当减小输入信号 u_i 的幅值。对于图 9.1（a）所示的共发

射极放大电路，可以增大 R_B，减小 I_{BQ}，使静态工作点下移来消除饱和失真。

② 通频带。由于放大电路含有电容元件（耦合电容及布线电容、PN 结的结电容），当频率太高或太低时，微变等效电路不再是电阻性电路，输出电压与输入电压的相位发生了变化，电压放大倍数也将降低，所以交流放大电路只能在中间某一频率范围（简称中频段）内工作。通频带就是反映放大电路对信号频率的适应能力的指标。

图 9.5（a）所示为电压放大倍数 A_u 与频率 f 的关系曲线，称为幅频特性。可见，在低频段 A_u 有所下降，这是因为当频率低时，耦合电容的容抗不可忽略，信号在耦合电容上的电压降增加，造成 A_u 下降。在高频段 A_u 下降的原因是高频时三极管的 β 值下降和电路的布线电容、PN 结的结电容的影响。

在图 9.5（a）所示的幅频特性曲线中，其中频段的电压放大倍数为 A_{um}。当电压放大倍数下降到 $\frac{1}{\sqrt{2}}A_{um} = 0.707 A_{um}$ 时，所对应的两个频率分别称为上限频率 f_H 和下限频率 f_L，$f_H - f_L$ 的频率范围称为放大电路的通频带（或称带宽）BW。

$$BW = f_H - f_L \qquad (9.8)$$

由于一般 $f_L \ll f_H$，故 $BW \approx f_H$。通频带越宽，表示放大电路的工作频率范围越大。

由于放大电路的频带范围较大，如果幅频特性的频率坐标用十进制坐标，可能难以表达所有的值。在这种情况下，可用对数坐标来扩大表示范围，对数幅频特性曲线如图 9.5（b）所示。其横轴表示信号频率，用的是对数坐标；其纵轴表示放大电路的增益分贝值。这种画法首先是由波特（H.W.Bode）提出的，故常称为波特图。

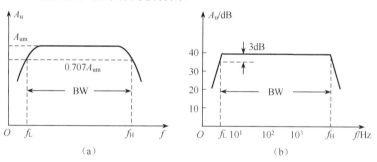

图 9.5 放大电路通频带

9.1.2 共集电极放大电路

1. 共集电极放大电路原理图

图 9.6（a）所示是阻容耦合共集电极放大电路，由图可知，放大电路的交流信号由三极管的发射极经耦合电容 C_2 输出，故名射极输出器。图 9.6（b）所示为共集电路放大电路的直流通路。

图 9.6（c）所示是共集电极放大电路的交流通路，输入回路为基极到集电极的回路，输出回路为发射极到集电极的回路，集电极是输入回路和输出回路的公共端。

2. 共集电极放大电路的特点及作用

共集电极放大电路的特点是输入电阻高、输出电阻低，因而应用十分广泛。

共集电极放大电路用作多级放大电路的输入级可减轻信号源的负担，还可获得较大的信号电压。这对内阻较高的电压信号来讲更有意义。在电子测量仪器中采用共集电极放大电路作为输入级，其较高的输入电阻可减小测量仪器对测量电路的影响。

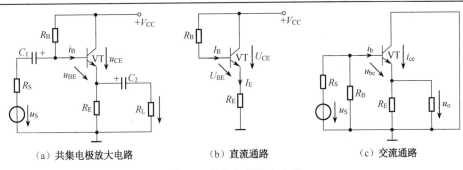

（a）共集电极放大电路　　　（b）直流通路　　　（c）交流通路

图 9.6　共集电极放大电路

共集电极放大电路也可用作多级放大电路的输出级。当负载变动时，因为共集电极放大电路具有近乎恒压源的特性，输出电压不随负载变动而保持稳定，具有较强的带负载能力。

共集电极放大电路还可用作多级放大电路的中间级。共集电极放大电路的输入电阻大，即前一级的负载电阻大，可提高前一级的电压放大倍数；共集电极放大电路的输出电阻小，即后一级的信号源内阻小，可提高后一级的电压放大倍数。对于多级共发射极放大电路来讲，共集电极放大电路起到了阻抗变换作用，提高了多级共发射极放大电路总的电压放大倍数，改善了多级共发射极放大电路的工作性能。

9.1.3　共基极放大电路

图 9.7（a）所示为共基极放大电路，其直流通路和交流通路分别如图 9.7（b）和图 9.7（c）所示。该电路的输出信号从集电极和基极两端之间输出，而输入信号从发射极和基极两端之间输入。显然，基极是输入回路和输出回路的公共端。

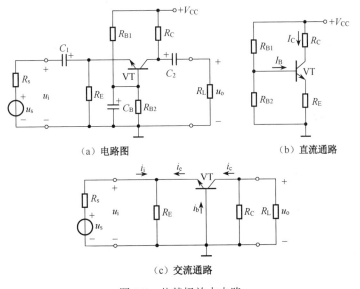

（a）电路图　　　　　　　　（b）直流通路

（c）交流通路

图 9.7　共基极放大电路

图 9.7（a）所示的共基极放大电路的微变等效电路如图 9.8 所示，设 $R'_{\rm L} = R_{\rm C} /\!/ R_{\rm L}$，由等效电路可知

$$u_{\rm i} = -i_{\rm b} r_{\rm be}$$

$$u_{\rm o} = -i_{\rm c} R'_{\rm L} = -\beta R'_{\rm L} i_{\rm b}$$

$$A_u = \frac{u_o}{u_i} = \frac{\beta R'_L}{r_{be}} \tag{9.9}$$

显然，共基极放大电路的电压增益在数值上与共射基本放大电路相同，但没有负号，说明其输出电压 u_o 与输入电压 u_i 同相，即共基极放大电路为同相放大电路。

如图 9.8 所示，r_{be} 接在基极回路，其折合到发射极回路后的电阻为 $r_{be}/(1+\beta)$，而该电阻又与 R_E 并联，因此输入电阻 R_i 为

$$R_i = R_E // \frac{r_{be}}{1+\beta} \approx \frac{r_{be}}{1+\beta} \tag{9.10}$$

上式表明，共基极放大电路的输入电阻相对较低，一般只有几欧姆到几十欧姆。

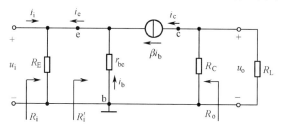

图 9.8　共基极放大电路的微变等效电路

由图 9.8 不难看出，共基极放大电路的输出电阻

$$R_o = R_C \tag{9.11}$$

显然，它与共发射极放大电路的输出电阻相同。

应该注意，对等效负载 R'_L 而言，共基极放大电路的电流增益为 $A_i = i_c/i_e$，输入电流为 i_e，输出电流为 i_c，A_i 小于 1，所以没有电流放大作用。此外，A_i 接近于 1，且与 R'_L 基本无关，从这个意义上讲，共基极放大电路又称为电流跟随器。

共基极放大电路的应用场合较少，多用于高频和宽频带放大电路。

9.2　负反馈放大电路

9.2.1　反馈的基本概念

微课：负反馈放大电路

1. 反馈放大器的原理框图

含有反馈电路的放大器称为反馈放大器。根据反馈放大器中各部分电路的主要功能，可将其分为基本放大电路和反馈网络两部分，如图 9.9 所示。整个反馈放大电路的输入信号称为输入量，其输出信号称为输出量；反馈网络的输入信号就是放大电路的输出量，其输出信号称为反馈量；基本放大电路的输入信号称为净输入量，它是输入量和反馈量叠加的结果。

图 9.9 中基本放大电路放大输入信号产生输出信号，而输出信号又经反馈网络反向传输到输入端，形成闭合环路，这种情况称为闭环，所以反馈放大器又称为闭环放大器。如果一个放大器不存在反馈，即只存在放大器放大输入信号的传输途径，则不会形成闭合环路，这种情况称为开环。没有反馈的放大器又称为开环放大器，基本放大电路就是一个开环放大器。因此一个放大器是否存在反馈，主要是分析输出信号能否被送回输入端，即输入回路和输出回

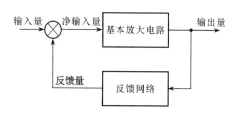

图 9.9　反馈放大器的原理框图

路之间是否存在反馈通路。若有反馈通路，则存在反馈，否则没有反馈。

2．单级负反馈放大器

图 9.10 所示为共射分压式偏置电路，该电路利用反馈原理使得工作点稳定，其反馈过程如图 9.11 所示。

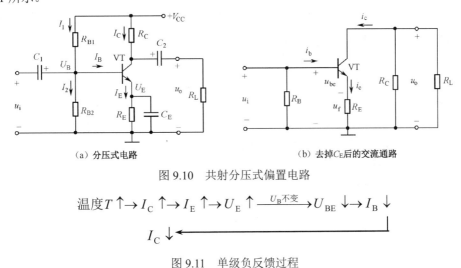

（a）分压式电路　　　　　　　　　　（b）去掉 C_E 后的交流通路

图 9.10　共射分压式偏置电路

$$温度 T \uparrow \to I_C \uparrow \to I_E \uparrow \to U_E \uparrow \xrightarrow{U_B 不变} U_{BE} \downarrow \to I_B \downarrow$$
$$I_C \downarrow \longleftarrow$$

图 9.11　单级负反馈过程

由上述反馈过程可以看出，该电路的静态电流 I_C（输出电流）通过 R_E（反馈电阻）的作用得到 U_E（反馈电压），它与原 U_B（输入电压）共同控制 U_{BE}（$=U_B-U_E$），从而达到稳定静态输出电流 I_C 的目的。该电路中 R_E 两端并联大电容 C_E，所以 R_E 两端的反馈电压只反映集电极电流直流分量 I_C 的变化，这种电路只对直流量起反馈作用，称为直流反馈。该电路中，R_E 引入的是直流负反馈，用以稳定放大电路的静态工作点。

若去掉旁路电容 C_E，图 9.10（a）所示电路的交流通路如图 9.10（b）所示，其中 $R_B=R_{B1} /\!/ R_{B2}$。此时 R_E 两端的电压反映了集电极电流交流分量的变化，即它对交流信号也起反馈作用，称为交流反馈。该电路中，R_E 引入的是交流负反馈，根据前述对分压式偏置电路性能指标的分析可知，交流负反馈将导致电路放大倍数下降。

9.2.2　负反馈的判断

1．正反馈和负反馈的判断

由于反馈放大器的输出信号被送回输入端，输入端得到反馈信号，它与原输入信号共同控制放大器，必然使放大器的输出信号受到影响，其放大倍数也将改变。根据反馈影响（反馈性质）的不同，反馈可分为正反馈和负反馈两类。如果反馈信号加强输入信号，即在输入信号不变时输出信号比没有反馈时大，导致放大倍数增大，这种反馈称为正反馈；反之，如果反馈信号削弱输入信号，即在输入信号不变时输出信号比没有反馈时小，导致放大倍数减小，这种反馈称为负反馈。

放大电路中很少采用正反馈，虽然正反馈可以使放大倍数增大，但会使放大器的工作极不稳定，甚至产生自激振荡而使放大器无法正常工作。实际上振荡器正是利用正反馈的作用来产生信号的。放大电路中更多地采用负反馈，虽然负反馈降低了放大倍数，却使放大器的性能得到改善，因此应用极其广泛。

判别反馈的性质可采用瞬时极性法。先假定输入信号瞬时对"地"有一正向的变化，即瞬时电位升高（用"↑"表示），相应的瞬时极性用"（+）"表示；然后按照信号先放大后反馈的传输途径，根据放大器在中频区有关电压的相位关系，可知各级放大器的输入信号与输出信号的瞬间电位是升高还是降低，即极性是"（+）"还是"（−）"，最后推出反馈信号的瞬时极性，从而判断反馈信号是加强还是削弱输入信号。若为加强（净输入信号增大）则为正反馈，若为削弱（净输入信号减小），则为负反馈。

【例 9.2】 判断图 9.12 所示放大电路中反馈的性质。

解： 在图 9.12（a）所示电路中，设 u_i 的瞬时极性为（+），则 VT_1 的基极电位 u_{B1} 的瞬时极性也为（+），经 VT_1 反相放大后，u_{C1}（u_{B2}）的瞬时极性为（−），再经 VT_2 同相放大后，u_{E2} 的瞬时极性为（−），通过 R_f 反馈到输入端，使 u_{B1} 被削弱，因此是负反馈。

图 9.12（b）所示电路的结构与图 9.12（a）所示相似。设 u_i 的瞬时极性为（+），与图 9.12（a）同样的过程，u_{E2} 的瞬时极性为（−），通过 R_f 反馈至 VT_1 的发射极，则 u_{E1} 的瞬时极性为（−）。该放大电路的有效输入电压（或净输入电压）$u_{BE1}=u_{B1}-u_{E1}$，u_{B1} 的瞬时极性为（+），u_{E1} 的瞬时极性为（−），显然，u_{BE1} 增大，即反馈信号使净输入信号加强，因此是正反馈。

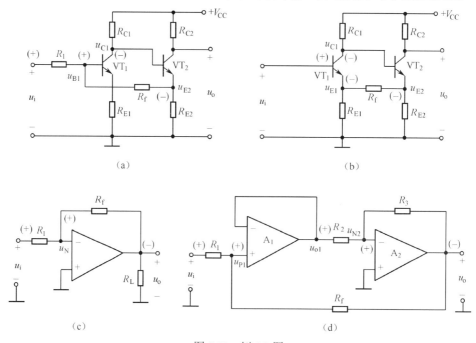

图 9.12 例 9.2 图

在图 9.12（c）所示电路中，设 u_i 的瞬时极性为（+），则反相输入端电压 u_N 的瞬时极性也为（+），经放大器反相放大后，u_o 的瞬时极性为（−），通过 R_f 反馈到反相输入端，使 u_N 被削弱，因此是负反馈。

图 9.12（d）所示电路的情况要复杂一些。设 u_i 的瞬时极性为（+），则放大器 A_1 的同相输入端电压 u_{P1} 的瞬时极性也为（+），经 A_1 同相放大后，u_{o1} 的瞬时极性为（+），经导线反馈到 A_1 的反相输入端，致使 A_1 的净输入电压（$u_{P1}-u_{N1}$）减小，因此是负反馈。对于放大器 A_2，由于 u_{o1} 的瞬时极性为（+），其反相输入端电压 u_{N2} 的瞬时极性也为（+），经 A_2 反相放大后，u_o 的瞬时极性为（−），通过 R_3 反馈到 A_2 的反相输入端，显然为负反馈，同时通过 R_f 反馈到 A_1 的同相输入端，也为负反馈。

图 9.12（d）所示电路中，两级放大器 A_1、A_2 自身都存在反馈，通常称每级各自的反馈为本级反馈或局部反馈；而由 A_1 与 A_2 级联构成的放大电路整体，其电路总的输出端到总的输入端还存在反馈，称这种跨级的反馈为级间反馈。

2. 直流反馈和交流反馈

反馈电路中，如果反馈到输入端的信号是直流量，则为直流反馈；如果反馈到输入端的信号是交流量，则为交流反馈。当然，实际放大器中可以同时存在直流反馈和交流反馈。直流负反馈可以改善放大器静态工作点的稳定性，交流负反馈则可以改善放大器的交流特性。

判断反馈是直流反馈或交流反馈可以通过分析反馈信号是直流量或交流量来确定，也可以通过放大电路的交、直流通路来确定，即在直流通路中引入的反馈为直流反馈，在交流通路中引入的反馈为交流反馈。

3. 电压反馈和电流反馈

一般情况下，基本放大器与反馈网络在输出端的连接方式有并联和串联两种，对应的输出端的反馈方式分别称为电压反馈和电流反馈。

如图 9.13（a）所示，在反馈放大器的输出端，基本放大器与反馈网络并联，反馈信号 x_f 与输出电压 u_o 成正比，即反馈信号取自于输出电压（称为电压取样），这种方式称为电压反馈；反之，如果在反馈放大器的输出端，基本放大器与反馈网络串联，则反馈信号 x_f 与输出电流 i_o 成正比，或者说反馈信号取自于输出电流（称为电流取样），这种方式称为电流反馈，如图 9.13（b）所示。

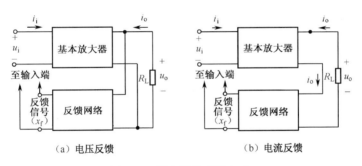

（a）电压反馈　　　　　　　　　　（b）电流反馈

图 9.13　输出端的反馈方式

电压反馈或电流反馈的判断可采用短路法或开路法。短路法是假定把放大器的负载短路，使 $u_o=0$，这时如果反馈信号为零（反馈不存在），则说明输出端的连接为并联方式，反馈为电压反馈；如果反馈信号不为零（反馈仍然存在），则说明输出端的连接为串联方式，反馈为电流反馈。开路法则是假定把放大器的负载开路，使 $i_o=0$，这时如果反馈信号为零（反馈不存在），则说明输出端的连接为串联方式，即反馈为电流反馈；如果反馈信号不为零（反馈仍然存在），则说明输出端的连接为并联方式，即反馈为电压反馈。

4. 串联反馈和并联反馈

一般情况下，基本放大器与反馈网络在输入端的连接方式有串联和并联两种，对应的输入端的反馈方式分别称为串联反馈和并联反馈，如图 9.14 中（a）、（b）所示。

对于串联反馈来说，反馈对输入信号的影响可通过电压求和的形式（相加或相减）反映出来，即反馈电压 u_f 与输入电压 u_i 共同作用于基本放大器的输入端，在负反馈时使净输入电压 $u_i' = u_i - u_f$ 变小（称为电压比较）。

对于并联反馈来说，反馈对输入信号的影响可通过电流求和的形式（相加或相减）反映出来，即反馈电流 i_f 与输入电流 i_i 共同作用于基本放大器的输入端，在负反馈时使净输入电流 $i'_i=i_i-i_f$ 变小（称为电流比较）。

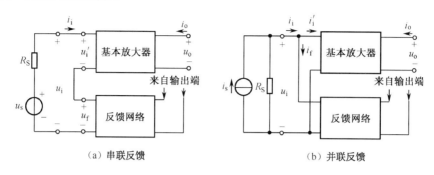

（a）串联反馈　　　　　　　　　　　　（b）并联反馈

图 9.14　输入端的反馈方式

串联反馈或并联反馈的判断同样可采用短路法或开路法。短路法是假定把放大器的输入端短路，使 $u_i=0$，这时如果反馈信号为零（反馈不存在），则说明输入端的连接为并联方式，反馈为并联反馈；如果反馈信号不为零（反馈仍然存在），则说明输入端的连接为串联方式，反馈为串联反馈。而开路法是假定把放大器的输入端开路，使 $i_i=0$，这时如果反馈信号为零（反馈不存在），则说明输入端的连接为串联方式，即反馈为串联反馈；如果反馈信号不为零（反馈仍然存在），则说明输入端的连接为并联方式，即反馈为并联反馈。

9.2.3　负反馈对放大电路的影响

1．负反馈改善放大电路的基本性能

负反馈虽然使放大电路的放大倍数下降，却能改善放大电路以下方面的性能。

（1）提高放大倍数的稳定性。

（2）扩展通频带。

（3）减小非线性失真。

（4）改变输入、输出电阻等。其中串联负反馈使输入电阻增大，并联负反馈使输入电阻减小。而电压负反馈使输出电阻减小，电流负反馈使输出电阻增大。

因此，在实际应用的放大电路中常常引入负反馈。

2．引入负反馈的一般原则

由于不同组态的负反馈放大电路的性能，如在对输入和输出电阻的改变以及对信号源要求等方面具有不同的特点，因此在放大电路中引入负反馈时，要选择恰当的反馈组态，否则效果可能适得其反。下面几点要求可以作为引入负反馈的一般原则。

（1）若要使静态工作点稳定，应引入直流负反馈；若要改善动态性能，应引入交流负反馈。

（2）若放大电路的负载要求电压稳定，即放大电路输出（相当于负载的信号源）电压要稳定或输出电阻要小，应引入电压负反馈；若放大电路的负载要求电流稳定，即放大电路输出电流要稳定或输出电阻要大，应引入电流负反馈。

（3）若信号源希望提供给放大电路（相当于信号源的负载）的电流要小，即负载向信号源索取的电流小或输入电阻要大，应引入串联负反馈；若希望输入电阻要小，应引入并联负反馈。

（4）当信号源内阻较小（相当于电压源）时应引入串联负反馈，当信号源内阻较大（相当于电流源）时应引入并联负反馈，这样才能获得较好的反馈效果。

9.3* 功率放大电路

9.3.1 功率放大电路简介

微课：功率放大电路

功率放大电路在各种电子设备中有着极为广泛的应用。

1．功率放大电路的特点

（1）尽可能大的最大输出功率。为了获得尽可能大的输出功率，要求功率放大电路中的功放管电压和电流应该有足够大的幅度，因而要求充分利用功放管的三个极限参数，即功放管的集电极电流接近 I_{CM}，管压降最大时接近 $U_{(BR)CEO}$，耗散功率接近 P_{CM}。在保证管子安全工作的前提下，尽量增大输出功率。

（2）尽可能高的功率转换效率。功放管在信号作用下向负载提供的输出功率是由直流电源供给的直流功率转换而来的，在转换的同时，功放管和电路中的耗能元器件都要消耗功率。所以，要求尽量减小电路的损耗，以提高功率转换效率。若电路输出功率为 P_o，直流电源提供的总功率为 P_E，其转换效率为

$$\eta = \frac{P_o}{P_E}$$

（3）允许的非线性失真。工作在大信号极限状态下的功放管，不可避免会存在非线性失真。不同的功放电路对非线性失真的要求是不一样的。因此，只要将非线性失真限制在允许的范围内就可以了。

（4）必须采用图解分析法进行分析。电压放大器工作在小信号状况，能用微变等效电路进行分析，而功率放大器的输入是放大后的大信号，不能用微变等效电路进行分析，应采用图解分析法。

2．功率放大电路的分类

（1）甲类。甲类功率放大电路中晶体管的 Q 点设在放大区的中间，管子在整个周期内，集电极都有电流，导通角为 $360°$，Q 点和电流波形如图 9.15（a）所示。放大电路工作于甲类状态时，管子的静态电流 I_C 较大，而且，无论有没有信号，电源都要始终不断地输出功率。在没有信号时，电源提供的功率全部消耗在管子上；有信号输入时，随着信号增大，输出的功率也增大。但是，即使在理想的情况下，效率也仅为 50%。所以，甲类功率放大电路的缺点是损耗大、效率低。

（2）乙类。为了提高效率，必须减小静态电流 I_C，将 Q 点下移。若将 Q 点设在静态电流 $I_C = 0$ 处，即 Q 点在截止区时，管子只在信号的半个周期内导通，这样的功率放大电路称为乙类功率放大电路。乙类功率放大电路中，信号等于零时，电源输出的功率也为零。信号增大时，电源供给的功率也增大，从而提高了效率。乙类功率放大电路中的 Q 点与电流波形如图 9.15（b）所示。

（3）甲乙类。若将 Q 点设在 $I_C \approx 0$ 且 $I_C \neq 0$ 处，即 Q 点在放大区且接近截止区。管子在信号的半个周期以上的时间内导通。这样的功率放大电路称为甲乙类功率放大电路。由于 $I_C \approx 0$，因此，甲乙类功率放大电路的工作状态接近乙类功率放大电路的工作状态。甲乙类功率放大电路中的 Q 点与电流波形如图 9.15（c）所示。

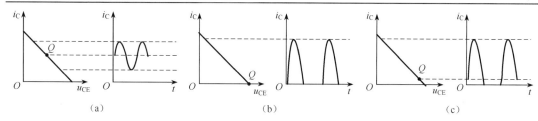

图 9.15　Q 点设置与三种功率放大电路

9.3.2　乙类互补对称功率放大电路

互补对称式功率放大电路有两种形式，采用单电源及大容量电容器与负载和前级耦合，而不用变压器耦合的互补对称电路，即无输出变压器（Output Transformer Less，OTL）互补对称功率放大电路；采用双电源、不需要耦合电容的直接耦合互补对称电路，即无输出电容耦合（Output Capacitor Less，OCL）互补对称功率放大电路，两者的工作原理基本相同。

1. 乙类（OCL）互补对称功率放大电路的组成及工作原理

图 9.16 所示为 OCL 互补对称功率放大电路。电路由一对特性及参数完全对称、类型却不同（分别为 NPN 型和 PNP 型）的两个三极管组成的射极输出器电路。输入信号接于两管的基极，负载电阻 R_L 接于两管的发射极，由正、负等值的双电源供电。

（1）电路的工作原理。静态时（$u_i = 0$），由图 9.16 可见，两管均未设直流偏置，因而 $I_B = 0$，$I_C = 0$，两管处于乙类工作状态。

动态时（$u_i \neq 0$），设输入为正弦信号。当 $u_i > 0$ 时，T_1 导通，T_2 截止，R_L 中有图中实线所示的经放大的信号电流 i_{C1} 流过，R_L 两端获得正半周输出电压 u_o；当 $u_i < 0$ 时，T_2 导通，T_1 截止，R_L 中有虚线所示的经放大的信号电流 i_{C2} 流过，R_L 两端获得负半周输出电压 u_o；可见在一个周期内两管轮流导通，使输出 u_o 取得完整的正弦信号。T_1、T_2 在正、负半周交替导通、互相补充，故名互补对称电路。功率放大电路采用射极输出器的形式，提高了输入电阻和带负载的能力。

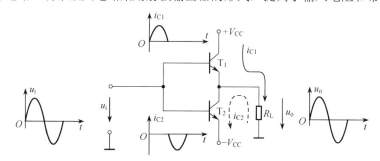

图 9.16　OCL 互补对称功率放大电路

（2）输出功率及转换效率。

如果输入信号为正弦波，那么输出功率为输出电压、电流有效值的乘积。设输出电压幅度为 U_{om}，则输出功率 P_o 为

$$P_o = \left(\frac{U_{om}}{\sqrt{2}}\right)^2 \frac{1}{R_L} = \frac{1}{2}\frac{U_{om}^2}{R_L} \tag{9.12}$$

U_{om} 最大时转换效率 η 最高：$\eta_M = \dfrac{\pi}{4} = 78.5\%$

2．甲乙类互补对称功率放大电路

工作在乙类状态的互补电路，由于发射结存在死区，三极管没有直流偏置，管子中的电流只有在 u_{be} 大于死区电压 U_T 后才会有明显的变化，当 $|u_{be}| < U_T$ 时，T_1、T_2 都截止，此时负载电阻中电流为零，出现一段死区，使输出波形在正、负半周交接处失真，如图 9.17 所示，这种失真称为交越失真。

在图 9.18 所示电路中，为了克服交越失真，由二极管组成的偏置电路给 T_1、T_2 的发射结提供所需的正向偏置电压。静态时，给 T_1、T_2 提供较小的能消除交越失真的正向偏置电压，使两管均处于微导通状态，放大电路处在接近乙类的甲乙类工作状态，因此称为甲乙类互补对称电路。

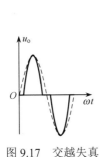

图 9.17　交越失真

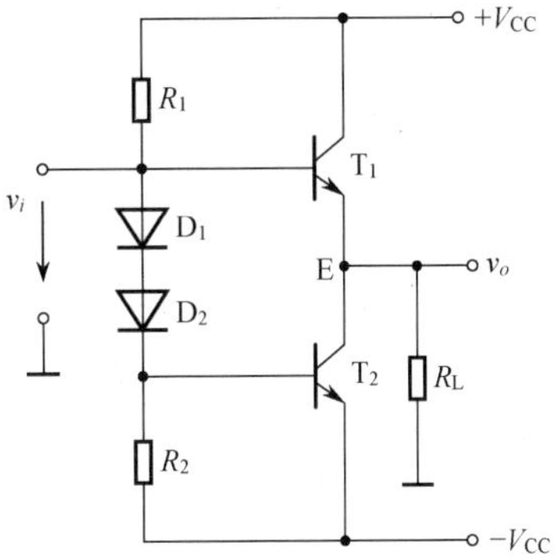

图 9.18　甲乙类互补对称功率放大电路

在输入信号正半周时，T_1 继续导通，T_2 截止；负半周时，T_1 截止，T_2 继续导通，这样，可在负载电阻 R_L 上输出已消除交越失真的正弦波。因为电路处在接近乙类的甲乙类工作状态，所以电路的动态分析计算可以近似按照分析乙类电路的方法进行。

3．单电源 OTL 互补对称电路 OTL

图 9.19 为单电源 OTL 互补对称功率放大电路。电路中放大元件仍是两个不同类型但特性和参数对称的三极管，其特点是由单电源供电，输出端通过大电容量的耦合电容 C_L 与负载电阻 R_L 相连。

OTL 功率放大电路的工作原理与 OCL 功率放大电路基本相同。

静态时，因两管对称；穿透电流 $I_{CEO1} = I_{CEO2}$，所以中点电位 $U_A = U_{CC}/2$，即电容 C_L 两端的电压 $U_{CL} = V_{CC}/2$。

动态有信号时，若不计 C_L 的容抗及电源内阻，在 u_i 正半周 T_1 导通、T_2 截止。电源向 C_L 充电并在 R_L 两端输出正半周波形；在 u_i 负半周 T_1 截止、T_2

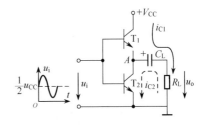

图 9.19　单电源 OTL 互补对称功率放大电路

导通，C_L 向 T_2 放电提供电源，并在 R_L 两端输出正半周波形。只要 C_L 容量足够大，放电时间常数 $R_L C_L$ 远大于输入信号最低工作频率所对应的周期，则 C_L 两端的电压可认为近似不变，始终保持为 $V_{CC}/2$。因此，T_1 和 T_2 的电源电压都是 $V_{CC}/2$。

讨论 OCL 电路所引出的计算 P_O、P_E、η 等公式，只要以 $V_{CC}/2$ 代替式中的 V_{CC}，就可以用作 OTL 电路的公式。

9.3.3 多级放大电路

1．多级放大电路框图

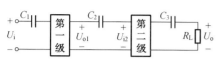

微课：多级放大与运算放大电路

图 9.20 两级放大电路框图

在实际应用中，单级放大电路的放大倍数往往不能满足电路设计的总体要求，这时就必须采用多级放大电路。图 9.20 所示为两级放大电路框图。其中电容 C_2 连接第一级放大电路和第二级放大电路，起耦合作用。

常用的耦合方式有三种：阻容耦合、直接耦合和变压器耦合。阻容耦合应用于分立元件多级交流放大电路中。放大缓慢变化的信号或直流信号采用直接耦合的方式。变压器耦合在放大电路中的应用逐渐减少。本书只讨论阻容耦合方式。

2．多级放大电路的特点

由于电容有隔直作用，因此两级放大电路的直流通路互不相通，即每一级的静态工作点各自独立。多级放大电路的静态和动态分析与单级放大电路一样。

多级放大电路的电压放大倍数为各级电压放大倍数的乘积。计算各级电压放大倍数时必须考虑到后级的输入电阻对前级的负载效应，因为后级的输入电阻就是前级放大电路的负载电阻，若不计其负载效应，各级的放大倍数仅是空载的放大倍数，它与实际耦合电路不符，这样计算总电压放大倍数是错误的。

设第 1 级和第 2 级放大电路的电压增益分别为 A_{u1} 和 A_{u2}，显然，整个放大电路总的放大倍数应为两个单级放大电路放大倍数的乘积，即

$$A_u = A_{u1} \cdot A_{u2}$$

这一结果也可推广到 n 级（多级）放大电路：

$$A_u = A_{u1} \cdot A_{u2} \cdot \cdots \cdot A_{un}$$

耦合电容的存在，使阻容耦合放大电路只能放大交流信号，并且阻容耦合多级放大电路比单级放大电路的通频带要窄。

对于整个多级放大电路而言：

（1）输入电阻就是第一级放大电路的输入电阻。

（2）输出电阻就是最后一级放大电路的输出电阻。

（3）总的电压放大倍数为各级电压放大倍数的乘积。

（4）多级放大电路的级数越多，其增益越高，但通频带越窄，且小于任何一级放大电路的通频带。

9.3.4 集成功率放大器

目前有很多种 OCL、OTL 功率放大集成电路，这些电路使用起来简单、方便。

LM386 是一种音频集成功率放大器，具有功耗低、增益可调整、电源电压范围大、外接元器件少等优点。

1．LM386 的主要参数

电路类型：OTL。

电源电压范围：5～18V。

静态电源电流：4mA。

输入阻抗：50kΩ。

输出功率：1W（电源电压为 16V，R_L=32Ω）。

电压增益：26～46dB。

带宽：300kHz。

总谐波失真：0.2%。

2．LM386 的引脚图

LM386 的引脚图如图 9.21 所示。其中引脚 2 是反相输入端，引脚 3 为同相输入端；引脚 5 为输出端；引脚 6 和 4 是接电源端和接地端；引脚 1 和 8 是电压增益调节端，使用时在引脚 7 和地线之间接旁路电容（通常为 10μF）。

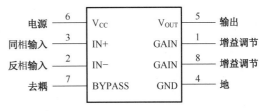

图 9.21　LM386 的引脚图

3．应用

图 9.22 所示电路为 LM386 的一种基本用法，也是外接元器件最少的用法，C_1 为输出电容，由于引脚 1 和 8 开路，所以增益为 26dB，就是说它的放大倍数是 20，利用 R_W 可以调节扬声器的音量。R 和 C_1 组成的串联网络用于进行相位补偿。

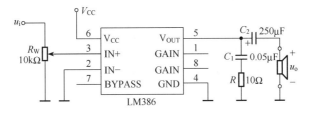

图 9.22　LM386 的基本用法

图 9.23 所示电路是 LM386 的最大增益用法，由于引脚 1 和 8 的交流通路短路，所以放大倍数为 200。C_5 是电源去耦电容，该电容可以去掉电源的高频成分。C_4 是旁路电容，由于放大倍数为 200，所以当电源电压为 16V、R_L=32Ω、P_{om}=1W 时，输入电压的有效值为 28.3mV。

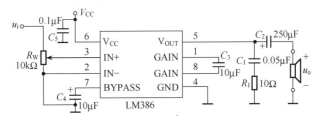

图 9.23　LM386 的最大增益用法

9.4　运算放大电路

9.4.1　差分放大电路

差分放大电路可放人两个输入信号之差。由于在电路性能上具有很多优点，其成为集成运放的主要组成单元。

差分放大电路如图 9.24 所示，它由两个共用一个发射极电阻 R_E 的共发射极放大电路组成。

它具有镜像对称的特点，在理想的情况下，两只三极管的参数对称，集电极电阻对称，基极电阻对称，而且两只三极管感受完全相同的温度，因而两管的静态工作点必然相同。信号从两管的基极输入，从两管的集电极输出。

1．零点漂移的抑制

若将图 9.24 所示电路两边输入端短路（$u_{i1} = u_{i2}=0$），则电路工作在静态，此时 $I_{B1}=I_{B2}$，$I_{C1}=I_{C2}$，$U_{C1}=U_{C2}$，输出电压为 $u_O=U_{C1} - U_{C2}=0$。

当温度变化引起两管集电极电流发生变化时，两管的集电极电压也随之变化。这时两管的静态工作点都发生变化，但由于对称性，两管的集电极电压变化的大小、方向相同，所以输出电压 $u_O=\Delta U_{C1} - \Delta U_{C2}$ 仍然等于 0，即差分放大电路抑制了温度引起的零点漂移。

2．信号的输入

当有信号输入时，对差分放大电路（见图 9.24）的工作情况，可以分为下列几种输入类型来分析。

（1）共模输入。当在两管的基极加上一对大小相等、极性相同的共模信号（$u_{i1} = u_{i2}$）时，称为共模输入。共模输入时，两管基极电流变化方向相同，集电极电流变化方向相同，集电极电压变化的方向与大小也相同，所以输出电压 $u_O = \Delta u_{C1} - \Delta u_{C2}=0$，可见差分放大电路抑制共模信号。前面讲到的差分放大电路抑制零点漂移就是该电路抑制共模信号的一个特例。因为输出的零漂电压折合到输入端，就相当于一对共模信号。

（2）差模输入。若在两管的基极加上一对大小相等、极性相反的差模信号（$u_{i1} = -u_{i2}$），设 $u_{i1}<0$，$u_{i2}>0$，这时 u_{i1} 使 T_1 的基极电流减小 Δi_{B1}，集电极电流减小 Δi_{C1}，集电极电位增加 Δu_{C1}；u_{i2} 使 T_2 的基极电流增加 Δi_{B2}，集电极电流增加 Δi_{C2}，集电极电位减小 Δu_{C2}。这样，两个集电极电位一增一减，呈现异向变化，其差值即输出电压 $\Delta u_O=\Delta u_{C1} - (-\Delta u_{C2})=2\Delta u_{C1}$，可见差分放大电路放大差模信号。

（3）差动输入（任意输入）。两个输入信号中既有共模信号又有差模信号，这样的信号称为差动信号。因为它们的大小和相对极性是任意的，有时也称为任意输入信号。差动信号可以分解为一对共模信号和一对差模信号。

$$u_{i1} = u_{id} + u_{ic}$$
$$u_{i2} = -u_{id} + u_{ic}$$

式中，u_{id} 是差模信号；u_{ic} 是共模信号。它们由下式定义。

$$\left. \begin{array}{l} u_{ic} = \dfrac{u_{i1} + u_{i2}}{2} \\ u_{id} = \dfrac{u_{i1} - u_{i2}}{2} \end{array} \right\} \qquad (9.13)$$

对于信号 $u_{i1}=9\text{mV}$，$u_{i2}=-3\text{mV}$，有：$u_{ic}=3\text{mV}$，$u_{id}=6\text{mV}$。

从以上分析可知，差分放大电路可以抑制温度引起的工作点漂移，抑制共模信号，放大差模信号。差分放大电路只能放大差模信号，故而得名。

3．差分放大器的差模放大倍数

图 9.24 所示为双端输入、双端输出差分放大电路。当给差分放大电路输入差模信号时，由于两管的发射极电位维持不变，相当于发射极接"地"，而每一只三极管相当于接一半的负载电阻 R_L。设 T_1 和 T_2 的电压放大倍数分别为 A_{u1} 和 A_{u2}，因电路对称，$A_{u1}=A_{u2}$，而 $u_{i1} = \dfrac{u_i}{2}$，$u_{i2} = -\dfrac{u_i}{2}$，

由图 9.25 所示单管差模信号通路可得到单管差模电压放大倍数 A_{u1}：

$$A_{u1} = \frac{u_{o1}}{u_{i1}} = -\frac{\beta\left(R_{C} // \dfrac{R_{L}}{2}\right)}{R_{B} + r_{be}}$$

由此得出双端输入、双端输出差分放大电路的差模电压放大倍数 A_{od} 为：

$$A_{od} = \frac{u_{o1} - u_{o2}}{u_{i1} - u_{i2}} = \frac{2u_{o1}}{2u_{i1}} = \frac{u_{o1}}{u_{i1}} = A_{u1}$$

$$A_{od} = -\frac{\beta\left(R_{C} // \dfrac{R_{L}}{2}\right)}{R_{B} + r_{be}} \tag{9.14}$$

式中的负号表示在图示参考方向下输出电压与输入电压极性相反。

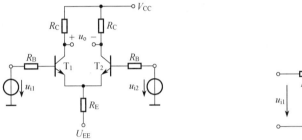

图 9.24 双端输入、双端输出差分放大电路　　　　图 9.25 单管差模信号通路

4. 差分放大器的共模放大倍数和共模抑制比

差分放大电路在共模信号作用下的输出电压与输入电压之比称为共模电压放大倍数，用 A_{oc} 表示。

在理想情况下，电路完全对称，共模信号作用时，由于三极管恒流源的作用，每只管的集电极电流和集电极电压均不变化，因此 $u_{o}=0$，即 $A_{oc}=0$。

但实际上由于单管的零点漂移依然存在，电路不可能完全对称，因此共模电压放大倍数并不为零。通常将差模电压放大倍数 A_{od} 与共模电压放大倍数 A_{oc} 之比定义为共模抑制比，用 K_{CMR} 表示，即

$$K_{CMR} = \frac{A_{od}}{A_{oc}} \tag{9.15}$$

共模抑制比反映了差分放大电路抑制共模信号的能力，其值越大，该电路抑制共模信号（零点漂移）的能力越强。对于差分放大电路，不能单纯地说差模电压放大倍数大或是共模电压放大倍数小就是一个好的电路；而是差模电压放大倍数越大、共模电压放大倍数越小，即共模抑制比越大越好。

由于双端输出电路的输出 $A_{oc}=0$，所以 $K_{CMR}=\infty$。

5. 差分放大器的输入、输出方式

除了上述双端输入、双端输出，差分放大电路的输入、输出方式还有以下三种：①输入和输出有一公共接地端的单端输入、单端输出方式，如图 9.26（a）所示；②只有输出一端接地的双端输入、单端输出方式，如图 9.26（b）所示；③只有输入一端接地的单端输入、双端输出方式，如图 9.26（c）所示。

在单端输入时，从图 9.26 中（a）、（c）可知，输入信号仍然加于 T_1 和 T_2 的基极之间，只

是一端接地。经过信号分解得

$$T_1 \text{ 的基极电位} = \frac{1}{2}u_i + \frac{1}{2}u_i = u_i$$

$$T_2 \text{ 的基极电位} = \frac{1}{2}u_i - \frac{1}{2}u_i = 0$$

由此可见，单端输入时，差模信号为 $\frac{u_i}{2}$，共模信号也为 $\frac{u_i}{2}$，就差模信号而言，单端输入时两管的集电极电流和集电极电压的变化情况和双端输入时一样。

在单端输出时，从图 9.26 中（a）、（b）可知，输出电压只和 T_1 的集电极电压变化有关，因此，输出电压 u_o 只有双端输出的一半，所以

$$A_{od} = \frac{1}{2}A_{d1} = -\frac{1}{2}\beta\frac{R_C//R_L}{R_B + r_{be}} \tag{9.16}$$

式中负号表示输出电压 u_o 与输入电压 u_i 反相。若输出电压 u_o 从 T_2 的集电极取出，则 u_o 与 u_i 同相。从图 9.26 中（a）、（b）可以看出，单端输出时，不仅有差模信号还有共模信号，这是使用差分放大电路时应该注意的情况。

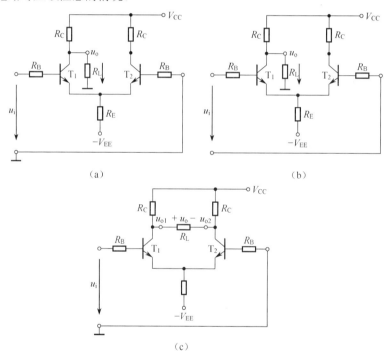

图 9.26 差分放大电路的几种输入、输出方式

9.4.2 集成运算放大电路

1. 集成运算放大器的发展概况

集成运算放大器实质上是高增益的直接耦合放大电路，它的应用十分广泛，且远远超出了运算的范围。常见的集成运算放大器的外形有圆形、扁平形等，有 8 个引脚及 14 个引脚等几种。

自 1964 年 FSC 公司研制出第一块集成运算放大器μA702 以来，集成技术发展飞速。

第一代产品基本上沿用了分立元件放大电路的设计思想，构成以电流源电路为偏置电路的三级直接耦合放大电路；能满足一般应用的要求。典型产品有μA709 和国产的 FC3、F003 及 5G23 等。

第二代产品以普遍采用有源负载为标志，简化了电路设计，并使开环增益有了明显提高，各方面的性能指标比较均衡，属于通用型运算放大器；典型产品有 μA741 和国产的 BG303、BG305、BG308、BG312、FC4、F007、F324 及 5G24 等。

第三代产品的输入级采用了超 β 管，β 值为 1000～5000，而且在设计上考虑了热效应的影响，从而减小了失调电压、失调电流及温度漂移，增大了共模抑制比和输入电阻；典型产品有 AD508、MC1556 和国产的 F1556 及 F030 等。

第四代产品采用了斩波稳零的动态稳零技术，使各项性能指标和参数更加理想化，一般情况下不须调零就能正常工作，大大提高了精度；典型产品有 HA2900、SN62088 和国产的 5G7650 等。

2. 集成运算放大器的内部电路

集成运算放大器的内部一般由输入级、中间级、输出级和偏置电路四部分组成。现以图 9.27 所示的简单的集成运算放大器内部电路为例进行介绍。

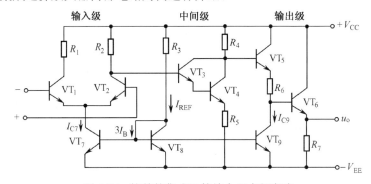

图 9.27　简单的集成运算放大器内部电路

（1）输入级。输入级由 VT_1 和 VT_2 组成，这是一个双端输入、单端输出的差分放大电路，VT_3 是其发射极恒流源。输入级是提高运算放大器质量的关键部分，要求其输入电阻高。为了能减小零点漂移和抑制共模干扰信号，输入级都采用具有恒流源的差分放大电路，又称差动输入级。

（2）中间级。中间级由复合管 VT_3 和 VT_4 组成。中间级通常是共发射极放大电路，其主要作用是提供足够大的电压放大倍数，故又称电压放大级。为提高电压放大倍数，有时采用恒流源代替集电极负载电阻 R_3。

（3）输出级。输出级的主要作用是输出足够大的电流以满足负载的需要，要求输出电阻小，带负载能力强。输出级一般采用射极输出器，还可采用互补对称推挽放大电路。输出级由 VT_5 和 VT_6 组成，这是一个射极输出器，R_6 的作用是使直流电平移，即通过 R_6 对直流电的降压作用，实现零输入时零输出。VT_9 用作 VT_5 发射极的恒流源负载。

（4）偏置电路。偏置电路的作用是为各级提供合适的工作电流，一般由各种恒流源电路组成。VT_7～VT_9 组成恒流源形式的偏置电路。VT_8 的基极与集电极相连，使 VT_8 工作在临界饱和状态，故仍有放大能力。由于 VT_7～VT_9 的基极电压及参数相同，因而 VT_7～VT_9 的电流相同。一般 VT_7～VT_9 的基极电流之和 $3I_B$ 可忽略不计，于是有 $I_{C7}=I_{C9}=I_{REF}$，$I_{REF} =(V_{CC}+U_{EE}-U_{BEQ}) / R_3$，当 I_{REF} 确定后，I_{C7} 和 I_{C9} 就相当于恒流源。

集成运算放大器采用正、负电源供电。"+"为同相输入端，由此端输入信号，则输出信号与输入信号同相；"–"为反相输入端，由此端输入信号，则输出信号与输入信号反相。

3．集成运算放大器的电路符号

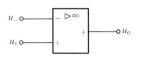

图 9.28　集成运算放大器的电路符号

集成运算放大器的电路符号如图 9.28 所示，图中"▷"表示信号的传输方向，"∞"表示放大倍数为理想条件。两个输入端中，"－"号表示反相输入端，电压用"u_-"表示；"＋"号表示同相输入端，电压用"u_+"表示。输出端的"＋"号表示输出电压为正极性，输出电压用"u_o"表示。

4．集成运算放大器的主要参数

集成运算放大器的参数是评价其性能优劣的依据。为了正确地挑选和使用集成运算放大器，必须掌握各参数的含义。

（1）差模电压增益 A_{ud}。差模电压增益 A_{ud} 是指在标称电源电压和额定负载下，开环运用时对差模信号的电压放大倍数。A_{ud} 是频率的函数，但通常给出的是直流开环增益。

（2）共模抑制比 K_{CMR}。共模抑制比是指集成运算放大器的差模电压增益与共模电压增益之比，并用对数表示，即

$$K_{CMR}=20\lg\left|\frac{A_{ud}}{A_{uc}}\right| \tag{9.17}$$

K_{CMR} 越大越好。

（3）差模输入电阻 r_{id}。差模输入电阻是指集成运算放大器对差模信号所呈现的电阻，即集成运算放大器两输入端之间的电阻。

（4）输入偏置电流 I_{iB}。输入偏置电流 I_{iB} 是指运算放大器在静态时，流经两输入端的基极电流的平均值，即

$$I_{iB}=(I_{B1}+I_{B2})/2 \tag{9.18}$$

输入偏置电流越小越好。通用型集成运算放大器的输入偏置电流 I_{IB} 为微安（μA）数量级。

（5）输入失调电压 U_{iO} 及其温漂 dU_{iO}/dt。一个理想的集成运算放大器能实现零输入时零输出。而实际的集成运算放大器，当输入电压为零时，存在一定的输出电压，将其折算到输入端就是输入失调电压，它在数值上等于输出电压为零时输入端应施加的直流补偿电压。它反映了差分输入级元件的失调程度。通用型运算放大器的 U_{iO} 在 2mV～10mV 之间，高性能运算放大器的 U_{iO} 小于 1mV。

输入失调电压对温度的变化率 dU_{iO}/dt 称为输入失调电压的温度漂移，简称温漂，用以表征 U_{iO} 受温度变化的影响程度，一般以μV/℃为单位。通用型集成运算放大器的输入失调电压为微伏（μV）数量级。

（6）输入失调电流 I_{iO} 及其温漂 dI_{iO}/dt。一个理想的集成运算放大器两输入端的静态电流应该完全相等。实际上，当集成运算放大器的输出电压为零时，流入两输入端的电流不相等，这个静态电流之差 $I_{iO}=I_{B1}-I_{B2}$ 就是输入失调电流。造成输入电流失调的主要原因是差分对三极管的 β 失调。I_{iO} 越小越好，一般为 1nA～10nA。

输入失调电流对温度的变化率 dI_{iO}/dt 称为输入失调电流的温度漂移，简称温漂，用以表征 I_{iO} 受温度变化的影响程度。这类温度漂移一般为 1～5nA/℃。

（7）输出电阻 r_o。在开环条件下，集成运算放大器输出端等效为电压源时的等效动态内阻称为集成运算放大器的输出电阻，记为 r_o。r_o 的理想值为零，实际值一般为 100Ω～1kΩ。

（8）开环带宽 BW（f_H）。开环带宽 BW 又称-3dB 带宽，是指运算放大器在放大小信号时，开环差模增益下降 3dB 所对应的频率 f_H。μA741 的 f_H 约为 7Hz，如图 9.29 所示。

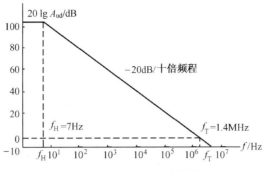

图 9.29　μA741 的幅频特性

（9）单位增益带宽 BWG（f_T）。当信号频率增大到使集成运算放大器的开环增益下降到零时所对应的频率范围称为单位增益带宽。μA741 的 A_{ud} 为 2×10^5，它的 $f_T = 2 \times 10^5 \times 7$ Hz $= 1.4$MHz，如图 9.29 所示。

（10）转换速率 S_R。转换速率又称上升速率或压摆率，通常是指集成运算放大器闭环状态下，输入为大信号（如阶跃信号）时，放大电路输出电压对时间的最大变化速率，即

$$S_R = \left. \frac{du_O(t)}{dt} \right|_{\max} \tag{9.19}$$

S_R 的大小反映了集成运算放大器的输出对于高速变化的大输入信号的响应能力。S_R 越大，表示集成运算放大器的高频性能越好，如μA741 的 $S_R = 0.5$V/μs。

此外，还有最大差模输入电压 U_{idmax}、最大共模输入电压 U_{icmax}、最大输出电压 U_{omax} 及最大输出电流 I_{omax} 等参数。

9.4.3　集成运算放大电路的应用

微课：集成运算放大器的线性应用

集成运算放大器加上一定形式的外接电路可实现各种功能。例如，能对信号进行反相放大与同相放大，对信号进行加、减、微分和积分运算。

1．理想运算放大器的特点

一般情况下，把在电路中的集成运算放大器看作理想集成运算放大器。集成运算放大器的理想性能指标如下。

（1）开环电压放大倍数 $A_{ud} = \infty$。

（2）输入电阻 $r_{id} = \infty$。

（3）输出电阻 $r_{od} = 0$。

（4）共模抑制比 $K_{CMR} = \infty$。

此外，没有失调，没有温度漂移等。尽管理想运算放大器并不存在，但由于集成运算放大器的技术指标都比较接近理想值，在具体分析时将其理想化是允许的，这种分析所带来的误差一般比较小，可以忽略不计。

2．虚短和虚断的概念

对于理想集成运算放大器，由于其 $A_{ud} = \infty$，因而，若两输入端之间加无穷小电压，则输出电压将超出其线性范围。因此，只有引入负反馈，才能保证理想集成运算放大器工作在线性区。理想集成运算放大器线性工作区的特点是存在着"虚短"和"虚断"。

（1）虚短概念。当集成运算放大器工作在线性区时，输出电压在有限值之间变化，而集成运算放大器的 $A_{ud} \to \infty$，则 $u_{id} = u_{od}/A_{ud} \approx 0$。由 $u_{id} = u_+ - u_- \approx 0$，得

$$u_+ \approx u_- \qquad\qquad (9.20)$$

即反相端与同相端电压几乎相等，近似短路又不是真正短路，称为虚短路，简称"虚短"。

另外，当同相端接地时，使 $u_+=0$，则有 $u_- \approx 0$。这说明同相端接地时，反相端电位接近地电位，所以反相端称为"虚地"。

（2）虚断概念。由于集成运算放大器的输入电阻 $r_{id} \to \infty$，因此两个输入端的电流 $i_- = i_+ \approx 0$，这表明流入集成运算放大器同相端和反相端的电流几乎为零，所以称为虚断路，简称"虚断"。

3. 反相输入放大与同相输入放大

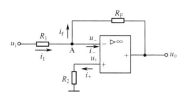

图 9.30　反相输入放大电路

（1）反相输入放大。图 9.30 所示为反相输入放大电路。输入信号 u_i 经过电阻 R_1 加到集成运算放大器的反相端，反馈电阻 R_F 接在输出端和反相输入端之间，构成电压并联负反馈，则集成运算放大器工作在线性区；同相端加平衡电阻 R_2，主要是使同相端与反相端外接电阻相等，即 $R_2=R_1//R_F$，以保证集成运算放大器处于平衡对称的工作状态，从而消除输入偏置电流及其温度漂移的影响。

根据虚断的概念，$i_+=i_- \approx 0$，得 $u_+=0$，$i_1=i_f$。又根据虚短的概念，$u_- \approx u_+=0$，故称 A 点为虚地点。虚地是反相输入放大电路的一个重要特点。又因为有

$$i_1=\frac{u_i}{R_1}, \quad i_f=-\frac{u_o}{R_F}$$

所以有

$$\frac{u_i}{R_1}=-\frac{u_o}{R_F}$$

移项后得电压放大倍数

$$A_u=\frac{u_o}{u_i}=-\frac{R_F}{R_1} \qquad\qquad (9.21)$$

或

$$u_o=-\frac{R_F}{R_1}\cdot u_i \qquad\qquad (9.22)$$

式（9.29）表明，电压放大倍数与 R_F 成正比，与 R_1 成反比，式中负号表明输出电压与输入电压相位相反。当 $R_1=R_F=R$ 时，$u_o=-u_i$，输入电压与输出电压大小相等、相位相反。

由于反相输入放大电路引入的是深度电压并联负反馈，因此它使输入和输出电阻都减小，输入和输出电阻分别为

$$R_i \approx R_1 \qquad\qquad (9.23)$$
$$R_o \approx 0 \qquad\qquad (9.24)$$

（2）同相输入放大。在图 9.31 中，输入信号 u_i 经过电阻 R_2 接到集成运算放大器的同相端，反馈电阻接到其反相端，构成了电压串联负反馈。

根据虚断的概念，$i_+=0$，可得 $u_+=u_i$。又根据虚短概念，有 $u_+ \approx u_-$，于是有

$$u_i \approx u_-=u_o\frac{R_1}{R_1+R_F}$$

移项后得电压放大倍数

$$A_u=\frac{u_o}{u_i}=1+\frac{R_F}{R_1} \qquad\qquad (9.25)$$

或

$$u_o=\left(1+\frac{R_F}{R_1}\right)u_i \qquad\qquad (9.26)$$

当 $R_F=0$ 或 $R_1 \to \infty$ 时，如图 9.32 所示，$u_o=u_i$，即输出电压与输入电压大小相等、相位相同，该电路称为电压跟随器。

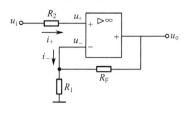
图 9.31　同相输入比例运算电路

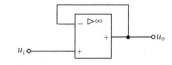
图 9.32　电压跟随器

由于同相输入放大电路引入的是深度电压串联负反馈，因此它使输入电阻增大、输出电阻减小，输入和输出电阻分别为

$$R_i \rightarrow \infty \tag{9.27}$$

$$R_o \approx 0 \tag{9.28}$$

4．加法运算与减法运算

1）加法运算

在自动控制电路中，往往需要将多个采样信号按一定的比例叠加起来输入放大电路中，这就需要用到加法运算电路，如图 9.33 所示。

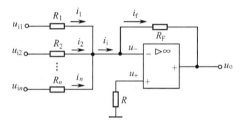
图 9.33　加法运算电路

根据虚断的概念及节点电流定律，可得 $i_f = i_i = i_1 + i_2 + \cdots + i_n$。再根据虚短的概念可得

$$i_1 = \frac{u_{i1}}{R_1} ， i_2 = \frac{u_{i2}}{R_2} ， \cdots ， i_n = \frac{u_{in}}{R_n}$$

则输出电压为

$$u_o = -R_F i_f = -R_F \left(\frac{u_{i1}}{R_1} + \frac{u_{i2}}{R_2} + \cdots + \frac{u_{in}}{R_n} \right) \tag{9.29}$$

式（9.29）实现了各信号的比例加法运算。如取 $R_1 = R_2 = \cdots = R_n = R_F$，则有

$$u_o = -(u_{i1} + u_{i2} + \cdots + u_{in}) \tag{9.30}$$

2）减法运算

（1）利用反相求和实现减法运算，电路如图 9.34 所示。第一级为反相放大电路，若取 $R_{F1} = R_1$，则 $u_{o1} = -u_{i1}$。第二级为反相加法运算电路，可导出

$$u_o = -\frac{R_{F2}}{R_2}(u_{o1} + u_{i2}) = \frac{R_{F2}}{R_2}(u_{i1} - u_{i2}) \tag{9.31}$$

若取 $R_2 = R_{F2}$，则有

$$u_o = u_{i1} - u_{i2} \tag{9.32}$$

于是实现了两信号的减法运算。

（2）利用差分式电路实现减法运算，电路如图 9.35 所示。u_{i2} 经 R_1 加到反相输入端，u_{i1} 经 R_2 加到同相输入端。

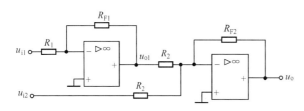

图 9.34　利用反相求和实现减法运算电路

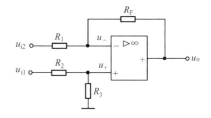

图 9.35　利用差分式电路实现减法运算电路

根据叠加定理，首先令 $u_{i1}=0$，当 u_{i2} 单独作用时，该电路成为反相放大电路，其输出电压为

$$u_{o2}=-\frac{R_F}{R_1}u_{i2}$$

再令 $u_{i2}=0$，当 u_{i1} 单独作用时，该电路成为同相放大电路，同相端电压为

$$u_+=\frac{R_3}{R_2+R_3}u_{i1}$$

则输出电压为

$$u_{o1}=\left(1+\frac{R_F}{R_1}\right)u_+=\left(1+\frac{R_F}{R_1}\right)\left(\frac{R_3}{R_2+R_3}\right)u_{i1}$$

这样，当 u_{i1} 和 u_{i2} 同时输入时，有

$$u_o=u_{o1}+u_{o2}=\left(1+\frac{R_F}{R_1}\right)\left(\frac{R_3}{R_2+R_3}\right)u_{i1}-\frac{R_F}{R_1}u_{i2} \tag{9.33}$$

当 $R_1=R_2=R_3=R_F$ 时，有

$$u_o=u_{i1}-u_{i2} \tag{9.34}$$

于是实现了两信号的减法运算。

5．积分运算与微分运算

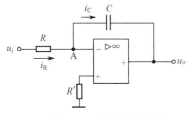

图 9.36　积分运算电路

1）积分运算

图 9.36 所示为积分运算电路。

根据虚短的概念，$u_A\approx0$，$i_R=u_i/R$。再根据虚断的概念，有 $i_C\approx i_R$，即电容 C 以 $i_C=u_i/R$ 进行充电。假设电容 C 的初始电压为零，那么

$$u_o=-\frac{1}{C}\int i_C \mathrm{d}t=-\frac{1}{C}\int\frac{u_i}{R}\mathrm{d}t=-\frac{1}{RC}\int u_i \mathrm{d}t \tag{9.35}$$

上式表明，输出电压为输入电压对时间的积分，且与输入电压相位相反。当求解 t_1 到 t_2 时间段的积分值时，有

$$u_o=-\frac{1}{RC}\int_{t_1}^{t_2}u_i \mathrm{d}t+u_o(t_1) \tag{9.36}$$

式中，$u_o(t_1)$ 为积分起始时刻 t_1 的输出电压，即积分的起始值；积分的终值是 t_2 时刻的输出电压。当 u_i 为常量 U_i 时，有

$$u_o=-\frac{1}{RC}U_i(t_2-t_1)+u_o(t_1) \tag{9.37}$$

积分运算电路的波形变换作用如图 9.37 所示。当输入为阶跃波时，若 t_0 时刻电容两端的电压为零，则输出电压波形如图 9.37（a）所示。当输入为方波和正弦波时，输出电压波形分别如

图 9.37（b）和图 9.37（c）所示。

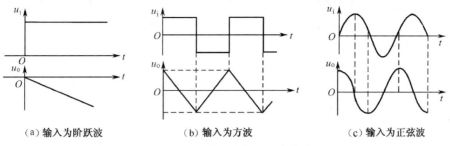

（a）输入为阶跃波　　（b）输入为方波　　（c）输入为正弦波

图 9.37　积分运算电路的波形变换作用

2）微分运算

将积分电路中的 R 和 C 的位置互换，就可得到微分运算电路，如图 9.38 所示。

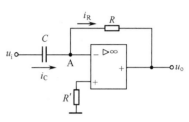

图 9.38　微分运算电路

在这个电路中，A 点为虚地点，即 $u_A \approx 0$。再根据虚断的概念，有 $i_R \approx i_C$。假设电容 C 的初始电压为零，那么有 $i_C = C\dfrac{du_i}{dt}$，则输出电压为

$$u_o = -i_R R = -RC\frac{du_i}{dt} \tag{9.38}$$

上式表明，输出电压为输入电压对时间的微分，且相位与输入电压相反。

图 9.38 所示电路实用性差，当输入电压产生阶跃变化时，i_C 极大，会使集成运算放大器内部的放大管进入饱和或截止状态，即使输入信号消失，放大管仍不能恢复到放大状态，也就是电路不能正常工作。同时，由于反馈网络为滞后移相，它与集成运算放大器内部的滞后附加相移相加，易满足自激振荡条件，使电路不稳定。

实用微分电路如图 9.39（a）所示，它在输入端串联了一个小电阻 R_1，以限制输入电流；同时在 R 上并联稳压二极管，以限制输出电压，这就保证了集成运算放大器中的放大管始终工作在放大区。另外，在 R 上并联小电容 C_1，起相位补偿作用。该电路的输出电压与输入电压近似呈微分关系，当输入为方波且 $RC \ll T/2$ 时，输出为尖顶波，波形如图 9.39（b）所示。

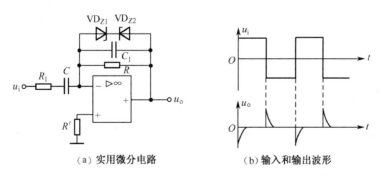

（a）实用微分电路　　（b）输入和输出波形

图 9.39　实用微分电路及波形

9.5 Multisim 仿真实验：分压式单管放大电路

1. 仿真原理图（见图 9.40）

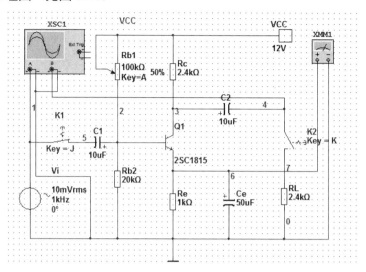

图 9.40 仿真原理图

2. 静态工作点调试

（1）按图 9.41 连接仿真电路，先将输入信号源去掉（K1 断开）。

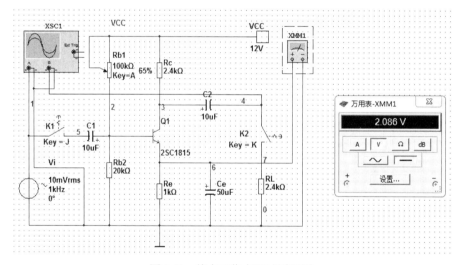

图 9.41 静态工作点调试原理图

（2）调节偏置电阻 Rb1，用万用表直流电压挡测量三极管发射极电阻两端的电压 U_E（约为 2V）（见图 9.41），说明集电极静态电流 I_C=2mA，此时再用万用表直流电压挡测量 U_B、U_C。

（3）根据表 9-1 中的测量结果，估算静态工作点相关参数值，并填入表 9-2。

表 9-1 测试值

项 目	U_B/V	U_C/V	U_E/V	R_{B2}/kΩ
U_i=0				

表9-2　静态工作点的计算值

U_{BE}/V	U_{CE}/V	I_B/μA	I_C/mA	$\beta = I_C/I_B$

3．测量电压放大倍数

（1）如图9.42所示，将信号源接入（K1闭合），分别将输出端负载开路（K2断开），接入负载（K2闭合），进行仿真。根据输入和输出波形的幅值，估算电压放大倍数，并填入表9-3。

表9-3　电压放大倍数的估算值

负载 R_L/ kΩ	测　量　值		计　算　值
	U_i/V	U_o/V	$A_U = U_o/U_i$
∞（开路）	0.01		
2.4	0.01		

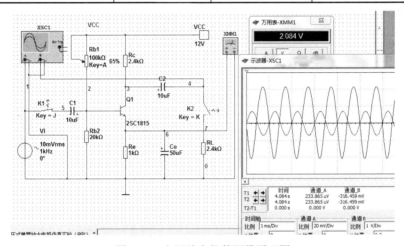

图9.42　电压放大倍数测量原理图

（2）分析输入和输出波形的相位关系。

（3）将基极电阻Rb1的阻值调节至其最大阻值的30%，观察输出波形（见图9.43）会出现什么现象。分析原因，说明属于什么失真。

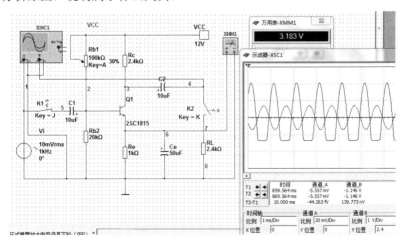

图9.43　失真分析仿真原理图

本章小结

（1）放大电路的直流通路可用于确定静态工作点。交流通路反映了信号的传输过程，通过它可以分析计算放大电路的性能指标。通过微变等效电路可以分析放大电路的动态特性。

（2）负反馈的引入改善了放大电路的性能。直流负反馈可稳定静态工作点，交流负反馈改善动态性能。放大器输出电压要稳定或输出电阻要小，应引入电压负反馈；若放大器的负载要求电流稳定，即放大器输出电流要稳定或输出电阻要大，应引入电流负反馈。若希望输入电阻大，应引入串联负反馈；若希望输入电阻小，应引入并联负反馈。

（3）功率放大器主要是在不引起失真的情况下放大功率，甲乙类互补对称放大电路可以克服交越失真。

（4）理想集成运算放大器由于引入深度负反馈，有了虚短和虚断的概念。加法、减法及积分等应用电路的分析都要用到虚短和虚断。

自我评价

一、判断题

1．发射结处于正向偏置状态的三极管，其一定工作在放大状态。　　　　（　　）
2．在不失真的前提下，静态工作点低的电路静态功耗小。　　　　（　　）
3．用微变等效电路法能求静态工作点。　　　　（　　）
4．放大电路的输出电阻越大，带负载能力越强。　　　　（　　）
5．射极输出器的输出电压与输入电压的大小近似相等。　　　　（　　）
6．多级放大电路的通频带比单级电路要窄。　　　　（　　）
7．共射电路的电压放大倍数比射极输出器高。　　　　（　　）
8．差分放大器的差分放大倍数越大，共模抑制比越小，其性能越好。　　　　（　　）
9．差动式电路在集成电路中作为输入级主要用于抑制零点漂移。　　　　（　　）
10．优质的差分放大电路对共模信号的放大能力极强。　　　　（　　）
11．采用电压反馈时，负载电阻不宜太小。　　　　（　　）
12．由于理想集成运算放大器具有虚短的概念，所以可以将集成运算放大器两输入端短路。
　　　　（　　）
13．由于理想集成运算放大器具有虚断的概念，可将集成运算放大器两输入端断路。
　　　　（　　）

二、填空题

14．三极管有_____型和_____型两种。
15．三极管具有电流放大作用的外部条件：必须使_____结正向偏置，_____结反向偏置。
16．当三极管饱和时，它的发射结必处于_____偏置状态，集电结必处于_____偏置状态。
17．判断图9.44所示三极管的工作状态，其中可能有损坏状态。
18．阻容耦合放大电路中，耦合电容的作用是_____和_____。
19．放大电路未加入信号时的工作状态称为_____态。
20．放大电路未加入信号时三极管各极的直流电压、电流的数值称为电路的_____工作点。

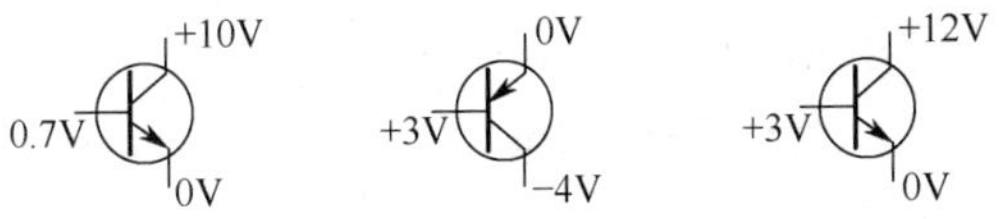

（a）____状态   （b）____状态   （c）____状态

图 9.44 题 17 图

21．放大电路加上输入信号时的工作状态称为_____态。

22．放大电路中直流成分通过的路径称为_____通路。

23．放大电路中交流成分通过的路径称为_____通路。

24．放大电路有三种连接方式，分别为_____、_____和_____。

25．共发射极放大电路中，Q 点过高易产生_____失真。

26．共发射极放大电路中，Q 点过低易产生_____失真。

27．放大电路的输出电阻越小，带负载能力越_____。

28．射极输出器的电压放大倍数 $A_u \approx$ _____。

29．多级放大电路的通频带比单级放大电路的通频带要_____。

30．两级放大电路中，已知第一级 $A_{u1} = -100$，第二级 $A_{u2} = -50$，则总电压放大倍数 $A_u =$ _____。

31．集成运算放大器的输入级一般采用_____电路，以便获得较大的_____比，抑制_____。

32．某负反馈放大电路的开环放大倍数为 80，反馈系数为 0.02，该电路的闭环放大倍数为_____。

33．能使输出电阻降低的是_____反馈，能使输出电阻提高的是_____反馈，能使输入电阻提高的是_____反馈，能使输入电阻降低的是_____反馈。

34．能使输出电压稳定的是_____反馈，能使输出电流稳定的是_____反馈。

35．能稳定直流工作点的是_____反馈。

36．对功率放大电路的要求是_____大、_____高、_____小。

37．推挽功率放大电路中，两边的三极管要求它们的导电类型_____、各参数_____。

38．对于互补对称功率放大器中两边的三极管（均是单管），要求它们的导电类型_____、各参数_____。

三、选择题

39．测得三极管 3 个电极的静态电流分别为 0.06mA、3.66mA 和 3.6mA，则该管的 β（   ）。

    A．为 60   B．为 61   C．0.98   D．无法确定

40．只用万用表判别三极管 3 个电极，最先判别出的应是（   ）。

    A．e 极   B．b 极   C．c 极

41．放大电路中有反馈的含义是（   ）。

    A．输出与输入之间有信号通路

    B．电路中存在反向传输的信号通路

    C．除放大电路外还有信号通道

42．根据反馈的极性，反馈可分为（   ）反馈。

    A．直流和交流   B．电压和电流   C．正和负   D．串联和并联

43．在放大电路中，为了稳定 Q 点，可以引入（   ）。

    A．直流负反馈   B．交流负反馈   C．交流正反馈   D．交直流负反馈

44. 根据取样方式，反馈可分为（　　　）反馈。

    A．直流和交流　　　　B．电压和电流　　　　C．正和负　　　　D．串联和并联

45. 负反馈多用于（　　　）。

    A．改善放大器的性能　　B．产生振荡　　　　C．提高输出电压　　　　D．提高电压增益

46. 正反馈多用于（　　　）。

    A．改善放大器的性能　　B．产生振荡　　　　C．提高输出电压　　　　D．提高电压增益

47. 交流负反馈是指（　　　）。

    A．只存在于阻容耦合电路中的负反馈

    B．交流通路中的负反馈

    C．变压器耦合电路中的负反馈

    D．直流通路中的负反馈

48. 若反馈信号正比于输出电压，则该反馈为（　　　）反馈。

    A．串联　　　　B．电流　　　　C．电压　　　　D．并联

49. 差分放大电路能够（　　　）。

    A．提高输入电阻　　　　B．降低输出电阻

    C．克服温漂　　　　D．提高电压放大倍数

50. 差分放大电路的差模信号是两个输入信号的（　　　）。

    A．和　　　　B．差　　　　C．乘积　　　　D．平均值

51. 差分放大电路的共模信号是两个输入信号的（　　　）。

    A．和　　　　B．差　　　　C．乘积　　　　D．平均值

52. 差分放大电路由双端输出变为单端输出，则差模电压增益（　　　）。

    A．增加　　　　B．减小　　　　C．不变

习题 9

9-1. 一个如图 9.45（a）所示的共发射极放大电路中的三极管具有如图 9.45（b）所示的输出特性，静态工作点 Q 和直流负载线已在图上标出（不包含加粗线）。

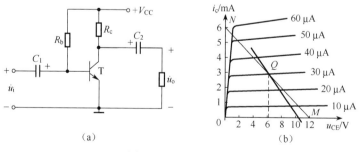

图 9.45　习题 9-1 图

（1）确定 V_{CC}、R_c 和 R_b（设 U_{BE} 可以略去不计）。

（2）若输入电流 $i_b = 18\sin\omega t$（μA），在保证放大信号不失真的前提下，为了尽可能减小直流损耗，应如何调整电路参数？调整后的参数可取为多大？

9-2. 放大电路如图 9.46（a）所示，其三极管输出特性曲线如图 9.46（b）所示（不包含加粗线和细的输出电压波形线），（各电容容抗可忽略不计），$U_{BE} = 0.7\text{V}$。已知：

$R_{b1}=550\text{k}\Omega$，$R_c=3\text{k}\Omega$，$R_L=3\text{k}\Omega$，$V_{CC}=24\text{V}$，$R_{e1}=0.2\text{k}\Omega$，$R_{e2}=0.3\text{k}\Omega$，$\beta=100$

（1）计算静态工作点。

（2）作出直流负载线，并标出静态工作点 Q。

（3）若基极电流分量 $i_b=20\sin\omega t\ (\mu\text{A})$，画出输出电压 u_o 的波形图，并求其幅值 U_{om}。

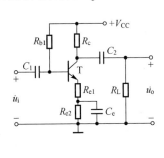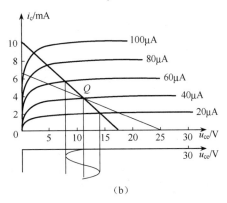

（a）　　　　　　　　　　　　　　（b）

图 9.46　习题 9-2 图

9-3．分压式偏置电路如图 9.47（a）所示。其三极管输出特性曲线如图 9.47（b）所示，$R_{b1}=15\text{k}\Omega$，$R_{b2}=62\text{k}\Omega$，$R_c=3\text{k}\Omega$，$R_L=3\text{k}\Omega$，$V_{CC}=24\text{V}$，$R_e=1\text{k}\Omega$，三极管的 $\beta=50$，$r_{bb'}=200\Omega$，饱和压降 $U_{CES}=0.7\text{V}$，$r_s=100\Omega$。

（1）估算静态工作点 Q。

（2）求最大输出电压幅值 U_{om}。

（3）计算放大器的 A_u、R_i、R_o 和 A_{us}；

（4）若电路其他参数不变，问电阻 R_{b2} 为多大时，$U_{CE}=4\text{V}$？

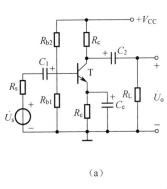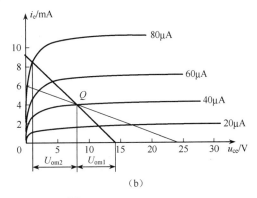

（a）　　　　　　　　　　　　　　（b）

图 9.47　习题 9-3 图

9-4．用示波器观察如图 9.48（a）所示电路中的集电极电压波形时，如果出现如图 9.48（b）所示的三种情况，试说明各是哪一种失真。应该调整哪些参数以及如何调整才能使这些失真分别得到改善？

9-5．放大电路如图 9.49 所示，已知 $V_{CC}=10\text{V}$，$R_{b1}=4\text{k}\Omega$，$R_{b2}=6\text{k}\Omega$，$R_e=3.3\text{k}\Omega$，$R_c=R_L=2\text{k}\Omega$，三极管的 β 为50，$r_{bb'}=100\Omega$，$U_{BE}=0.7\text{V}$，各电容的容抗均很小。

（1）求放大电路的静态工作点 $Q(I_{CQ}=?U_{CEQ}=?)$。

（2）求 R_L 未接入时的电压放大倍数 A_u。

（3）求 R_L 接入后的电压放大倍数 A_u；

（4）若信号源有内阻 r_s，当 r_s 为多少时才能使此时的源电压放大倍数 $|A_{us}|$ 降为 $|A_u|$ 的一半？

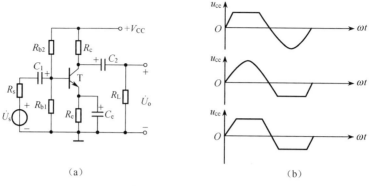

（a）　　　　　　　　　　　　　　　　　（b）

图 9.48　习题 9-4 图

9-6．图 9.50 所示电路中的运算放大器为理想集成运算放大器，$R_1 = 2\text{k}\Omega$，$R_2 = 3\text{k}\Omega$，$R_3 = 12\text{k}\Omega$，$R_4 = 1\text{k}\Omega$，$R_p = 4\text{k}\Omega$，则其输出电压 u_o 为多少？

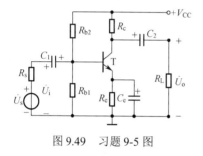

图 9.49　习题 9-5 图

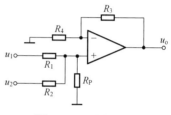

图 9.50　习题 9-6 图

第 10 章

直流稳压电源

知识目标

①了解直流稳压电源的组成及技术指标；②理解整流电路、滤波电路和串联型稳压电路的工作原理；③掌握直流稳压电路的元器件选择、三端集成稳压器的选型及应用电路。

技能目标

①能够正确地选择整流元件、滤波元件及稳压器件，来设计直流稳压电源电路；②能对直流稳压电源常见故障做出正确的判断并能进行维修；③能够用三端集成稳压器设计和制作稳压电源。

电子设备和自动控制装置等都需要电压稳定的直流电源供电，直流稳压电源就是运用各种半导体技术，将交流电变为直流电的装置。最简单的小功率直流稳压电源是将 220V、50Hz 的交流电进行变压、整流、滤波和稳压后得到的，其组成如图 10.1 所示，主要应用于各种小型家用电子产品。

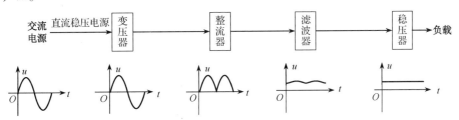

图 10.1　小功率直流稳压电源的组成

电网的交流电压经过变压器降压和整流器整流作用变换成所需大小的单相脉动电压，再经过滤波器的滤波作用，减小脉动电压的脉动成分变换成波动较小的平滑的直流电压，此电源可用于少数对直流稳压电源要求不高的场合。对于多数的电子设备，此电源还需经过稳压器的稳压作用，减小由于电网电压波动或者电路负载变化引起的输出电压的不稳定成分，从而输出稳定的直流电压，保证设备的正常工作。

10.1　单相桥式整流电路

微课：整流滤波电路

利用二极管的单向导电性将交流电变换成单向脉动直流电的过程称为整流。能实现整流功能的电子电路称为整流电路，又称整流器。单相整流电路可分为半波整流电路和全波整流电路。

半波整流电路虽然结构简单、所用元器件少，但效率低、输出纹波较大，因此在电源电路中很少使用。应用较广泛的是单相桥式整流电路。

10.1.1　电路结构

单相桥式整流电路由电源变压器 T、四个同型号的二极管 VD_1、VD_2、VD_3、VD_4 和负载 R_L 组成，其中二极管 VD_1、VD_2、VD_3、VD_4 构成整流桥，如图 10.2 所示。

市面上已经将四只二极管制作在一起，封装成一个器件，称为整流堆，如图 10.3（a）所示。其性能比较好，有 a、b、c、d 四个端子，a、b 端为交流电压输入端，无极性，c、d 端为直流输出端，c 为正极性端，d 为负极性端。图 10.3（b）为桥式整流电路的简化画法。

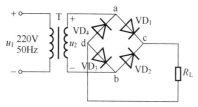

图 10.2　单相桥式整流电路

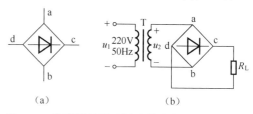

图 10.3　整流堆符号及桥式整流电路的简化画法

10.1.2　工作原理

变压器将电网电压变换成整流电路所需要的交流电压 u_2（又称二次电压），为讨论问题方便，认为电源变压器和二极管均为理想器件：变压器的输出电压稳定，且内阻忽略不计；二极管正向导通压降和反向截止电流均忽略不计。设二次电压 $u_2 = \sqrt{2}U_2 \sin \omega t$，$U_2$ 为二次电压的有效值，$\sqrt{2}U_2$ 为二次电压的最大值，波形如图 10.4 所示。

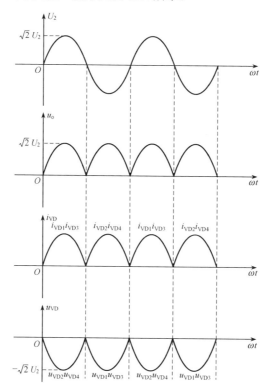

图 10.4　二次电压、输出电压、二极管电流及电压波形图

（1）u_2 的正半周。a 端极性为正，b 端极性为负时，VD_1、VD_3 承受正向电压而导通，此时有电流通过 R_L，电流的路径为 a $\to$ VD_1 $\to$ R_L $\to$ VD_3 $\to$ b；同时 VD_2、VD_4 承受反向电压而截止（注意二极管不能被击穿），忽略二极管 VD_1、VD_3 正向导通压降，则有 $u_o = u_2$，即负载 R_L 上得到一个随 u_2 变化的半波电压。

（2）u_2 的负半周。b 端极性为正，a 端极性为负时，VD_2、VD_4 承受正向电压而导通，此时有电流通过 R_L，电流的路径为 b $\to$ VD_2 $\to$ R_L $\to$ VD_4 $\to$ a；同时 VD_1、VD_3 承受反向电压而截止（同样二极管不能被击穿），忽略二极管 VD_2、VD_4 正向导通压降，则有 $u_o = -u_2$，即负载 R_L 上得到一个随 $-u_2$ 变化的半波电压。

由以上分析可知，当二次电压 u_2 完成一次周期性变化，每只二极管在正、负半周各导通一次，正、负半周通过负载 R_L 的电流（输出电流）方向始终相同，负载 R_L 上得到单方向的脉动直流电压 u_o，波形如图 10.4 所示。

10.1.3　输出电压的平均值、二极管的平均电流和最大反向电压

1. 输出电压的平均值 U_o

经桥式整流后，输出脉动电压的平均值 U_o：

$$U_o = \frac{1}{\pi}\int_0^\pi u_2 \mathrm{d}\omega t = \frac{1}{\pi}\int_0^\pi \sqrt{2}u_2 \sin\omega t \mathrm{d}\omega t = \frac{2\sqrt{2}}{\pi}U_2 \approx 0.9U_2$$

即桥式整流电路输出电压的平均值为二次电压有效值的 0.9 倍。

2. 流过每只二极管的平均电流 I_D

先计算流过负载的平均电流 I_o

$$I_o = \frac{U_o}{R_L} = \frac{0.9U_2}{R_L}$$

再计算流过每只二极管的平均电流 I_D，由于每只二极管只有半个周期导通，负载在整个周期都有电流通过，所以不难理解流过每只二极管的平均电流 I_D 只有输出电流平均值 I_o 的一半，即

$$I_D = \frac{1}{2}I_o = 0.45\frac{U_2}{R_L}$$

3. 二极管承受的最大反向电压 U_{DRM}

由于二极管为理想元件，忽略其导通时的压降，当两只二极管截止时，每只二极管承受的反向电压为二次电压 u_2，所以每只二极管承受的最大反向电压为二次电压的最大值，即

$$U_{DRM} = \sqrt{2}U_2$$

工程应用上，为了保证二极管正常工作，一般要求二极管的最大整流电流应大于流过二极管平均电流的 2～3 倍，即 $I_F > (2\sim3)I_D$，且二极管的最大反向工作电压应大于 $\sqrt{2}U_2$。

【**例 10.1**】图 10.2 所示的单相桥式整流电路有一直流负载，要求电压为 $U_o = 36V$，电流为 $I_o = 10A$，（1）试选用所需的整流元器件；（2）若 VD_2 因故损坏开路，求 U_o 和 I_o，并画出其波形。（3）若 VD_2 短路，会出现什么情况？

解：（1）二次电压的有效值为 $U_2 = \dfrac{U_o}{0.9} = 1.1U_o = 40V$

流过每只二极管电流的平均值　$I_D = \dfrac{1}{2}I_o = 5A$

负载电阻为 $$R_L = \frac{U_o}{I_o} = 3.6\Omega$$

二极管承受的最大反向电压为 $U_{DRM} = \sqrt{2}U_2 \approx 1.4 \times 40 = 56$（V）。根据二极管选用要求，其整流电流 $I_F \geqslant (2\sim3)I_D = (10\sim15)A$，可取 $I_F = 10A$；最大反向工作电压应大于 56V，可选用额定整流电流为 10A，最大反向工作电压为 100V 的 2CZ-10 型整流二极管。

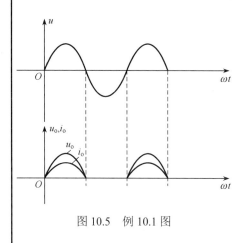

图 10.5　例 10.1 图

（2）当 VD_2 因故损坏开路时，只有 VD_1、VD_3 在正半周导通，而负半周时 VD_1、VD_3 均截止，而 VD_4 也因为 VD_2 开路而不能导通，因此电路只有半个周期是导通的，相当于半波整流电路，输出只有桥式整流电路输出电压、电流的一半，即

$$U_o = 0.45U_2 = 18V \qquad I_o = \frac{U_o}{R_L} = 5A$$

$$I_D = I_o = 5A \qquad U_{DRM} = \sqrt{2}U_2 = 56V$$

输出电压 u_o、电流 i_o 的波形如图 10.5 所示。

（3）若 VD_2 短路，在正半周电流的流向为：

$$a \rightarrow VD_1 \rightarrow VD_2 \rightarrow b$$

此时负载被短路，电源变压器二次回路中电流迅速增大，可能烧坏变压器和二极管。

10.2　滤波电路

经整流后的脉动直流电中含有大量的交流成分，这种交流成分可以理解为纹波电压。为了获得平滑的直流电压，通常需要在整流电路后面加上滤波电路，以减少输出电压的脉动成分。

10.2.1　电容滤波电路

1. 电路组成及原理

图 10.6 所示为桥式整流电容滤波电路。在整流电路与负载之间并联一只较大容量的电容，即构成最简单的电容滤波电路。该电路利用电容两端的电压在电路状态改变时不能突变的特性实现滤波。

具体原理分析如下。

u_2 的正半周上升时，VD_1、VD_3 导通，一方面给负载供电，另一方面给电容充电。如果忽略变压器的内阻和二极管导通时的压降，充电时间常数为 $\tau = 2R_DC$，其中 R_D 为一只二极管导通时的电阻，其值非常小，因此充电时间常数很小。所以电容两端的电压 u_C 与 u_2 几

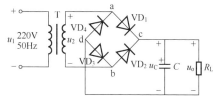

图 10.6　桥式整流电容滤波电路

乎同步上升，即 $u_o = u_C = u_2$，直到 u_C 充电到 u_2 的最大值 $\sqrt{2}U_2$。

u_2 开始下降时，u_C 大于 u_2，VD_1、VD_3 截止，电容两端的电压 u_C 经负载 R_L 放电，由于放电时间常数为 $\tau = R_LC$，其值一般较大，电容两端的电压 u_C 按指数规律缓慢下降，与 u_2 下降不同步，直到 u_2 负半周，其绝对值大于 u_C，VD_2、VD_4 导通，再次对电容 C 充电，电容两端的电压 u_C 又与 u_2 几乎同步上升。

由以上分析可知，经电容滤波后，输出电压纹波显著减小，变得平滑，波形图如图 10.7 所

示；同时输出电压的平均值 U_o 也增大了。输出电压的平均值 U_o 的大小与 C、R_L 有关，C 一定时，R_L 越大，电容的放电时间越长，其放电速度越慢，输出电压就越平滑，输出电压的平均值 U_o 就越大。当负载 R_L 开路（R_L 为无穷大）时，$U_o = \sqrt{2}U_2$，因此其值在 $0.9U_2 \sim \sqrt{2}U_2$ 范围内波动。

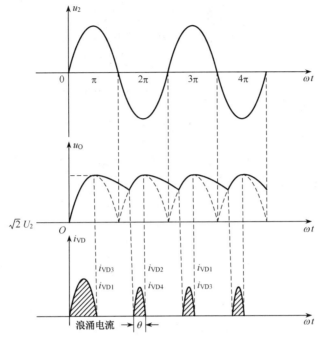

图 10.7　桥式整流电容滤波电路中电压、电流波形

2．电路元件的选择

为了获得良好的滤波效果，要求放电时间常数 τ 大于交流电压的周期 T，在工程上一般取

$$\tau = R_L C \geqslant (3 \sim 5)\frac{T}{2}$$

式中，T 为输入交流电压的周期，此时输出电压的平均值可采用下面的公式估算：

$$U_o = 1.2U_2$$

值得注意的是，在整流电路采用电容滤波后，只有当 $|u_2| \geqslant u_C$ 时二极管才导通，所以二极管的导通时间缩短，一个周期导通的导通角 $\theta < \pi$，如图 10.7 所示。由于电容充电的瞬间电流很大，形成浪涌电流，容易损坏二极管，所以对整流二极管的整流电流的选择要放宽松，保证有足够的电流余量，一般可按 $I_F = (2 \sim 3)I_o$ 来选择二极管。

【例 10.2】图 10.6 所示桥式整流电容滤波电路中，交流电源频率 $f = 50\text{Hz}$，$R_L = 200\Omega$，变压器的二次电压为 $U_2 = 25\text{V}$。试估算直流输出电压，并选择整流二极管及滤波电容。

解：（1）选择整流二极管。

输出直流电压的平均值：$U_o = 1.2U_2 = 1.2 \times 25\text{V} = 30\text{V}$

输出电流的平均值：$I_o = \dfrac{U_o}{R_L} = \dfrac{30\text{V}}{200\Omega} = 0.15\text{A}$

流过二极管的平均电流：$I_D = \dfrac{1}{2}I_o = 0.075\text{A}$

二极管承受的最大反向电压：$U_{DRM} = \sqrt{2}U_2 = 35\text{V}$

考虑到电容滤波，为了保证留有足够的电流余量，可选择最大整流电流为 250mA，最大反向工作电压为 50V 的 2CP31B。

（2）选择滤波电容。

放电时间常数 $\tau = R_L C \geqslant (3 \sim 5)\dfrac{T}{2}$，取 $\tau = R_L C = 4 \times \dfrac{T}{2} = 2T = 0.04\text{s}$，求得 $C = 200\mu\text{F}$。

所以可选择 $C = 200\mu\text{F}$、耐压为 50V 的电解电容器。

电容滤波电路结构简单，输出电压平均值较高，脉动成分较小；但电路的负载能力不强，特别是负载电阻较小的时候，不宜用电容滤波。电容滤波电路一般用于要求输出电压较高、输出电流较小的场合。

10.2.2 其他形式的滤波电路

1．电感滤波电路

如图 10.8 所示，在整流电路与负载之间串联一只电感 L，即构成最简单的电感滤波电路。其原理是电感阻碍负载电流变化、使之趋于平直。整流电路输出电压中，其直流分量因电感近似短路而全部加在负载两端；其交流分量因电感的感抗远大于负载电阻而大部分加在电感两端，负载上的交流成分很小，这样对负载而言就实现了滤除交流分量的目的。其特点为带负载能力强，输出电压比较稳定。电感滤波电路适用于输出电压较低、负载变化较大的场合，但电感含铁芯线圈，体积大且笨重，价格较高，在工程上多用于大电流整流。

2．π型 LC 滤波电路

图 10.9 所示为 π 型 LC 滤波电路，由于电容 C_1、C_2 对交流的容抗很小，可理解为交流成分主要从电容支路流过；而电感对交流的阻抗很大，其通直流、阻交流作用，使得交流电压分量主要加在电感上，这样，负载上的纹波电压进一步减小，输出直流电压更加平滑，即滤波效果更好。如果负载电流较小，可用电阻代替电感组成 π 型 RC 滤波电路，但电阻要消耗功率，所以此时电源的功率损耗较大，效率降低。

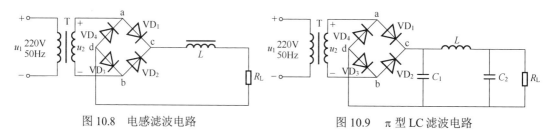

图 10.8　电感滤波电路　　　　　图 10.9　π 型 LC 滤波电路

10.3　串联型稳压电路

经整流滤波后得到的平滑直流电压，往往会随交流电源电压的波动和负载的变化而变化，许多电子设备都需要稳定的直流电压，因此，还需要一个稳压环节，将平滑的直流电压变换成稳定的直流电压，能实现此功能的电子电路称为稳压电路。

10.3.1 串联型稳压电路的组成和原理

微课：串联型稳压电路

1．电路组成

图 10.10 所示为串联型稳压电路框图，它由调整管、取样电路、基准电压电路和比较放大电路四部分组成。由于调整管与负载串联，所以称为串联型稳压电路。

图 10.11 所示为串联型稳压电路，其中 VD_1 为调整管，它工作在线性放大区，故又称线性

稳压电源，它的基极电流受集成运算放大器的输出信号控制，通过控制基极电流 I_B 就可以改变集电极电流 I_C 和集电极-发射极电压 U_{CE}，从而调整输出电压；电阻 R_1、R_2、R_P 组成取样电路，串联的分压电路将输出电压的一部分取出，送到集成运算放大器的反相输入端；稳压管 VD_Z 和限流电阻 R_3 组成提供基准电压的电路，将基准电压 U_Z 送到集成运算放大器的同相输入端。

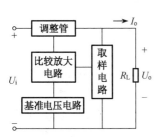

图 10.10　串联型稳压电路框图

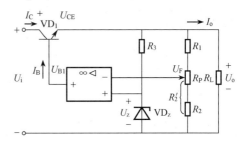

图 10.11　串联型稳压电路

2．稳压原理

当电源电压 U_i 升高或负载电阻 R_L 增加（负载电流减小）而引起输出电压 U_o 升高时，取样电压 U_F 就增大，基准电压 U_Z 不变，U_Z 与 U_F 的差值减小，经过集成运算放大器放大后使调整管的基极电压 U_{B1}、基极电流 I_B、集电极电流 I_C 减小，使集电极-发射极电压 U_{CE} 增大，这样输出电压 $U_o = U_i - U_{CE}$ 就会减小，从而使稳压电路输出电压升高的趋势受到抑制，稳定了输出电压。同理，当输入电压减小或负载电阻减小引起输出电压下降时，电路将产生与前面相反的稳压过程，也能维持输出电压的稳定。整个稳压过程是瞬间自动完成的。

由电路可知：
$$U_i = U_{CE} + U_o, \quad U_o = U_i - U_{CE}$$

$$U_F = \frac{R_2'}{R_1 + R_2 + R_P} U_o$$

式中，R_2' 为电位器 R_P 触点以下部分的电阻和 R_2 电阻之和。由于 $U_F \approx U_Z$，所以稳压电路输出电压 U_o 为

$$U_o = \frac{R_1 + R_2 + R_P}{R_2'} U_Z$$

由此可知，通过调节电位器 R_P 的触点，即可调节输出电压 U_o 的大小。

10.3.2　直流稳压电源的主要技术指标

直流稳压电源的技术指标主要有两种：一种是特性指标，包括输入电压及其变化范围、输出电压及其调整范围、额定输出电流及过电流保护电流值等；另一种是质量指标。

1．稳压系数 γ

稳压系数是指在负载电流和环境温度不变的情况下，输出电压和输入电压的相对变化量之比，即

$$\gamma = \frac{\Delta U_o / U_o}{\Delta U_i / U_i}$$

它是衡量稳压电源性能优劣的重要指标，其值越小性能越优。

2．温度系数 S

温度系数是指输入电压和负载电流不变时，温度变化所引起的输出电压相对变化量与温度变化量之比，即

$$S = \frac{\Delta U_{\mathrm{o}} / U_{\mathrm{o}}}{\Delta T}$$

它是衡量电路在环境温度变化时电源输出电压波动程度的指标，温度系数越小，则电源的性能越优良。

3．纹波电压及纹波抑制比 S_{R}

纹波电压是指叠加在直流输出电压上的交流电压，常用有效值或峰峰值来表示。在电容滤波电路中，负载电流越大，纹波电压也越大。

纹波抑制比 S_{R} 定义为稳压电路输入纹波电压峰值 U_{IPP} 与输出纹波电压峰值 U_{OPP} 之比，并用对数表示，即

$$S_{\mathrm{R}} = 20 \lg \left(\frac{U_{\mathrm{IPP}}}{U_{\mathrm{OPP}}} \right) \mathrm{dB}$$

S_{R} 表示稳压电路对输入端输入的纹波电压的抑制能力。

4．输出电阻 r_{o}

在负载电流和环境温度不变的情况下，由负载变化所引起的输出电压与输出电流两者的变化量之比称为输出电阻，一般取绝对值，即

$$r_{\mathrm{o}} = \left| \frac{\Delta U_{\mathrm{o}}}{\Delta I_{\mathrm{o}}} \right|$$

它是衡量稳压电源输出电流变化时输出电压稳定程度的重要指标，其值越小，性能越优。

10.4 线性集成稳压电路

线性集成稳压电源具有体积小、使用方便灵活、工作可靠、价格低廉等特点。集成稳压电源的种类繁多，其中最为简单的线性集成稳压模块因只有三个引脚，故称为三端集成稳压器，它分为三端固定输出集成稳压器和三端可调输出集成稳压器。

10.4.1 三端固定输出集成稳压器

微课：线性集成稳压器

1．内部结构

图 10.12 为 CW7800 系列集成稳压器内部电路组成框图，它采用了串联型稳压电源的电路，并增加了启动电路和保护电路，使用时更加安全可靠。

启动电路是集成稳压器中的一个特殊环节，其作用是在输入 U_{i} 后，帮助集成稳压器快速建立输出电压 U_{o}；CW7800 系列集成稳压器中有比较完善的对调整管的保护电路，具有过电流、过电压和过热保护功能。具体来说，当输出电流过大或短路时，过电流保护电路动作以限制调整管电流的增加；当输入、输出电压差过大，即

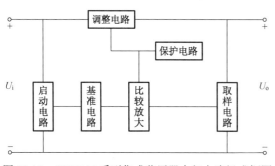

图 10.12 CW7800 系列集成稳压器内部电路组成框图

调整管 C、E 之间的压降 U_{CE} 超过一定值后，过电压保护电路动作，自动降低调整管的电流，以限制调整管的功耗，使之处于安全工作状态；过热保护电路是在芯片温度上升到允许的最大值时，迫使输出电流减小，降低芯片的功耗，从而避免稳压器过热而损坏。其余部分的工作原

理与串联型稳压电源相同。另外，调整管采用复合管，取样电路电阻分压器的分压比恒定，从而使输出电压恒定。

三端固定输出集成稳压器的通用产品有 CW7800 系列（输出正电压）和 CW7900 系列（输出负电压），其内部电路和工作原理基本相同。输出电压的大小由后两位数字表示，有±5V、±6V、±9V、±12V、±15V、±18V、±24V 等。其额定输出电流由 78（或 79）后面所加字母来表示，L 表示该产品额定输出电流为 0.1A，M 表示该产品额定输出电流为 0.5A，无字母表示该产品额定输出电流为 1.5A。例如，CW7806 表示输出电压为+6V，额定输出电流为 1.5A。CW79M12 表示输出电压为-12V，额定输出电流为 0.5A。

2. 产品及参数

图 10.13 所示为 CW7800 系列塑料封装和金属封装的三端固定输出集成稳压器的外形、引脚排列及符号，三个引脚分别为输入端、输出端和接地端（GND）。为了使集成稳压管长期正常地工作，应保证其散热良好，金属封装的集成稳压器输出电流较大，使用时需要加上足够面积的散热片，其主要参数如下。

（1）最大输入电压 U_{imax}：指整流滤波电路输出电压允许的最大值，超过该值则集成稳压器的输出电压不能稳定在额定值。

（2）输出电压 U_o：集成稳压器固定输出的稳定电压额定值。

（3）最大输出电流 I_{omax}：指集成稳压器正常工作时，输出电流允许的最大值。

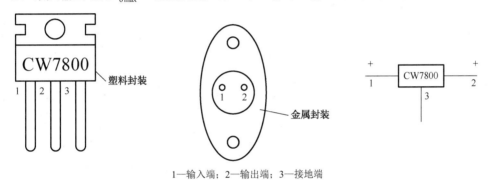

1—输入端；2—输出端；3—接地端

图 10.13　CW7800 系列三端固定输出集成稳压器的外形、引脚排列及符号

3. 典型应用电路

（1）CW7800 系列集成稳压器的基本稳压电路如图 10.14 所示。为保证集成稳压器正常工作，要求输入电压的最小值应超过输出电压 3V 以上。电路中输入电容 C_1 和输出电容 C_2 分别用来减小输入电压 U_i 的脉动和改善负载的瞬态响应，在输入线较长时，输入电容 C_1 可抵消输入线的电感效应，防止自激振荡。输出电容 C_2 保证瞬时增减负载电流时不至于引起输出电压 U_o 有较大的波动，C_1、C_2 在 0.1～1 μF 之间。VD 是保护二极管，用来防止在输入端短路时输出电容 C_3 所存储电荷通过集成稳压器放电而损坏器件，CW7900 系列的接线基本与 CW7800 系列相同。

（2）输出电压扩展电路。图 10.15 所示电路中 I_Q 为集成稳压器的静态工作电流，一般为 5mA，U_{XX} 为集成稳压器的标称输出电压，要求

$$I_1 = \frac{U_{XX}}{R_1} \geq 5I_Q$$

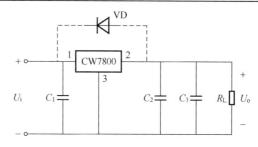

图 10.14　CW7800 系列集成稳压器的基本稳压电路

由稳压器电路的可知，输出电压 U_o 为

$$U_o = U_{XX} + (I_1 + I_Q)R_2 = U_{XX} + \left(\frac{U_{XX}}{R_1} + I_Q\right)R_2 = \left(1 + \frac{R_2}{R_1}\right)U_{XX} + I_Q R_2$$

若忽略 I_Q 的影响，则有

$$U_o \approx \left(1 + \frac{R_2}{R_1}\right)U_{XX}$$

因此，通过提高 R_2 与 R_1 的比值，就可以提高输出电压 U_o 的值。该电路的缺点是，当输入电压变化时，输出电流 I_o 也随之变化，从而降低了集成稳压器输出电压的精确度。

（3）输出正、负电压的电路。采用三端集成稳压器 CW7812 和 CW7912，组成具有同时输出 +12V 和 -12V 电压的稳压电路，如图 10.16 所示。

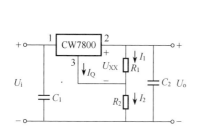

图 10.15　输出电压扩展电路

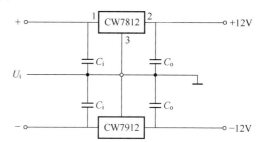

图 10.16　同时输出正、负电压的稳压电路

（4）电流源电路。将集成稳压器输出端串入适当阻值的电阻，就可以构成输出电流恒定的电流源电路。图 10.17 所示电路中，使用 CW7805 集成稳压器，电源输入电压 $U_i = 10\text{V}$，输出电压 $U_{23} = 5\text{V}$，由电路可知负载电阻 R_L 上的电流恒定，其值为

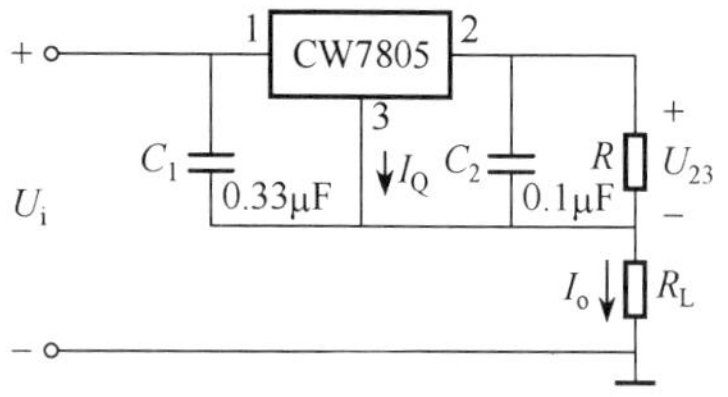

$$I_o = \frac{U_{23}}{R} + I_Q$$

要求 $\dfrac{U_{23}}{R} \gg I_Q$，所以电流源的输出电流为

$$I_o \approx \frac{U_{23}}{R}$$

图 10.17　恒流源电路

10.4.2　三端可调输出集成稳压器

三端可调输出集成稳压器有 CW117、CW217、CW317 系列（输出正电压）和 CW137、CW237、CW337 系列（输出负电压）。每个系列的内部电路和工作原理基本相同，只是工作温度不同，如 CW117、CW217、CW317 的工作温度分别为 -55～150℃、-25～150℃、0～125℃。根据输

出电流的大小，每个系列又可以分为 L 系列（$I_o \leqslant 0.1A$）、M 系列（$I_o \leqslant 0.5A$），其三端的引脚为输入端、输出端和调整端（ADJ）。其典型应用电路如图 10.18 所示。

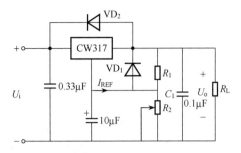

图 10.18　三端可调输出集成稳压器的典型应用电路

当输入电压在 2～24V 范围内变化时，电路都能正常工作，输出端 2 脚与调整端 1 脚之间提供 1.25V 的基准电压 U_{REF}，基准电源的工作电流 I_{REF} 很小，约为 50mA。由电路可知输出电压 U_o 为

$$U_o = \frac{U_{REF}}{R_1}(R_1 + R_2) + I_{REF}R_2 \approx U_{REF}\left(1 + \frac{R_2}{R_1}\right)$$

调节 R_2 就可以实现输出电压的调节，若 $R_2 = 0$，则输出电压 U_o 最小，最小值为 $U_{REF} = 1.25V$；随着 R_2 的增大，U_o 也增大；当 R_2 达到最大值时，U_o 也达到最大值。因此 R_2 应按最大输出电压值来选择。

10.5　Multisim 仿真实验：桥式整流电容滤波电路

1．仿真原理图（见图 10.19）

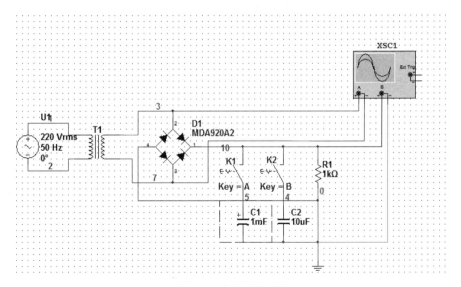

图 10.19　仿真原理图

2．仿真过程

（1）全波整流（K1、K2 断开）后的脉动直流波形如图 10.20 所示。

（2）10μF 电容滤波（K1 断开、K2 闭合）后的纹波电压波形如图 10.21 所示。

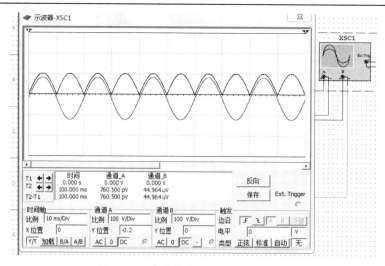

图 10.20 全波整流后的脉动直流波形

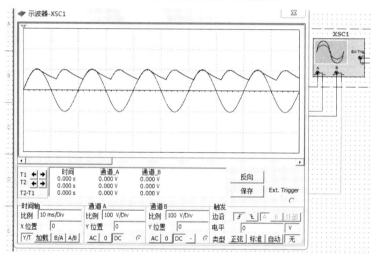

图 10.21 10μF 电容滤波后的纹波电压波形

（3）1000μF 电容滤波（K1 闭合、K2 断开）后的平滑直流电压波形如图 10.22 所示。

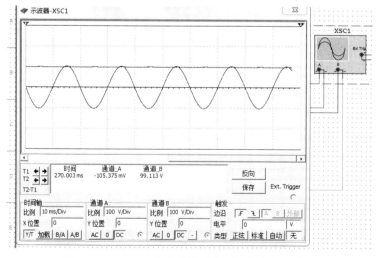

图 10.22 1000μF 电容滤波后的平滑直流电压波形

本章小结

（1）直流稳压电源将交流电变换成稳定的直流电，它是电子设备中的重要组成部分。小功率直流稳压电源由电源变压器、整流电路、滤波电路和稳压电路等部分组成。直流稳压电源的技术指标主要有稳压系数、温度系数、纹波电压及纹波抑制比、输出电阻。

（2）整流电路利用二极管的单向导电性，将交流电压变换成脉动的直流电压。通常用整流堆构成桥式全波整流电路；电容滤波电路利用电容两端的电压不能突变的原理，消除脉动电压中的纹波电压而变换成平滑的直流电压。应用时要正确选择整流元件、滤波元件。

（3）稳压电路的作用是当交流电源电压波动或负载变化时，稳定输出电压。串联型稳压电路中调整管与负载串联，且工作在线性放大状态。它由调整管、基准电压电路、取样电路和比较放大电路组成，在此基础上发展了线性集成稳压器，并得到了广泛的应用。

（4）三端集成稳压器仅有输入、输出、接地（或调整）三个端子，使用方便灵活，稳压性能好，工作可靠，价格低廉；有固定输出和可调输出两种，均有正、负电源两类，产品系列繁多。

自我评价

一、填空题

1．小功率直流稳压电源一般由＿＿＿＿、＿＿＿＿、＿＿＿＿和＿＿＿＿组成。

2．桥式整流电容滤波电路的交流输入电压有效值为 U_2，电路参数选择合适，则输出电压 $U_o=$＿＿＿＿，当负载电阻开路时，$U_o=$＿＿＿＿，当滤波电容开路时，$U_o=$＿＿＿＿。

3．串联型三极管稳压电路主要由＿＿＿＿、＿＿＿＿、＿＿＿＿和＿＿＿＿四部分组成。

4．线性集成稳压器内部是在串联型稳压电路基础上增加了＿＿＿＿和＿＿＿＿。它们的调整管都工作在＿＿＿＿状态。

5．在单相桥式整流电路中，如果负载电流为 10A，则流过每只二极管的电流为＿＿＿＿。

6．电容滤波是利用电容具有对交流电的阻抗＿＿＿＿、对直流电的阻抗＿＿＿＿的特性。

7．如果用万用表测得稳压电路中稳压管两端的电压为 0.7V，这是由＿＿＿＿造成的。使它恢复正常的方法是＿＿＿＿。

8．基本的稳压电路有＿＿＿＿和＿＿＿＿两种。

9．三端集成稳压器有＿＿＿＿端、＿＿＿＿端和＿＿＿＿端三个端子。

二、判断题

10．单相桥式整流电路中流过每只二极管的电流与负载电流相等。　　　　　（　　）

11．当工作电流超过最大稳定电流时，稳压二极管将不起稳压作用，但并不损坏。（　　）

12．串联型稳压电路是靠调整管 C、E 两极间的电压来实现稳压的。　　　（　　）

13．桥式整流电路加电容滤波后，可以增大输出电压。　　　　　　　　　（　　）

三、选择题

14．交流电通过整流电路后，所得到的输出电压是（　　）。

　　A．交流电压　　　　　　　　　　　　　B．稳定的直流电压

　　C．脉动的直流电压　　　　　　　　　　D．纹波电压

15. 在单相桥式整流电路中，如果一只整流二极管接反，则（　　　）。

    A．将引起电源短路　　　　　　　　　B．将成为半波整流电路

    C．仍有整流作用，但输出电压减小　　D．电路将没有整流作用

16. 在单相桥式整流电路中，如果一只整流二极管因故损坏而开路，则（　　　）。

    A．将引起电源短路　　　　　　　　　B．将成为半波整流电路

    C．仍有整流作用，但输出电压减小　　D．电路将没有整流作用

17. 将交流电变为单向脉动直流电的电路称为（　　　）电路。

    A．变压　　　　　　B．整流　　　　　　C．滤波　　　　　　D．稳压

18. 桥式整流电容滤波电路的二次电压的有效值为 10V，输出电压为 9V，说明电路中（　　　）。

    A．滤波电容开路　　B．滤波电容短路　　C．负载开路　　D．负载短路

19. 下列型号中属于线性正电源可调输出集成稳压器的是（　　　）。

    A．CW317　　　　　B．CW7915　　　　C．CW7805　　　D．CW137

习题 10

10-1. 在单相桥式整流电路中，已知变压器的二次电压有效值为 $U_2 = 60\text{V}$，负载电阻为 $2\,\text{k}\Omega$，若不计二极管导通压降和变压器的内阻，求：（1）输出电压的平均值 U_o；（2）通过变压器二次绕组的电流有效值 I_o；（3）确定流过二极管的平均电流 I_D 和二极管承受的最大反向工作电压 U_DRM。

10-2. 在单相桥式整流电容滤波电路中，已知交流电源的 $f = 50\text{Hz}$，$U_2 = 15\text{V}$，$R_\text{L} = 50\,\Omega$。试确定滤波电容的大小，并求输出电压 U_o、流过二极管的平均电流 I_D 及各管承受的最大反向工作电压 U_DRM。

10-3. 在单相桥式整流电容滤波电路中，已知 $R_\text{L} = 20\,\Omega$，交流电源频率为 50Hz，要求输出电压 $U_\text{o} = 12\text{V}$，试求变压器二次电压有效值 U_2，并选择整流二极管和滤波电容。

10-4. 在图 10.11 所示的串联型稳压电路中，已知 $R_1 = 1\,\text{k}\Omega$，$R_\text{P} = 2\,\text{k}\Omega$，$R_2 = 2\,\text{k}\Omega$，$R_\text{L} = 1\text{k}\Omega$，$U_\text{z} = 6\text{V}$，$U_\text{i} = 15\text{V}$，试求输出电压的调节范围、输出电压最小时调整管所承受的功耗。

10-5. 试说明图 10.23 所示电路中各元器件的作用，并指出电路在正常工作时的输出电压。

10-6. 在图 10.24 所示电路中，已知集成稳压器的静态电流为 $I_\text{Q} = 5\text{mA}$，试求通过 R_2 的电流 I_o。

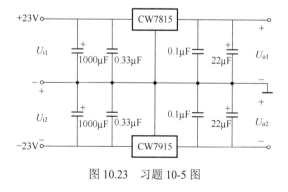

图 10.23　习题 10-5 图

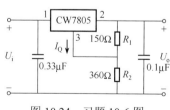

图 10.24　习题 10-6 图

10-7. 电路如图 10.25 所示，试回答下列问题：（1）电路由哪几部分组成？各组成部分包括哪些元器件？（2）输出电压 U_o 是多少？

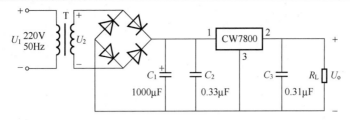

图 10.25   习题 10-7 图

10-8. 在图 10.26 所示电路中，已知基准电压为 1.25V，试求输出电压的调节范围。

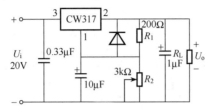

图 10.26   习题 10-8 图

第 11 章

数字电路基础

知识目标

①理解数字信号及其特点；②掌握数制及数制间的转换；③掌握各种基本逻辑门和复合逻辑门的逻辑功能及波形分析方法；④理解 OC 门、三态门、CMOS 门电路的工作原理。

技能目标

①掌握 TTL 集成逻辑门、CMOS 集成逻辑门的特点及使用注意事项；②熟悉集成芯片的引脚排列、使用方法。

数字电路是计算机、数据通信、控制等领域的技术支撑，是现代电子技术中重要的技术之一。本章主要介绍数字信号的特点、逻辑门、复合逻辑门、数制及数制转换等数字电路基础知识，最后介绍了构成数字集成电路的两大系列，即 TTL 集成逻辑门和 CMOS 集成逻辑门的特点及其使用方法与注意事项。

11.1　数字电路概述

前几章讨论的电路中，电信号在时间和幅度上都是连续变化的，如正弦交流电压、电台的广播信号等，这些信号称为模拟信号。传输、处理模拟信号的电路称为模拟电路。在工程上还有一种电信号，在时间和数值上都是断续变化的，如电器的开关控制信号、计算机键盘输入的信息等，具有这样特征的信号称为数字信号，也称脉冲信号，相应传输、处理数字信号的电路称为数字电路。

微课：数字电路概述

11.1.1　数字信号及其特点

数字信号的电压或电流从波形上看是跳跃变化的脉冲，常见的有方波、三角波、尖脉冲等，如图 11.1 所示。

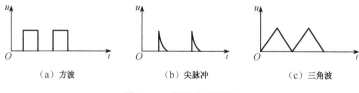

（a）方波　　　　　　（b）尖脉冲　　　　　　（c）三角波

图 11.1　常见脉冲信号

实际的脉冲信号波形并不像图 11.1 所示那样理想。图 11.2 所示为一种常见的方波脉冲实际波形，需要用以下参数来描述其波形特征。

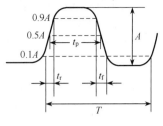

图 11.2　脉冲参数

（1）脉冲幅度 A：脉冲变化的最大值。

（2）脉冲周期上升沿 t_r：从脉冲幅度的 10%上升到 90%所需的时间。

（3）脉冲下降沿 t_f：从脉冲幅度的 90%下降到 10%所需的时间。

（4）脉冲宽度 t_p：从上升沿的 50%处到下降沿的 50%处所需的时间，也称为脉冲持续时间。

（5）脉冲周期 T：周期性脉冲相邻两个上升沿同一点（如都在 10%处）的时间间隔。

（6）脉冲频率 f：脉冲周期的倒数，$f=1/T$。

正逻辑与负逻辑：在数字电路中，信号不再用"伏特"或"安培"来衡量大小，而是用某一时刻信号的高、低电平来表示两种状态，通常用没有单位的 0、1 来区分，称之为逻辑状态。根据"1""0"代表的逻辑状态的含义不同，有正、负逻辑之分。用"1"表示高电平，"0"表示低电平，称为正逻辑；反之称为负逻辑。数字电路既可用正逻辑表示，也可用负逻辑表示，但不可在同一逻辑电路中同时采用两种逻辑系统。因此数字电路也称为数字逻辑电路或逻辑电路。通常如无特殊说明，一律认为是正逻辑表示法。

虽然在数字电路中不考虑信号电压值的大小，但数字信号产生与传输过程中，信号波形的幅度可能发生畸变。对高、低电平的电压摆幅往往需定义一个范围，如在双极型 TTL 电路中，通常规定高电平在 2.8~3.6V 之间，低电平在 0.5V 以下。CMOS 电路是电压控制电路，高电平往往接近电源电压，低电平在 0.2 倍的电源电压以下。

11.1.2　数字电路的特点

数字电路用二值信息表示脉冲的有、无或电平的高、低。数字电路在电路结构、工作状态、研究内容和分析方法等方面都与模拟电路不同，它具有以下特点。

（1）数字电路处理脉冲信号，信号用 0、1 两种逻辑状态来表示，无"值"的意义。

（2）数字电路研究的主要问题是电路的输入信号（0 和 1）与输出信号（0 和 1）间的逻辑关系。对数字电路通常进行两类研究，一类是对已有电路分析其逻辑功能，称为逻辑分析；另一类是按逻辑功能要求设计电路，称为逻辑设计。

（3）分析方法与模拟电路完全不同，主要用逻辑函数表达式、真值表、卡诺图进行分析。

（4）数字电路能对数字信号 0 和 1 进行各种逻辑运算和算术运算，并进行逻辑推理和逻辑判断，因而广泛应用于数控设备、智能仪表、数字通信、计算机处理等领域。

11.1.3　数字电路的分类

（1）按集成度分类，可分为小规模数字集成电路（SSI，每片数十个器件）、中规模数字集成电路（MSI，每片数百个器件）、大规模数字集成电路（LSI，每片数千个器件）和超大规模数字集成电路（VLSI，每片器件数目大于 1 万个）。集成电路从应用的角度又可分为通用型和专用型两大类型。

（2）按所用器件制作工艺的不同，可分为双极型（TTL 型）和单极型（MOS 型）两种类型。

（3）按照电路的结构和工作原理的不同，可分为组合逻辑电路和时序逻辑电路。组合逻辑电路没有记忆功能，其输出信号只与当时的输入信号有关，而与电路以前的状态无关。时序逻辑电路具有记忆功能，其输出信号不仅与当时的输入信号有关，而且与电路以前的状态有关。

11.2 基本逻辑关系与逻辑门

11.2.1 逻辑关系、逻辑函数与逻辑变量

微课：基本逻辑关系与逻辑代数

所谓逻辑关系，是指"条件"与"结果"间的关系。在数字电路中，"条件"即输入信号，"结果"即输出信号，输入和输出之间的因果关系也就是电路的逻辑功能。

在分析逻辑电路时，通常将反映条件的输入信号用字母 A、B、C、…表示，反映结果的输出信号通常用字母 X、Y、Z 表示，它们的取值都只有 0 和 1 两种，仅表示两种相互对立的逻辑状态。输入条件 A、B、C 称为逻辑变量，输出结果 Y 称为逻辑结果，它们之间的关系表达式称为逻辑函数 f，记作：

$$Y=f（A，B，C，…）$$

基本的逻辑关系有"与""或""非"三种，相应的基本逻辑运算为与运算、或运算、非运算，对应的门电路为与门、或门、非门。因此，"与""或""非"逻辑关系是研究数字逻辑电路的基础，下面分别加以介绍。

11.2.2 与逻辑、与门

1. 与逻辑关系和与运算符号

与逻辑又称为逻辑与或逻辑乘，它表示只有当决定某一事件的全部条件都具备之后，该事件才发生，否则必不发生的一种因果关系。

图 11.3（a）所示电路中，只有当开关 A 与 B 都闭合时，灯泡 Y 才亮；若开关 A 和 B 中有一个不闭合，灯泡 Y 就不亮。这种因果关系就是与逻辑关系，可表示如下。

$$Y=A·B$$

读作"A 与 B"，式中的"·"表示"与运算"或者"逻辑乘"，与普通代数中的乘号一样，它可省略不写，也可省略不读。与运算符号如图 11.3（b）所示。

在分析数字逻辑电路时，通常还可用真值表描述电路的逻辑关系。所谓真值表，就是将输入、输出相互对应的全部逻辑状态列在一个表格内，它可以清楚地表示因果关系的全部组合。

在真值表中，通常将条件"真"用 1 表示，条件"假"用 0 表示；输出结果为"真"用 1 表示，否则用 0 表示。在图 11.3 所示的电路中，如果用 1 表示开关闭合，用 0 表示开关断开，灯泡亮用 1 表示，灯泡灭用 0 表示，则可列出两个输入变量的与逻辑真值表，如表 11-1 所示。填写真值表时，将输入变量 A、B 的各种变化按顺序全部列出，不能有遗漏。

（a）与逻辑电路示意图　　　（b）与运算符号

图 11.3　与逻辑电路和与运算符号

表 11-1　与逻辑真值表

A B	Y
0 0	0
0 1	0
1 0	0
1 1	1

通过分析真值表，可总结与逻辑的规律为：输入有 0，输出为 0；输入全 1，输出为 1。

2. 与门电路及其功能

使电路的输入、输出之间实现与运算的独立电路称为与门电路，简称与门。用二极管构成的与门电路如图 11.4 所示，其中二极管视为理想器件，则电路功能如下。

（1）只要 A、B 两个输入端的输入中有一个为低电平，则其相应的二极管导通，输出为 0V（低电平），与另外一个二极管输入端状态无关。

（2）只有当 A、B 两个输入端的输入同时为高电平时，两个二极管同时截止，输出为 5V，即高电平。

如果 A、B 两个输入端输入的是变化的数字信号，则按照与门电路的逻辑功能，可以画出与门的波形图，如图 11.5 所示。

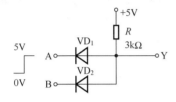

图 11.4　二极管与门电路

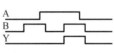

图 11.5　与门波形图

3. 常用与门芯片

与门芯片有很多型号，如单片包含四个 2 输入端与门的 74LS08，单片包含两个 4 输入端与门的 74LS21 等。这两种芯片的引脚排列分别如图 11.6 和图 11.7 所示。

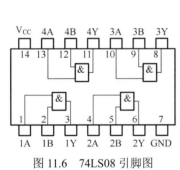

图 11.6　74LS08 引脚图

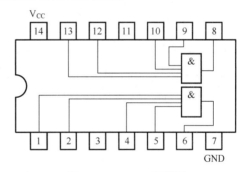

图 11.7　74LS21 引脚图

11.2.3　或逻辑、或门

1. 或逻辑关系和或运算符号

或逻辑又称逻辑加，它表示在决定某事件的诸条件中，只要有一个或一个以上的条件具备，该事件就会发生；当所有条件都不具备时，该事件才不发生的一种因果关系。

图 11.8（a）所示电路中，只要开关 A 或 B 中任一个闭合，灯泡 Y 就亮；开关 A、B 都不闭合，灯泡 Y 才不亮。这种因果关系就是或逻辑关系，可表示如下。

$$Y = A + B$$

读作 "A 或 B"，式中的 "+" 表示 "或运算" 或者 "逻辑加"，或运算符号如图 11.8（b）所示。

两个输入变量的或逻辑真值表如表 11-2 所示。

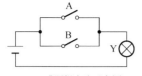

（a）或逻辑电路示意图

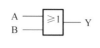

（b）或运算符号

图 11.8　或逻辑电路和或运算符号

表 11-2　或逻辑真值表

A	B	Y
0	0	0
0	1	1
1	0	1
1	1	1

通过分析真值表，可总结或逻辑的规律为：输入有 1，输出为 1；输入全 0，输出为 0。

2．或门电路及其功能

用二极管构成的或门电路如图 11.9 所示，其电路功能如下。

（1）当 A、B 两个输入端的输入中有一个为高电平，则该二极管导通，输出为 5V（高电平），与另外一个二极管输入端状态无关。

（2）只有 A、B 两个输入端的输入同时为低电平时，两个二极管同时截止，输出为 0V，即低电平。

如果 A、B 两个输入端输入的是变化的数字信号，则按照或门电路的逻辑功能，可以画出或门的波形图，如图 11.10 所示。

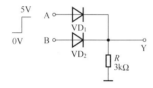

图 11.9　二极管或门电路

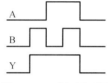

图 11.10　或门波形图

3．常用或门芯片

常用的或门芯片型号也比较多，如单片包含四个 2 输入端或门的 74LS32、CD4071，还有单片包含两个 4 输入端或门的 CD4072。74LS32 的引脚图如图 11.11 所示。

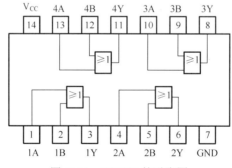

图 11.11　74LS32 的引脚图

11.2.4　非逻辑、非门

1．非逻辑关系与符号

非逻辑又称逻辑非或逻辑反，它表示决定某事件的唯一条件不满足时，该事件就发生；而条件满足时，该事件反而不发生的一种因果关系。图 11.12（a）所示电路中，开关 A 闭合时（逻辑取值 1），灯泡 Y 不亮（逻辑取值 0）；开关 A 断开时，灯泡 Y 才亮。这种因果关系就是非逻辑关系，可表示如下。

$$Y = \overline{A}$$

读作"A 非"或"非 A"，在逻辑运算中非逻辑称为"求反"。非运算符号如图 11.12（b）所示。

非逻辑真值表如表 11-3 所示。

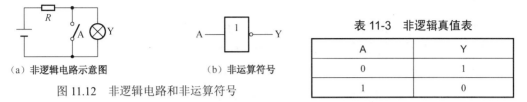

（a）非逻辑电路示意图　　（b）非运算符号

图 11.12　非逻辑电路和非运算符号

表 11-3　非逻辑真值表

A	Y
0	1
1	0

非逻辑规律为：输出状态与输入状态相反，因此通常又称为反相器。

2．非门电路及其功能

由三极管构成的非门电路如图 11.13 所示，图中三极管工作在开关状态。

（1）当输入端 A 的输入为 1 时（高电平），三极管饱和导通，$U_{CE} \approx 0.3V$，相当于开关闭合，输出端近似于被短路到地，输出为低电平。

（2）当输入端 A 的输入为 0 时（低电平），三极管截止，相当于开关断开，输出端电位近似于电源电压，输出为高电平。

如果输入端输入的是变化的数字信号，则非门波形图如图 11.14 所示。

图 11.13　三极管非门电路　　　　　　图 11.14　非门波形图

3．常用非门芯片

常用非门芯片型号比较多，如单片包含六个非门的 74LS04、CD4069 等。六反相器 74LS04 的引脚图如图 11.15 所示。

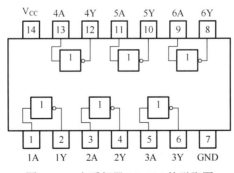

图 11.15　六反相器 74LS04 的引脚图

11.3　复合逻辑门

事物的实际逻辑关系往往比较复杂，如果在实际工程中仅使用基本逻辑门会使电路变得繁杂且不容易识读，因此工程中常将几种类型的基本逻辑门组合使用。由两种或两种以上的基本逻辑门组成的逻辑门称为复合逻辑门，简称复合门。常用的复合门有与非门、或非门、与或非门、异或门、同或门等。

11.3.1 与非门

将一个与门和一个非门按图 11.16（a）所示连接，就构成一个与非门。图 11.16（b）所示为三端输入与非门的逻辑符号，其逻辑函数表达式为先"与"后"非"。

$$Y = \overline{A \cdot B \cdot C} = \overline{ABC}$$

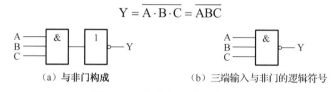

（a）与非门构成   （b）三端输入与非门的逻辑符号

图 11.16 与非门及其逻辑符号

与非门的真值表如表 11-4 所示，其规律是"有 0 得 1，全 1 为 0"。

根据与非门"有 0 得 1，全 1 为 0"的逻辑规律，可以画出输出 Y 与输入的波形关系，如图 11.17 所示。

常用的与非门芯片有 74LS00、74LS08、CD4011、CD4023 等。

表 11-4 与非门真值表

A	B	C	Y
0	0	0	1
0	0	1	1
0	1	0	1
0	1	1	1
1	0	0	1
1	0	1	1
1	1	0	1
1	1	1	0

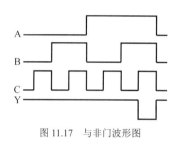

图 11.17 与非门波形图

11.3.2 或非门

把一个或门和一个非门连接起来就构成或非门，或非门及其逻辑符号如图 11.18 所示，其逻辑函数表达式为先"或"后"非"。

$$Y = \overline{A + B + C}$$

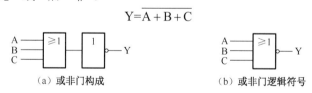

（a）或非门构成   （b）或非门逻辑符号

图 11.18 或非门及其逻辑符号

或非门的真值表如表 11-5 所示，其规律是"有 1 得 0，全 0 为 1"。

根据或非门"有 1 得 0，全 0 为 1"的逻辑规律，可以画出输出与输入的波形关系，如图 11.19 所示。

常用的或非门芯片有 74LS02、74LS260、CD4025、CD4077 等。

表 11-5 或非门真值表

A	B	C	Y
0	0	0	1
0	0	1	0
0	1	0	0
0	1	1	0
1	0	0	0
1	0	1	0
1	1	0	0
1	1	1	0

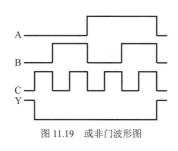

图 11.19 或非门波形图

11.3.3 与或非门

把两个与门、一个或门和一个非门连接起来，就构成了与或非门。与或非门及其逻辑符号如图 11.20 所示，它有多个输入端、一个输出端。其逻辑函数表达式为先两两相"与"后"或"再"非"。

$$Y = \overline{AB + CD}$$

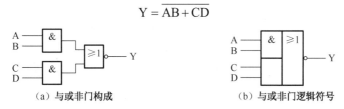

（a）与或非门构成　　　　　　　　（b）与或非门逻辑符号

图 11.20 与或非门及其逻辑符号

与或非门真值表如表 11-6 所示。与或非门的逻辑功能是：只要有一组与门输入端输入全为高电平，则输出为低电平；只要每组输入端输入都有一个为低电平，则输出为高电平。

表 11-6 与或非门真值表

A	B	C	D	Y
0	0	0	0	1
0	0	0	1	1
0	0	1	0	1
0	0	1	1	0
0	1	0	0	1
0	1	0	1	1
0	1	1	0	1
0	1	1	1	0
1	0	0	0	1
1	0	0	1	1
1	0	1	0	1
1	1	0	0	0
1	1	0	1	0
1	1	1	0	0
1	1	1	1	0

根据与或非门的逻辑功能，可以画出其波形图，如图 11.21 所示。

常用的与或非门芯片有 74LS50、74LS260、CD4085、CD4086 等。

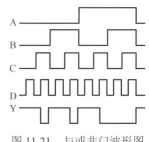

图 11.21　与或非门波形图

11.3.4　异或门与同或门

1. 异或门

当两个输入变量的取值相同时，输出为 0；当两个输入变量的取值相异时，输出为 1。这种逻辑关系称为异或逻辑。实现异或逻辑的门电路称为异或门，其逻辑符号及其波形图如图 11.22 所示。异或门的逻辑函数表达式为：

$$Y = A \cdot \overline{B} + \overline{A} \cdot B = A \oplus B$$

异或门真值表如表 11-7 所示。其逻辑功能为：输入相异，输出为高电平；输入相同，输出为低电平。

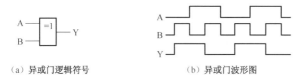

（a）异或门逻辑符号　　　　（b）异或门波形图

图 11.22　异或门逻辑符号及其波形图

表 11-7　异或门真值表

A　B	Y
0　0	0
0　1	1
1　0	1
1　1	0

常用的异或门芯片有 74LS86、74LS136、CD4030、CD4070 等。

2. 同或门

同或门与异或门的逻辑关系正好相反，即同或门的两个输入相同时输出为高电平，输入相异时输出为低电平。同或门的逻辑函数表达式为：

$$Y = \overline{A}\ \overline{B} + AB = A \odot B$$

同或门的逻辑符号如图 11.23（a）所示，其波形图如图 11.23（b）所示。

同或门真值表如表 11-8 所示，其逻辑功能可总结为：输入相同，则输出为高电平；输入相异，则输出为低电平。

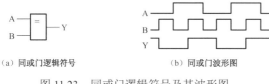

（a）同或门逻辑符号　　　　（b）同或门波形图

图 11.23　同或门逻辑符号及其波形图

表 11-8　同或门真值表

A　B	Y
0　0	1
0　1	0
1　0	0
1　1	1

3. 异或门与同或门的关系

由上可知，异或门与同或门的逻辑关系正好相反，故有

$$A \oplus B = \overline{A \odot B} \quad 或 \quad A \odot B = \overline{A \oplus B}$$

没有独立同或门集成芯片，在实际应用中通常用异或门加非门构成同或门，如图 11.24 所示。

图 11.24　用异或门加非门构成同或门

11.4　逻辑门的电路类型

11.4.1　半导体器件的开关特性

1．二极管的开关特性

微课：集成逻辑门电路及芯片

二极管的单向导电性，使其很容易实现开关功能，如图 11.25 所示。当在二极管两端施加正向电压时二极管进入导通状态，内阻很小，相当于闭合的开关；当施加反向电压时二极管进入截止状态，若不计反向漏电流，则相当于断开的开关。

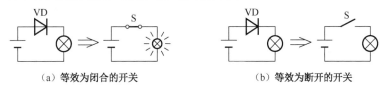

（a）等效为闭合的开关　　　　　（b）等效为断开的开关

图 11.25　二极管的开关特性

在数字逻辑电路中，利用二极管的单向导电性可以进行逻辑电平的转换。在图 11.26 所示的电路中，当输入信号为高电平时，$U_i=U_{iH}=V_{CC}$，二极管截止，输出为高电平，即 $U_o=U_{OH}=V_{CC}$；当输入信号为低电平时，$U_i=U_{iL}=0$，二极管导通，输出低电平，即 $U_o=U_{OL}=0.7V≈0$。因此，图 11.26 所示为利用二极管构成的最简单的非门电路（开关电路）。

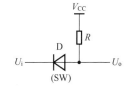

图 11.26　二极管开关电路

使用二极管构成逻辑电路时应注意两个问题：一是当输入电压 U_i 突然从 U_{iL} 跳变到 U_{iH} 时，二极管并不立即截止，而是要经过一段时间，这段时间称为反向恢复时间，反向恢复时间限制了二极管开关电路的开关速度；二是二极管的正向导通压降一般可以忽略不计，但当多个二极管构成串联开关电路时，输出电压 U_o 为几个二极管正向导通压降之和，其值可能达到临界高电平，造成逻辑错误。

2．双极型三极管的开关特性

从图 11.27（a）所示的双极型三极管的输出特性曲线可知，三极管有三个工作区：放大区、截止区和饱和区。在开关电路中，三极管在截止区和饱和区之间转换，从而实现高低逻辑电平的转换。图 11.27（b）所示为典型的开关应用电路，图 11.27（c）所示为等效开关示意图。

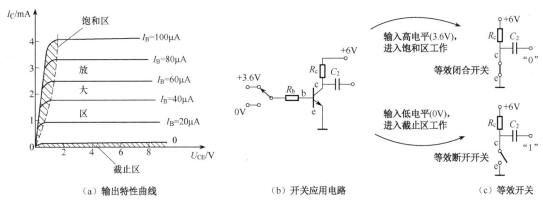

（a）输出特性曲线　　　　（b）开关应用电路　　　　（c）等效开关

图 11.27　双极型三极管的开关特性应用

三极管的开关应用应注意直流工作点的设置，确保可靠截止和饱和。当基极输入电压为低电平（0V）时，$u_{BE}=0$，发射结零偏置，集电结反向偏置，$i_C \approx 0$，三极管截止，其集电极到发射极如同断开的开关一样，此时输出电压 $u_o=U_{OH}=V_{CC}$，即输出高电平。

当基极输入高电平（图 11.27（b）中为 3.6V）时，只要合理选择参数，使得：

$$i_B \geqslant I_{BS}=V_{CC}/\beta R_c \qquad (I_{BS}：三极管的临界饱和基极电流)$$

则发射结和集电结同时正偏，三极管进入饱和区，i_C 不再随 u_{CE} 的增加而增加，c、e 间的饱和管压降 $u_{CE}=0.3V \approx 0V$，如同闭合的开关，输出电压 $u_o=U_{OL} \approx 0$，即输出低电平。

三极管工作在开关状态时，应注意由截止转换到饱和或由饱和转换到截止所需要的时间，即三极管的开关时间，一般在纳秒数量级。输入信号由 0 到 1 时，称为三极管的开启时间，用符号 t_{ON} 表示；输入信号由 1 到 0 时，称为三极管的关断时间，用符号 t_{OFF} 表示。通常三极管由饱和转换到截止所需的时间，要比由截止转换到饱和所需的时间长得多，即 $t_{OFF}>t_{ON}$。

3．MOS 管的开关特性

MOS 管属于单极型电压控制器件，与双极型三极管类似，也有三个工作区（饱和区、截止区、恒流区）。由于 MOS 管的输入阻抗高，且在噪声、热稳定性方面优于双极型三极管，因此 MOS 管在开关电路中应用较多，特别是制造 MOS 数字集成电路。图 11.28 所示为 MOS 管的开关特性应用示意图。

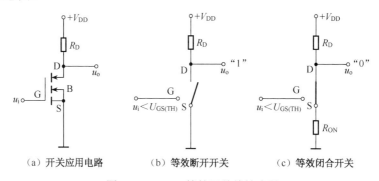

（a）开关应用电路　　　（b）等效断开开关　　　（c）等效闭合开关

图 11.28　MOS 管的开关特性应用

当输入电压 $u_i \leqslant U_{GS(TH)}$ 时，MOS 管工作于截止区，D、S 间内阻非常大（可达 109Ω），相当于断开的开关，此时 $u_o=U_{OH}=V_{DD}$，输出高电平；当 $u_i \geqslant U_{GS(TH)}$ 且满足饱和条件时，D、S 间的内阻 R_{ON} 只有千欧级，通过合理选择 R_D，可使输出电压 $u_o \leqslant U_{OL}$，输出低电平。

11.4.2　TTL 集成门电路

三极管-三极管逻辑（Transistor-Transistor-Logic，TTL）电路，属于数字集成电路的一大类。它采用双极型工艺制造，具有速度高和品种多等特点。其按产品特征分为如下四个系列。

（1）74 标准系列：典型电路与非门的平均传输时间 $t_{pd}=10ns$，平均功耗 $P=10mW$。

（2）74H 高速系列：典型电路与非门的平均传输时间 $t_{pd}=6ns$，平均功耗 $P=22mW$。

（3）74S 肖特基系列：典型电路与非门的平均传输时间 $t_{pd}=3ns$，平均功耗 $P=19mW$。

（4）74LS 低功耗肖特基系列：具有最佳的综合性能，是 TTL 电路的主流，也是应用最广的系列。其典型电路与非门的平均传输时间 $t_{pd}=9ns$，平均功耗 $P=2mW$。

下面以 74LS00 与非门为例，介绍 TTL 电路及其特点。

1．TTL 集成与非门电路

1）芯片封装及功能

图 11.29 所示为 74LS00 引脚图及内部逻辑功能示意图，其内部有四个 2 输入端与非门。双列直插式集成电路芯片引脚的分布规律是：从半圆缺口的左下角按逆时针方向依次排列，从左下角起沿逆时针方向为引脚 1～14，电源引脚和地线引脚大多呈对角线分布。

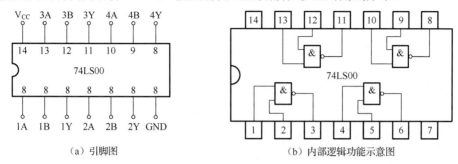

（a）引脚图　　　　　　　　　　　（b）内部逻辑功能示意图

图 11.29　74LS00 引脚图及内部逻辑功能示意图

2）内部电路

74LS00 内部单元电路如图 11.30 所示。当输入信号不全为 1 时：如 $u_A=0.3V$，$u_B=3.6V$，则 $u_{B1}=0.3+0.7=1$（V），VT_2、VT_5 截止，VT_3、VT_4 导通，忽略 i_{B3}，输出端的电位为 $u_Y \approx 5-0.7-0.7=3.6$（V），即输出高电平；当输入信号全为 1 时：如 $u_A=u_B=3.6V$，则 $u_{B1}=2.1V$，VT_2、VT_5 导通，VT_3、VT_4 截止，输出端的电位为 $u_Y=U_{CES}=0.3V$，即输出低电平。因此电路实现了两个输入端的与非功能，即 $Y=\overline{A \cdot B}$。

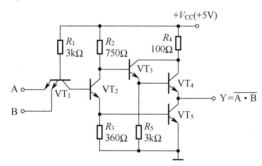

图 11.30　74LS00 内部单元电路

3）电压传输特性

电压传输特性是指门电路的输出电压 V_o 与输入电压 V_i 的关系曲线，如图 11.31 所示。

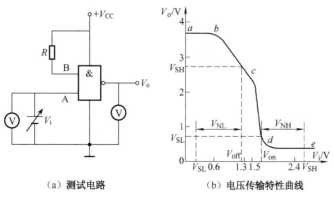

（a）测试电路　　　　　　　　　（b）电压传输特性曲线

图 11.31　TTL 与非门电压传输特性曲线

电压传输特性曲线可分成下列四段：①ab 段（截止区），$0 \leq V_i < 0.6V$，$V_o = 3.6V$；②bc 段（线性区），$0.6V \leq V_i < 1.3V$，V_o 线性下降；③cd 段（转折区），$1.3V \leq V_i < 1.5V$，V_o 急剧下降；④de 段（饱和区），$V_i \geq 1.5V$，$V_o = 0.3V$。

使用 TTL 集成门电路时，通常要求输入高电平≥2.0V，输入低电平≤0.8V。TTL 集成门电路输出的高电平>2.4V，输出低电平<0.4V，因此门电路级联时可以保证可靠工作。

4）静态参数

（1）输出高电平 V_{oH} 和输出低电平 V_{oL}。V_{oH} 的典型值为 3.6V，V_{oL} 的典型值为 0.3V。但是，实际门电路的 V_{oH} 和 V_{oL} 并不是恒定值，考虑到实际使用时的情况，手册中规定高、低电平的额定值为：$V_{oH} = 3V$，$V_{oL} = 0.35V$。有的手册中还对标准高电平（输出高电平的下限值）V_{SH} 及标准低电平（输出低电平的上限值）V_{SL} 规定：$V_{SH} \geq 2.7V$，$V_{SL} = 0.5V$。

（2）阈值电压 V_{TH}。V_{TH} 是电压传输特性曲线的转折区中点所对应的 V_i 值，是 VT$_5$ 截止与导通的分界线，也是输出高、低电平的分界线。它的含义如下。

当 $V_i < V_{TH}$ 时，与非门关闭（VT$_5$ 截止），输出为高电平；

当 $V_i > V_{TH}$ 时，与非门开启（VT$_5$ 导通），输出为低电平。实际上，阈值电压有一定的范围，通常取 $V_{TH} = 1.4V$，也常称为门槛电平。

（3）扇出系数 N。扇出系数指 TTL 与非门能够驱动同类与非门的个数，即与非门的负载能力，通常 $N \geq 8$。

（4）关门电平 V_{off} 和开门电平 V_{on}。在保证输出电压为标准高电平 V_{SH}（额定高电平的 90%）的条件下，所允许的最大输入低电平，称为关门电平 V_{off}。在保证输出电压为标准低电平 V_{SL}（额定低电平）的条件下，所允许的最小输入高电平，称为开门电平 V_{on}。V_{off} 和 V_{on} 是与非门电路的重要参数，表明正常工作情况下输入信号电平变化的极限值，同时反映了电路的抗干扰能力。一般为：$V_{off} \geq 0.8V$，$V_{on} \leq 1.8V$。

（5）平均传输延迟时间 t_{pd}。它是表征与非门开关速度的参数，一般为 3～30ns，其值越小越好。

（6）噪声容限

低电平噪声容限是指与非门截止，保证输出高电平不低于高电平下限值时，在输入低电平基础上所允许叠加的最大正向干扰电压，用 V_{NL} 表示。由图 11.31（b）可知，$V_{NL} = V_{off} - V_{SL}$；高电平噪声容限是指与非门导通，保证输出低电平不高于低电平上限值时，在输入高电平基础上所允许叠加的最大负向干扰电压，用 V_{NH} 表示。由图 11.31（b）可知，$V_{NH} = V_{SH} - V_{on}$。显然，为了提高器件的抗干扰能力，要求 V_{NL} 与 V_{NH} 越大越好。

2．具有"线与"功能的 TTL 集成与非门

在数字系统中，将多个与非门的输出端连接在一起，并实现"与"功能的方式称为"线与"。图 11.30 所示的电路不能实现"线与"功能，为此发展了能实现"线与"功能的集电极开路 OC 门（Open Collector）、三态门（Trinal State Logic，TSL）等分支。

1）集电极开路与非门（OC 门）

图 11.32 所示为 OC 门内部电路结构和逻辑符号，电路中用外接电阻 R_L 来代替图 11.30 所示电路中 VT$_3$、VT$_4$ 复合管组成的有源负载。只要外接电阻 R_L 选择恰当，既能保证输出的高、低电平符合要求，又能使输出三极管的负载电流不致过大。

OC 门的"线与"功能如图 11.33 所示，两个 OC 与非门的输出端直接连接在一起，外部接

电阻 R_L。两输出端的输出 Y_1、Y_2 只要有一个为低电平，Y 便为低电平，只有当 Y_1 和 Y_2 均为高电平时，Y 才为高电平，从而实现了 $Y=Y_1 \cdot Y_2$ 的逻辑功能，即"线与"功能。

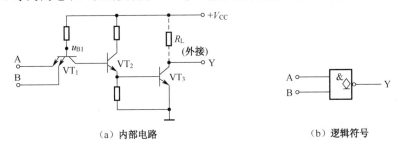

（a）内部电路　　　　　　　　　　　　（b）逻辑符号

图 11.32　OC 门内部电路结构与逻辑符号

OC 门除了用来实现"线与"功能，还可以用于电平转换及驱动电路，如图 11.34 所示。

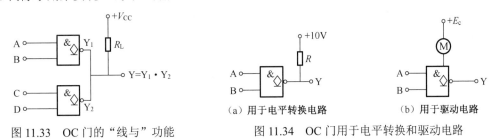

图 11.33　OC 门的"线与"功能　　　　（a）用于电平转换电路　　（b）用于驱动电路

图 11.34　OC 门用于电平转换和驱动电路

2）三态门 TSL

三态输出门又称三态门电路，它与一般门电路不同，其输出状态除高电平、低电平外，还可以出现第三个状态——高阻态，也称禁止态。三态门也能实现"线与"功能，其内部电路及逻辑符号如图 11.35 所示。

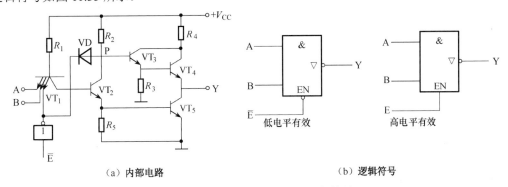

（a）内部电路　　　　　　　　　　　　（b）逻辑符号

图 11.35　三态门内部电路及逻辑符号

三态门与一般 TTL 与非门相比，在输入级多了一个控制端（或称使能端），使能端有高电平有效和低电平有效两种类型。表 11-9 为使能端低电平有效的三态门真值表。其工作状态可以总结为：

（1）当 $\overline{E}=0$ 时，P 点为高电平，二极管 VD 截止，对三态门无影响，电路处于正常工作状态，$Y=\overline{AB}$。

（2）当 $\overline{E}=1$ 时，P 点为低电平，二极管 VD 导通，使 VT_2 的集电极电压 $V_{c2}\approx1V$，因而 VT_4 截止。同时，由于 $\overline{E}=1$，因而 VT_1 的基极电压 $V_{b1}=1V$，则 VT_2、VT_5 也截止。这时从输出端看进去，电路处于高阻态。

表 11-9　三态门逻辑表

$\bar{E}$	A	B	Y
1	×	×	高阻态
0	0	0	1
0	0	1	1
0	1	0	1
0	1	1	0

三态门可以用作多路开关，用于双向传输及总线传输，如图 11.36 所示。

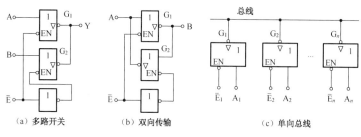

| （a）多路开关 | （b）双向传输 | （c）单向总线 |

图 11.36　三态门的应用

三态门作多路开关使用，如图 11.36（a）所示，E=0 时，门 G_1 使能，G_2 禁止，Y=A；E=1 时，门 G_2 使能，G_1 禁止，Y=B。三态门用于双向传输控制，如图 11.36（b）所示，E=0 时信号向右传送，B=A；E=1 时信号向左传送，A=B。三态门用于单向总线传输，如图 11.36（c）所示，让各门的控制端轮流处于低电平状态，即任何时刻只让一个三态门处于工作状态，而其余三态门均处于高阻态，这样总线就会轮流接收各三态门的输出。

11.4.3　CMOS 集成门电路

CMOS 集成门电路是采用互补对称场效应管构成的集成门电路，由于其在抗干扰能力、功耗方面优于 TTL 电路，且具有便于大规模集成和制造费用低等特点，因而其应用比 TTL 电路更广泛。在超大规模存储器及可编程逻辑器件中都采用了 CMOS 电路结构。

CMOS 器件系列较多，常见的 4000 系列为普通 CMOS，此外还有 HC 高速系列、HCT 高速系列（能与 TTL 兼容）、HCU 高速系列（无输出缓冲器）等。

1. CMOS 反相器

1）结构及原理

CMOS 反相器是构成 CMOS 门电路的基本单元，其原理电路如图 11.37 所示。它采用互补对称工艺，利用 P 沟道增强型 MOS 管 VT_P 作为负载管，利用 N 沟道增强型 MOS 管 VT_N 作为开关驱动管。CMOS 反相器采用正电源，要求电源电压大于两个管子的开启电压的绝对值之和，因此 CMOS 器件的工作电压范围较宽，通常可以工作在 3～18V。

其工作过程为：u_A 为低电平（0V）时，VT_N 截止，VT_P 导通。输出电压 $u_Y=V_{DD}$；u_A 为高电平（V_{DD}）时，VT_N 导通，VT_P 截止，输出电压 $u_Y=0V$。因而电路具有逻辑非关系，即

$$Y=\bar{A}$$

2）电压传输特性

电压传输特性是指输出电压随输入电压变化的曲线，即 $u_o = f(u_i)$。以 5V 工作电源为例，CMOS 反相器的电压传输特性曲线如图 11.38 所示。从图中可以看出，输入电压在电源电压的

一半时，反相器输出电平将发生翻转，翻转时的输入电压值称为阈值电压或门槛电压，用 U_{TH} 表示。CMOS 反相器的阈值电压 $U_{TH} = V_{DD}/2$。

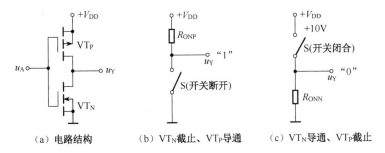

（a）电路结构　　（b）VT$_N$截止、VT$_P$导通　　（c）VT$_N$导通、VT$_P$截止

图 11.37　CMOS 反相器的原理电路

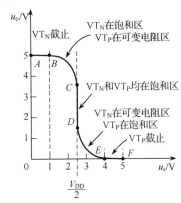

图 11.38　CMOS 反相器的电压传输特性曲线

2. CMOS 与非门和或非门

和 TTL 逻辑门一样，在 CMOS 系列产品中，除反相器外还有与门、或门、与非门、或非门、异或门等，其内部结构如图 11.39 所示。图 11.39（a）所示为 CMOS 与非门，A、B 中有一个或全为低电平时，VT$_{N1}$、VT$_{N2}$ 中有一个或全部截止，VT$_{P1}$、VT$_{P2}$ 中有一个或全部导通，输出 Y 为高电平；只有当输入 A、B 全为高电平时，VT$_{N1}$ 和 VT$_{N2}$ 才会都导通，VT$_{P1}$ 和 VT$_{P2}$ 才会都截止，输出 Y 才会为低电平。因而电路的逻辑关系实现了与非功能，即 $Y=\overline{A \cdot B}$。

图 11.39（b）所示为 CMOS 或非门，只要输入 A、B 中有一个或全为高电平，VT$_{P1}$、VT$_{P2}$ 中有一个或全部截止，VT$_{N1}$、VT$_{N2}$ 中有一个或全部导通，输出 Y 为低电平；只有当 A、B 全为低电平时，VT$_{P1}$ 和 VT$_{P2}$ 才会都导通，VT$_{N1}$ 和 VT$_{N2}$ 才会都截止，输出 Y 才会为高电平。因而电路的逻辑关系实现了或非功能，即 $Y=\overline{A+B}$。

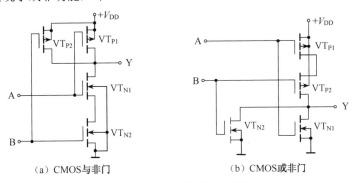

（a）CMOS 与非门　　　　（b）CMOS 或非门

图 11.39　CMOS 与非门和或非门

3. CMOS 传输门和双向模拟开关

CMOS 电路还经常被用于数据传输控制。图 11.40 所示为 CMOS 传输门的电路和符号，该

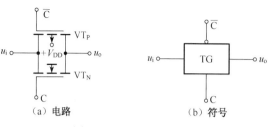

（a）电路　　　　　（b）符号

图 11.40　CMOS 传输门

电路在控制信号 C 的作用下，可实现将输入 u_i 从输入端传递到输出端的功能，即

$$u_o = u_i \mid C_{有效}$$

其工作过程：C=0、$\overline{C}$ =1，即 C 端为低电平（0V）、$\overline{C}$ 端为高电平（$+V_{DD}$）时，VT_N 和 VT_P 都不具备开启条件而截止，输入和输出之间相当于开关断开一样。②C=1、$\overline{C}$ = 0，即 C 端为高电平（$+V_{DD}$）、$\overline{C}$ 端为低电平（0V）时，VT_N 和 VT_P 都具备了导通条件，输入和输出之间相当于开关闭合一样，$u_o = u_i$。

CMOS 传输门实现了将输入端数字信号传递到输出端的单向条件传输。利用 MOS 管的漏极、栅极的结构对称、可以互换的特点，传输门稍加改进可实现双向传输功能，即输入端和输出端可以互换。具有双向传输功能的传输门称为双向开关，也称为双向模拟开关，它不仅可以传递数字信号，还可以传递模拟信号。常用的双向模拟开关有 CC4066 四模拟开关、CC40518 选 1 模拟开关、CC4052 双四选一模拟开关等。

11.4.4　集成逻辑门电路的使用常识

在数字系统中，每一种集成门电路都有其特点，在电路选型时，必须根据需要首先选定逻辑门的类型，然后确定合适的集成逻辑门的型号。TTL 集成逻辑门和 CMOS 集成逻辑门的使用，应注意下列事项。

1. TTL 集成逻辑门使用注意事项

（1）电源供电电压应严格控制在 4.5～5.5V 范围内。

（2）对输入端的要求。各输入端不能直接接在高于 5.5V 的电源上，也不能与低于 0.5Ω 内阻的电源连接，以免因过热而烧坏电路；带扩展的 TTL 电路，其扩展端不允许直接接电源，否则将损坏器件。

（3）对输出端的要求。输出端不允许直接接电源；除 OC 门外，普通 TTL 与非门输出端不允许并联使用；为避免容性负载的瞬时过电流，一般应接入限流电阻。

（4）多余输入端的处理。为保证电路可靠工作，避免感应干扰信号，多余的或暂时不用的输入端不应悬空，可采用以下方法进行处理：①并接到使用的输入端上；②按不同门的逻辑定义接电源或地，通常与非门通过限流电阻接电源，或非门接地或接低电平。

（5）为避免在门电路的使用过程中干扰信号的侵入，保证电路稳定工作，在逻辑门芯片的电源引脚和地引脚间并接几十微法的低频去耦电容和 0.01~0.047μF 的高频去耦电容，以防止 TTL 电路的动态尖峰电流产生的干扰，保证整个装置有良好的接地系统。

2. CMOS 集成逻辑门使用注意事项

（1）CMOS 器件由于输入阻抗高，为防止被静电荷击穿而损坏，存放时通常应做屏蔽处理（存放在金属容器内或用金属箔将引脚短路）；组装调试时，人员、工具都必须良好接地，不应用手直接接触芯片及引脚。

（2）电源供电电压应通常在 3～18V 范围内。

（3）多余输入端不允许悬空，在不改变逻辑关系的前提下可以并联起来使用，也可根据逻辑关系的要求接地或接高电平。

（4）与 TTL 电路芯片一样，使用中应对电源和地引脚进行去耦处理。

（5）CMOS 电路和 TTL 电路之间一般不能直接连接，而须利用接口电路进行电平转换或电流变换后才可连接，使前级器件的输出电平及电流满足后级器件对输入电平及电流的要求，并不得对器件造成损害。

11.5　数制与编码

数制就是计数的方法，它规定了数的进位方式和计数的制度。数字系统中常采用的数制有十进制、二进制、八进制和十六进制。为了区分不同数制表示的数，可以用括号加数制基数下标的方式，如十进制用 $(N)_{10}$ 或 $(N)_D$ 表示，二进制用 $(N)_2$ 或 $(N)_B$ 表示，十六进制用 $(N)_{16}$ 或 $(N)_H$ 表示。

11.5.1　数制

微课：数制与编码

1．十进制

十进制是人们习惯采用的一种数制，它用 0、1、2、3、4、5、6、7、8、9 这 10 个符号（称为数码）表示数。10 是十进制的基数，向高位数进位的规则是"逢十进一"，给低位借位的规则是"借一当十"。

十进制数采用位置计数法，数制中数码处于不同位置（或称数位）所代表的数的含义是不同的。例如十进制数 $(9635.28)_{10}$，数码 9 处于千位，所代表的数为 9000，即 9×10^3；3 处于十位，所代表的数为 30，即 3×10^1；而 2 处于十分位，它所代表的数为 2/10，即 2×10^{-1}。把表示某一数位上单位有效数字所代表的实际数值称为位权，简称权，十进制的位权是以 10 为底的整数幂。十进制数 $(9635.28)_{10}$ 的加权系数展开式为

$$(9635.28)_{10} = 9 \times 10^3 + 6 \times 10^2 + 3 \times 10^1 + 5 \times 10^0 + 2 \times 10^{-1} + 8 \times 10^{-2}$$

任意一个十进制数 N 都可以用加权系数展开式来表示，对于有 n 位整数和 m 位小数的十进制数，其加权系数展开式为

$$(N)_{10} = a_{n-1} \times 10^{n-1} + a_{n-2} \times 10^{n-2} + \cdots + a_1 \times 10^1 + a_0 \times 10^0 + a_{-1} \times 10^{-1} + a_{-2} \times 10^{-2} + \cdots + a_{-m} \times 10^{-m}$$

$$= \sum_{i=n-1}^{-m} a_i \times 10^i$$

式中，N 的下标 10 表示 N 为十进制数；a_i 为第 i 位的系数，取值为 0，1，…，9 中的某一个数。

2．二进制

二进制数是用 0、1 两个数码来表示的数，在数字技术及计算机中得到广泛应用。它的基数为 2，进位规则是"逢二进一"，借位规则是"借一当二"。二进制数也采用位置计数法，其位权是以 2 为底的整数幂。例如，二进制数 $(110.11)_2$ 的加权系数展开式为

$$(110.11)_2 = 1 \times 2^2 + 1 \times 2^1 + 0 \times 2^0 + 1 \times 2^{-1} + 1 \times 2^{-2}$$

对于有 n 位整数、m 位小数的二进制数，其加权系数展开式为

$$(N)_2 = a_{n-1} \times 2^{n-1} + a_{n-2} \times 2^{n-2} + \cdots + a_1 \times 2^1 + a_0 \times 2^0 + a_{-1} \times 2^{-1} + a_{-2} \times 2^{-2} + \cdots + a_{-m} \times 2^{-m}$$

$$= \sum_{j=n-1}^{-m} a_j \times 2^j$$

式中，a_j 为第 j 位的系数，它为 0 和 1 中的某一个数。

3．十六进制

十六进制以 16 为基数，采用 0、1、2、3、4、5、6、7、8、9、A、B、C、D、E、F 共 16

个数码来表示数，其中 A～F 这 6 个字母分别代表十进制 10～15 这 6 个数字。各位的位权是以 16 为底的整数幂，进位规则是"逢十六进一"，借位规则是"借一当十六"。例如，十六进制数 $(1A2.D)_{16}$ 的加权系数展开式为

$$(1A2.D)_{16} = 1 \times 16^2 + 10 \times 16^1 + 2 \times 16^0 + 13 \times 16^{-1}$$

以上三种数制各有优缺点，十进制是人们最熟悉且在生活中应用最多的数制，但不便于在数字电路和计算机中使用。因为电路中难以保证 10 个稳定的状态与数码相对应；二进制只有两种状态，可以用电路的高、低电平来对应，但因为基数小，表示数字时位数较多，不易读写；十六进制基数大，表示数字时位数较少，书写起来也简洁，但不直观。因此，在不同的应用场合往往需要采用不同的数制，数制之间常需要进行转换。

11.5.2　数制间的转换

1．非十进制数转换成十进制数

二进制数、十六进制数转换成十进制数采用"按权相加"的方法，首先把待转换的数字写成加权系数展开式，然后按十进制加法规则求和即可。

【例 11.1】将 $(1010111.1011)_2$ 转换为十进制数。

解：
$$(1010111.1011)_2 = 2^6 + 2^4 + 2^2 + 2^1 + 2^0 + 2^{-1} + 2^{-3} + 2^{-4}$$
$$= 64 + 16 + 4 + 2 + 1 + 0.5 + 0.125 + 0.0625 = 87.6875$$

【例 11.2】将 $(2FF)_{16}$ 转换为十进制数。

解：
$$(2EF)_{16} = 2 \times 16^2 + 14 \times 16^1 + 15 \times 16^0$$
$$= 512 + 224 + 15 = 751$$

2．十进制数转换为二进制数

十进制数转换为二进制数时，由于整数和小数的转换方法不同，可先将十进制数的整数部分和小数部分分别转换后，再加以合并。

1）十进制整数转换为二进制整数

十进制整数转换为二进制整数采用"除 2 取余，逆序排列"法。可做法是：用 2 去除十进制整数，可以得到一个商和余数；再用 2 去除商，又会得到一个商和余数，如此进行，直到商为零时为止，然后把先得到的余数作为二进制数的低位有效位，后得到的余数作为二进制数的高位有效位，依次排列起来。

【例 11.3】把 $(168)_{10}$ 转换为二进制数。

解：

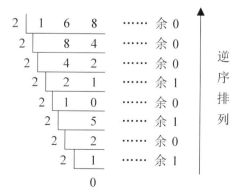

结果：$(168)_{10} = (10101000)_2$。

2）十进制小数转换为二进制小数

十进制小数转换成二进制小数采用"乘 2 取整,顺序排列"法。具体做法是:用 2 乘以十进制小数,可以得到积,将积的整数部分取出,再用 2 乘以余下的小数部分,又得到一个积,再将积的整数部分取出,如此进行,直到积中的小数部分为零,或者达到所要求的精度为止。

然后把取出的整数部分按顺序排列起来,先取的整数作为二进制小数的高位有效位,后取的整数作为低位有效位。

【例 11.4】把 $(0.8125)_{10}$ 转换为二进制小数。

解:

```
        0.8125
    ×       2
   ────────────
      1.6250 ········ 取整数:1
       .6250
    ×       2
   ────────────
      1.2500 ········ 取整数:1
       .25
    ×       2
   ────────────
       .50   ········ 取整数:0
    ×       2
   ────────────
      1.0    ········ 取整数:1
```

（顺序排列）

结果:$(0.8125)_{10}=(0.1101)_2$。

【例 11.5】$(168.8125)_{10}$ 转换为二进制数。

解: 由例 11.3 得　　　　　　　　$(168)_{10}=(10101000)_2$

由例 11.4 得　　　　　　　　$(0.8125)_{10}=(0.1101)_2$

把整数部分和小数部分的二进制数合并:$(168.8125)_{10}=(10101000.1101)_2$

3.二进制数转换为十六进制数

二进制数位数太多,书写不便,但二进制数转换成十六进制非常简单。因为每个十六进制数码都可以用 4 位二进制数来表示,所以将二进制数从低位到高位每 4 位写成一组,高位不够4 位时补 0 变成 4 位,将每 4 位二进制数用十六进制数码替换即可。三种数制数码对照表如表 11-10 所示。

【例 11.6】将 $(11101101101)_2$ 转换为十六进制数。

解: $(11101101101)_2 = (111\ \ \ 0110\ \ \ 1101)_2 = (76D)_{16}$

表 11-10 三种数制数码对照表

数 制	数 码 表 示															
十六进制	0	1	2	3	4	5	6	7	8	9	A	B	C	D	E	F
二进制	0	1	10	11	100	101	110	111	1000	1001	1010	1011	1100	1101	1110	1111
十进制	0	1	2	3	4	5	6	7	8	9	10	11	12	13	14	15

11.5.3 编码

用二进制代码来表示数字或符号称为编码。

在数字电路及计算机中，十进制数是不能在电路中运行的，往往采用二进制码表示十进制数。用一组 4 位二进制码来表示一位十进制数的编码称为二-十进制码，也称 BCD 码（Binary Code Decimal）。常用的几种 BCD 编码方式如表 11-11 所示。

表 11-11　常用 BCD 编码表

十 进 制 数	8421 码	5421 码	2421 码	余 3 码（无权码）	格雷码（无权码）
0	0000	0000	0000	0000	0000
1	0001	0001	0001	0100	0001
2	0010	0010	0010	0101	0011
3	0011	0011	0011	0110	0010
4	0100	0100	0100	0111	0110
5	0101	1000	0101	1000	0111
6	0110	1001	0110	1001	0101
7	0111	1010	0111	1010	0100
8	1000	1011	1110	1011	1100
9	1001	1100	1111	1100	1000

由于每一组 4 位二进制码只代表一位十进制数，要将十进制数字转换为 BCD 码，就要分别将十进制数中的每一位按顺序写成 4 位二进制码。因而 n 位十进制数就得用 n 组 4 位二进制码表示。例如，一个 4 位十进制数字 1223 用 8421BCD 码可表示为：0001 0010 0010 0011。

BCD 码分为有权码和无权码两种，表 11-11 中的 8421 码、5421 码、2421 码为有权码，各自的加权系数展开式计算的结果分别对应所代表的 10 个阿拉伯数字。

余 3 码和格雷码为无权码，不能用权展开式来表示其转换关系。余 3 码是由 8421BCD 码加 3（0011）得到的，其优点在于在进行十进制加法运算时便于进位处理。格雷码的特点是相邻的两个码组之间仅有一位码元发生变化，在用于模拟量和数字量转换时，便于捕捉微小模拟量的变化并减少传输出错的可能性，因为 1 位数码变化通常比两位数码或多位数码变化来得更可靠。

11.6　Multisim 仿真实验：基本逻辑门电路

1．仿真目的

（1）通过基本逻辑门电路仿真实验，熟悉 Multisim 中用于数字电路信号分析的虚拟仪器。
（2）加深对基本逻辑门电路功能的理解。

2．仿真电路

打开仿真软件 Multisim，在工作窗口搭建图 11.41 所示的与门仿真电路。

3．仿真结果分析及拓展

（1）根据图 11.41（b）所示电路，填写表 11-12。

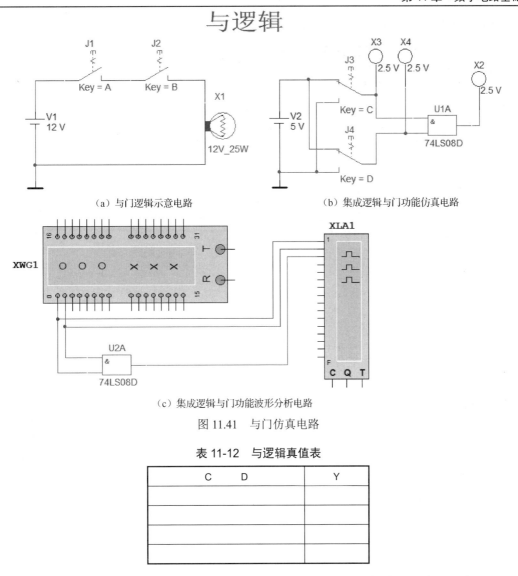

（a）与门逻辑示意电路　　　　　　　（b）集成逻辑与门功能仿真电路

（c）集成逻辑与门功能波形分析电路

图 11.41　与门仿真电路

表 11-12　与逻辑真值表

C	D	Y

（2）根据图 11.41（c）所示电路，观察逻辑分析仪中的与门功能波形，并记录波形。

（3）根据与门仿真电路，自己搭建或门、非门以及与非门等逻辑仿真电路，填写对应真值表，并记录对应波形。

本章小结

（1）模拟信号在时间和幅度上都是连续变化的，数字信号在时间和数值上都是断续变化的。数字信号通常用没有单位的 0、1 来表示，称为逻辑状态。逻辑状态有正逻辑、负逻辑之分。

（2）逻辑关系是指"条件"与"结果"间的关系，基本的逻辑关系有"与""或""非"三种，相应的基本逻辑运算为与运算、或运算、非运算，对应的门电路为与门、或门、非门。与逻辑的规律可总结为"输入有 0，输出为 0；输入全 1，输出为 1"。或逻辑的规律可总结为"输入有 1，输出为 1；输入全 0，输出为 0"。非逻辑的规律为：输出状态与输入状态相反。

（3）由两种或两种以上的基本逻辑门组成的逻辑门称为复合逻辑门，简称复合门。常用的复合门有与非门、或非门、与或非门、异或门、同或门等。

（4）逻辑门的电路类型有 TTL 集成门电路和 CMOS 集成门电路等。

（5）数制是表示数的进位方式和计数的制度，数字系统中常采用的数制有十进制、二进制、八进制和十六进制，但数字电路内部的基本工作信号是二进制信号。各种数制间可进行转换。编码是指用二进制代码来表示数字或符号，BCD 码用一组 4 位二进制码来表示一位十进制数。

自我评价

一、填空题

1. 基本的逻辑关系有_____、_____、_____三种。

2. 由两种或两种以上的基本逻辑门组成的逻辑门称为复合逻辑门，常用的复合门有_____、_____、_____、_____、_____等。

3. 按集成逻辑门的构造工艺划分，有_____、_____两大类型。

4. 常用的数制有_____、_____、_____、_____，数字电路内部的基本工作信号是二进制信号。

二、判断题

5. 与运算中，只要输入有 0，输出一定为 0。　　　　　　　　　　　　　　　（　　）

6. 在数字电路中不考虑信号电压的大小，只考虑高、低电平两种状态。　　　（　　）

7. 可以用二极管和电阻来构成与门、或门电路，但不能构成非门电路。　　　（　　）

8. CMOS 电路和 TTL 电路通常不能直接相连，必须先进行电平转换。　　　（　　）

9. 常用的数制中，十六进制是效率最高的一种，可以用较少的数码表示较大的数字。（　　）

三、选择题

10. 用数字 0 表示高电平，用数字 1 表示低电平，则这种逻辑表示方法称为（　　）。

    A．非逻辑　　　　　　B．正逻辑　　　　　　C．负逻辑

11. 三态门的第三种状态，通常是指（　　）。

    A．高阻态　　　　　　B．高电平状态　　　　C．低电平状态

12. 以下几种 BCD 码中，不能用加权系数展开式来表示其转换关系的编码为（　　）。

    A．8421 码　　　　　　B．5421 码　　　　　　C．余 3 码

13. 对 CMOS 门电路中多余的输入引脚，通常采用的处理方法为（　　）。

    A．悬空　　　　　　　B．接电源　　　　　　C．并接到使用的输入端上

习题 11

11-1．什么是模拟信号？什么是数字信号？数字电路有何特点？

11-2．什么是逻辑关系？什么是逻辑函数？基本的逻辑关系有哪些？

11-3．与、或、非三种基本逻辑关系的逻辑规律各是什么？

11-4．判断图 11.42 中各逻辑关系的表示是否正确。

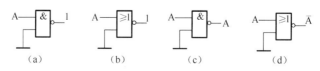

（a）　　　　　　（b）　　　　　　（c）　　　　　　（d）

图 11.42　习题 11-4 图

11-5. 输入波形如图 11.43（a）所示，分别画出图 11.43 中（b）、（c）所示逻辑电路的输出波形。

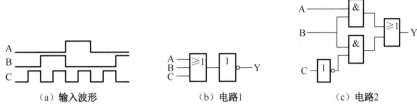

（a）输入波形　　　　（b）电路1　　　　（c）电路2

图 11.43　习题 10-5 图

11-6. 常见的复合门有哪些？画出它们的逻辑符号，并写出逻辑函数表达式。

11-7. 要将与非门、或非门、异或门当成反相器使用，画图说明输入端该如何连接。

11-8. 什么是"线与"功能？具有"线与"功能的 TTL 集成逻辑门的类型有哪些？

11-9. TTL 逻辑门与 CMOS 逻辑门各有什么特点？使用中应注意的事项有哪些？

11-10. 写出下列各数的加权系数展开式。

①$(6575)_{10}$；②$(68.0123)_{10}$；③$(1011)_2$；④$(101010)_2$；⑤$(559)_{16}$；⑥$(7A9)_{16}$。

11-11. 将下列各数转换成十进制数。

①$(1001)_2$；②$(101010)_2$；③$(123)_{16}$；④$(77F)_{16}$。

11-12. 将下列各数转换成十六进制数。

①$(69)_{10}$；②$(35)_{10}$；③$(1011010011001)_2$；④$(100110111101010)_2$。

11-13. 将下列十进制数写成 8421BCD 码。

①$(324)_{10}$；②$(680)_{10}$。

11-14. 将下列 8421BCD 码写成十进制数。

①$[1001\ 0100\ 1100]_{BCD}$；②$[0010\ 0101\ 1110\ 1010]_{BCD}$。

第 12 章

组合逻辑电路

知识目标

①掌握逻辑函数化简方法；②掌握组合逻辑电路的分析和设计方法；③了解常用的译码器、编码器等器件的应用。

技能目标

①能够进行简单的组合逻辑电路分析与设计；②可以利用常用器件进行简单的组合电路设计。

本章主要讲述基本逻辑代数的运算规则及化简的方法，以此为基础重点介绍组合逻辑电路分析和设计的方法、步骤；最后详细介绍了半加器、全加器等组合逻辑器件的逻辑功能，表达式及逻辑电路图等，对于编码器、译码器、数据选择器等集成逻辑器件的引脚及功能表给出详细的说明。

12.1　逻辑函数及化简

12.1.1　逻辑代数基础

逻辑代数是讨论逻辑关系的一门学科，它是分析和设计逻辑电路的数学基础。逻辑代数是由英国科学家乔治·布尔（George Boole）创立的，故又称布尔代数。

逻辑代数用字母表示变量，但逻辑代数和普通代数有着根本的区别。逻辑代数中的逻辑变量只有两种可能取值——0 和 1，而且这里的 0 和 1 不同于普通代数中的 0 和 1，它只表示两种对立的逻辑状态，并不表示数量的大小。

1. 逻辑代数的三种基本运算与规则

在逻辑运算中，基本的逻辑关系有与、或、非三种。在逻辑代数中，相应地也有三种基本运算，即与运算、或运算和非（求反）运算。

（1）与运算（逻辑乘）。与逻辑关系为 $Y=A \cdot B$，由此可得与运算的规则为

$$0 \cdot 0=0 \qquad 0 \cdot 1=0 \qquad 1 \cdot 0=0 \qquad 1 \cdot 1=1$$

$$A \cdot 0=0 \qquad A \cdot 1=A \qquad A \cdot A=A$$

（2）或运算（逻辑和）。或逻辑关系为 $Y=A+B$，由此可得或运算的规则为

$$0+0=0 \qquad 0+1=1 \qquad 1+0=1 \qquad 1+1=1$$

$$A+0=A \qquad A+1=1 \qquad A+A=A$$

（3）非运算（求反运算）。非逻辑关系为 $Y=\overline{A}$，由此可得非运算的规则为

$$\overline{0}=1 \qquad\qquad \overline{1}=0$$

$$A+\overline{A}=1 \qquad A\cdot\overline{A}=0 \qquad \overline{\overline{A}}=A$$

2．逻辑代数的基本定律

逻辑代数除了有与普通代数相似的交换律、结合律和分配律，其本身还有一些特殊定律。常用的逻辑代数定律如下。

（1）交换律。　　　　　$A\cdot B=B\cdot A; \qquad A+B=B+A$

（2）结合律。　　　　　$(A\cdot B)\cdot C=A\cdot(B\cdot C)$

　　　　　　　　　　　　$(A+B)+C=A+（B+C）$

（3）分配律。　　　　　$A\cdot(B+C)=A\cdot B+A\cdot C$

　　　　　　　　　　　　$A+BC=(A+B)(A+C)$

（4）重叠律。　　　　　$A\cdot A=A; \qquad A+A=A$

（5）0-1律。　　　　　$0\cdot A=0; \qquad 0+A=A$

　　　　　　　　　　　　$1\cdot A=A; \qquad 1+A=1$

（6）互补律。　　　　　$A\cdot\overline{A}=0; \qquad A+\overline{A}=1$

（7）摩根定律。　　　　$\overline{A\cdot B}=\overline{A}+\overline{B}; \qquad \overline{A+B}=\overline{A}\cdot\overline{B}$

（8）吸收律。　　　　　$A\cdot(A+B)=A; \qquad A+AB=A$

3．逻辑代数的基本规则

在逻辑代数中，利用代入规则、对偶规则、反演规则可由基本定律推导出更多的公式。

（1）代入规则。在任何一个逻辑等式中，如果将等式两边所有出现某一变量的地方都用同一函数式代替，则等式仍然成立。这个规则就是代入规则。

代入规则扩大了逻辑等式的应用范围。

例如，已知 $\overline{A\cdot B}=\overline{A}+\overline{B}$，如果用 $B\cdot C$ 来代替等式中的 B，则等式仍成立，故有：

$$\overline{A\cdot B\cdot C}=\overline{A}+\overline{B\cdot C}=\overline{A}+\overline{B}+\overline{C}$$

（2）对偶规则。将某一逻辑函数表达式中的"·"换成"+"，"+"换成"·"，"0"换成"1"，"1"换成"0"，就得到一个新的表达式。这个新的表达式就是原表达式的对偶式。如果两个逻辑函数表达式相等，则它们的对偶式也相等。这就是对偶规则。

【例 12.1】已知 $A+\overline{A}B=A+B$，求其对偶式。

解：利用对偶规则，可得到 $A（\overline{A}+B）=AB$。

（3）反演规则。如果将某一逻辑函数表达式中的"·"换成"+"，"+"换成"·"，"0"换成"1"，"1"换成"0"，原变量换成反变量，反变量换成原变量，则所得到的逻辑函数表达式称为原表达式的反演式。这种变换方法称为反演规则。利用反演规则可以比较容易地求出一个函数的反函数。

【例 12.2】求函数 $Y=\overline{A}\cdot B+C\cdot\overline{D}+0$ 的反函数。

解：利用反演规则可得 $\overline{Y}=(A+\overline{B})\cdot(\overline{C}+D)\cdot 1$。

12.1.2　逻辑函数表示法之间的转换

如前所述，逻辑函数有多种表示法，它们之间可以相互转换。

1．由逻辑函数表达式求真值表

按照逻辑函数表达式，对变量各种可能取值进行运算，求出对应的函数值，再把变量和函数值一一对应列成表格，即得到真值表。

表 12-1　例 12.3 真值表

A　B	Y
0　0	1
0　1	0
1　0	0
1　1	1

【例 12.3】已知 $Y=AB+\overline{A}\,\overline{B}$，列出其真值表。

该函数有两个变量 A、B，取值有 $2^2=4$ 个组合，即 A=0，B=0；A=0，B=1；A=1，B=0；A=1，B=1。

按逻辑函数表达式运算，分别得 Y=1，Y=0，Y=0，Y=1。把它们对应排列起来，即得到如表 12-1 所示的真值表。

2．由真值表写逻辑函数表达式

将真值表中函数值等于 1 的变量组合选出来；对于每一个组合，凡取值为 1 的变量写成原变量，取值为 0 的变量写成反变量，各变量相乘后得到一个乘积项；最后，把各个组合对应的乘积项相加，就得到了相应的逻辑函数表达式。

【例 12.4】试根据表 12-2，写出相应的逻辑函数表达式。

从表中看到，当 A=0、B=1 时，Y=1；当 A=1、B=0 时，Y=1。因此可写出相应的逻辑函数表达式：

$$Y=\overline{A}B+A\overline{B}$$

真值表还可用来证明一些定理。

【例 12.5】试用真值表证明摩根定理 $\overline{A\cdot B}=\overline{A}+\overline{B}$。

证：

设 $\overline{A\cdot B}=Y_1$，$\overline{A}+\overline{B}=Y_2$，列出相应的真值表，如表 12-3 所示：

比较 Y_1 和 Y_2，证得 $\overline{A\cdot B}=\overline{A}+\overline{B}$。

【例 12.6】试用真值表证明 A+AB=A。

证：

令 A+AB=Y_1，A=Y_2，列出真值表，如表 12-4 所示。

表 12-2　例 12.4 真值表

A　B	Y
0　0	0
0　1	1
1　0	1
1　1	0

表 12-3　例 12.5 真值表

A　B	Y_1	Y_2
0　0	1	1
0　1	1	1
1　0	1	1
1　1	0	0

表 12-4　例 12.6 真值表

A　B	Y_1	Y_2
0　0	0	0
0　1	0	0
1　0	1	1
1　1	1	1

比较 Y_1 和 Y_2，证得 A+AB=A。

12.1.3　逻辑函数化简

用门电路等器件实现给定逻辑功能时，对给定的逻辑函数进行化简是十分必要的。逻辑函数化简的目的在于简化实际电路，减少其元器件和接线。

1．逻辑函数的公式化简法

公式化简法就是运用逻辑代数的基本运算规则和基本定律对逻辑函数进行化简。例如，可运用 $A+\overline{A}=1$，将两项合并为一项；运用 A+AB=A，$A+\overline{A}B=A+B$，消去多余因子，使表达式得以简化。

【例 12.7】化简下式，并用与非门实现其逻辑功能：

$$Y=\bar{A}BC+A\bar{B}C+AB\bar{C}+ABC$$

解：

$$
\begin{aligned}
\text{原式}&=(A+\bar{A})BC+A\bar{B}C+AB\bar{C}\\
&=BC+A\bar{B}C+AB\bar{C}\\
&=BC+A\bar{B}C+AC+AB\bar{C}+AB\\
&=BC+AC(1+\bar{B})+AB(1+\bar{C})\\
&=BC+AC+AB\\
&=\overline{\overline{BC+AC+AB}}=\overline{\overline{BC}\,\overline{AC}\,\overline{AB}}
\end{aligned}
$$

公式化简法技巧性强，不易掌握，特别是难于判断运算结果是否已化简成项数最少、每项变量数目也最少的最简式。因而，在变量数目不多于 5 个时，常用卡诺图化简法。

2．逻辑函数的卡诺图化简法

1）逻辑函数的最小项

逻辑函数的最小项，是一个以逻辑变量的原变量或反变量形式组成的乘积项，这个乘积项的因子数等于全部逻辑变量的个数，且每个变量都是它的因子。例如，A、B、C 三个变量的逻辑函数的最小项共有 8 个，即 $\bar{A}\bar{B}\bar{C}$、$\bar{A}\bar{B}C$、$\bar{A}B\bar{C}$、$\bar{A}BC$、$A\bar{B}\bar{C}$、$A\bar{B}C$、$AB\bar{C}$、ABC，它们均有上述特点。根据逻辑代数的基本定律，可以把任意逻辑函数变成一组最小项之和，这就是最小项表达式。例如，将 Y(A,B,C)=AB+AC 变换为最小项表达式。运用 $A+\bar{A}=1$，可得

$$
\begin{aligned}
Y(A,B,C)&=AB(C+\bar{C})+AC(B+\bar{B})\\
&=ABC+AB\bar{C}+ABC+A\bar{B}C=ABC+AB\bar{C}+A\bar{B}C\\
&=m_7+m_6+m_5=\sum(7,6,5)
\end{aligned}
$$

这里，m 是最小项的符号，十进制的下标恰对应最小项的二进制码所表示的十进制的数值，称为最小项序号。最后一个求和表达式，则是以最小项序号代表相应最小项得到的。

当变量数为 n 时，最小项数为 2^n 个。

2）卡诺图及其构成方法

将变量各种状态的组合列于表格的最上方和最左端，并画成 2^n（n 为变量数）个方格，就得到了卡诺图。

在填写变量状态时，相邻两项仅允许有一个变量的状态不同。注意：这里把首项和尾项也看成相邻两项。据此得到二变量、三变量的卡诺图，如图 12.1（a）、（b）所示。可见，卡诺图中每一小方格都对应着一个最小项。在卡诺图中，一个方格与其上、下、左、右的方格，同一行最左与最右的方格、同一列最上与最下的方格均为相邻项。

	$\bar{B}$	B
$\bar{A}$	$\bar{A}\bar{B}$	$\bar{A}B$
A	$A\bar{B}$	AB

A \ B	0	1
0	00	01
1	10	11

A \ B	0	1
0	m_0	m_1
1	m_2	m_3

（a）二变量卡诺图

A \ BC	00	01	11	10
0	000	001	011	010
1	100	101	111	110

A \ BC	00	01	11	10
0	m_0	m_1	m_3	m_2
1	m_4	m_5	m_7	m_6

（b）三变量卡诺图

图 12.1　卡诺图的构成方法

3）卡诺图化简法的步骤

（1）将逻辑函数用最小项形式表示，然后画出该函数的卡诺图。若某方格对应的最小项存

在，则在这个方格内填"1"，否则填"0"（也可空着不填）。

（2）在卡诺图上将相邻最小项合并。

合并原则是：将相邻两个方格合并，即把它们圈在一起时可以消去一个出现了"0""1"状态的变量；将相邻四个方格合并，可消除两个出现了"0""1"状态的变量；将相邻八个方格合并，可消除三个出现了"0""1"状态的变量……在合并时，必须注意以下几点。

- 合并的小方格数必须是 2^k 个（$k=1,2,3\cdots$）。
- 处于卡诺图同一行（列）首尾部位的小方格是相邻的。
- 画包围圈时应使它包含的方格数最多。
- 任一包围圈必须含有不同于其他包围圈的小方格。
- 一个小方格可以被包围多次。

（3）将各包围圈合并的结果相加，得到逻辑函数的最简表达式。

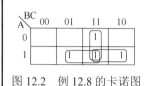

图 12.2　例 12.8 的卡诺图

【例 12.8】用卡诺图化简逻辑函数表达式：$Y=(A+B+C)(A+\overline{B}+C)(\overline{A}+\overline{B}+\overline{C})$。

解：$Y=\overline{A}BC+A\overline{B}C+AB\overline{C}+ABC$，共有三个变量，绘得相应的卡诺图如图 12.2 所示。

按上述步骤（2）化简，得 $Y=AB+BC+AC$。

12.2　组合逻辑电路的分析和设计

所谓组合逻辑电路，是指电路任何时刻的输出状态只由同一时刻的输入状态决定，而与输入信号作用前电路的输出状态无关。组合逻辑电路的特点如下。

（1）输出与输入之间没有反馈。

（2）电路不具有记忆功能。

（3）电路在结构上由基本门电路组成。组合逻辑电路框图如图 12.3 所示。

从图 12.3 可知，它有 n 个输入端，m 个输出端。输出端的状态仅决定于此刻 n 个输入端的状态。输出与输入之间的关系可用 m 个逻辑函数式进行描述。

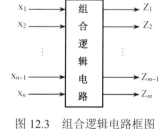

微课：组合逻辑电路的分析和设计

图 12.3　组合逻辑电路框图

$$Z_1=f_1(x_1,x_2,\cdots,x_n)$$
$$Z_2=f_2(x_1,x_2,\cdots,x_n)$$
$$\cdots\cdots\cdots\cdots$$
$$Z_m=f_m(x_1,x_2,\cdots\ x_n)$$

每个输入、输出变量只有"0"和"1"两个逻辑状态，因此 n 个输入变量有 2^n 种不同的输入组合，把每种输入组合下的输出状态列出来，就得到描述组合逻辑的真值表。

12.2.1　组合逻辑电路的分析

组合逻辑电路分析是指根据已知的逻辑电路确定该电路的逻辑功能，或者检查电路的设计是否合理。

组合逻辑电路分析的步骤如下。

（1）根据已知的逻辑电路图，利用逐级递推的方法，得出逻辑函数表达式。

（2）化简逻辑函数表达式（利用公式化简法或卡诺图化简法）。

（3）列出真值表。

（4）说明电路的逻辑功能。

【例12.9】分析图12.4所示组合逻辑电路的功能。

解：（1）根据逻辑电路图写出逻辑函数表达式：

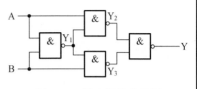

图 12.4　组合逻辑电路图

$$Y_1=\overline{AB}$$

$$Y_2=\overline{A\cdot Y_1}=\overline{A\cdot\overline{AB}}=\overline{A\cdot\overline{B}}$$

$$Y_3=\overline{\overline{Y_1}\cdot B}=\overline{\overline{\overline{AB}}\cdot B}=\overline{\overline{A}\cdot B}$$

$$Y=\overline{Y_2\cdot Y_3}$$

（2）化简逻辑函数表达式。

$$Y=\overline{Y_2\cdot Y_3}=\overline{\overline{A\cdot\overline{B}}\cdot\overline{\overline{A}\cdot B}}=A\overline{B}+\overline{A}B=A\oplus B$$

（3）列真值表（见表12-5）。

表 12-5　真值表

A　B	Y
0　0	0
0　1	1
1　0	1
1　1	0

（4）说明电路的功能。

由真值表可知，该电路完成了"异或"运算功能。

12.2.2　组合逻辑电路的设计

组合逻辑电路的设计，是指根据给定的逻辑功能要求，设计出最佳的逻辑电路。

组合逻辑电路设计的步骤如下：①根据给定的逻辑功能要求，列出真值表；②根据真值表写出逻辑函数表达式；③化简逻辑函数表达式；④根据表达式画出逻辑图。

【例12.10】某职业技术学校进行职业技能测评，有三名评判员：一名主评判员 A，两名副评判员 B 和 C。测评通过的条件是：一是多数评判员判为合格；二是主评判员判为合格，试设计出该逻辑电路。

解：（1）设 A、B 和 C 取值为"1"时表示评判员判为合格；为"0"则表示判为不合格。输出 Y 为"1"时表示学生测评通过；为"0"则表示测评未通过。根据题意列真值表（见表12-6）。

表 12-6　真值表

A　B　C	Y
0　0　0	0
0　0　1	0
0　1　0	0
0　1　1	1
1　0　0	1

续表

A B C	Y
1 0 1	1
1 1 0	1
1 1 1	1

（2）根据真值表写出逻辑函数表达式。

$$Y=\overline{A}BC+A\overline{B}\,\overline{C}+A\overline{B}C+AB\overline{C}+ABC$$

（3）化简逻辑函数表达式。

利用卡诺图化简法化简，如图 12.5 所示。

$$Y=A+BC$$

（4）根据逻辑函数表达式画出逻辑图，如图 12.6 所示。

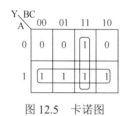

图 12.5　卡诺图

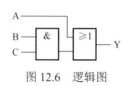

图 12.6　逻辑图

12.3　常用组合逻辑器件

12.3.1　加法器

1. 半加器

微课：常用的组合逻辑器件

二进制数码相加，如果只考虑本位的两个数相加和向高位的进位而不计及低位的进位时，这种运算称为半加运算，完成此功能的部件称为半加器。例如在第 i 位的两个加数 A_i 和 B_i 相加，它除产生本位和 S_i 之外，还有一个向高位的进位数 C_i，即

输入信号：加数 A_i，被加数 B_i。

输出信号：本位和 S_i，向高位的进位数 C_i。

（1）半加器真值表。根据二进制加法原则（逢二进一），可得半加器真值表（见表 12-7）。

表 12-7　半加器真值表

A_i B_i	S_i C_i
0 0	0 0
0 1	1 0
1 0	1 0
1 1	0 1

（2）逻辑函数表达式。

$$\begin{cases} S_i=\overline{A_i}\,B_i+A_i\,\overline{B_i} \\ C_i=A_i\,B_i \end{cases}$$

（3）逻辑电路由一个异或门和一个与门组成，如图 12.7（a）所示。

（4）逻辑符号如图 12.7（b）所示。

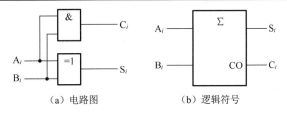

（a）电路图　　　　　　　　（b）逻辑符号

图 12.7　半加器逻辑电路及其逻辑符号

2. 全加器

全加器指的是不仅考虑两个一位二进制数 A_i 和 B_i 相加，还考虑与低位的进位数 C_{i-1} 相加的逻辑运算电路。在全加器的输入中，A_i 和 B_i 分别是被加数和加数，C_{i-1} 为低位的进位数；其输出 S_o 表示本位和，C_i 表示本位向高位的进位数。

（1）根据二进制加法原则（逢二进一），可得全加器真值表（见表 12-8）。

表 12-8　全加器真值表

A_i B_i C_{i-1}	S_o C_i
0　0　0	0　0
0　0　1	1　0
0　1　0	1　0
0　1　1	0　1
1　0　0	1　0
1　0　1	0　1
1　1　0	0　1
1　1　1	1　1

（2）S_i 和 C_i 的卡诺图，分别如图 12.8（a）和图 12.8（b）所示。

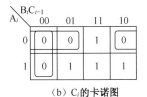

（a）S_i 的卡诺图　　　　　　（b）C_i 的卡诺图

图 12.8　全加器对应的卡诺图

（3）逻辑函数表达式。采用卡诺图化简法化简，这时求得的反函数（与或式）为

$$\begin{cases} \overline{S_i} = \overline{A_i}\,\overline{B_i}\,\overline{C_{i-1}} + \overline{A_i}\,B_i\,C_{i-1} + A_i\,\overline{B_i}\,C_{i-1} + A_i\,B_i\,\overline{C_{i-1}} \\ \overline{C_i} = \overline{A_i}\,\overline{B_i} + \overline{A_i}\,\overline{C_{i-1}} + \overline{B_i}\,\overline{C_{i-1}} \end{cases}$$

可求得 S_i 和 C_i 的逻辑函数表达式（与或非式）为

$$\begin{cases} S_i = \overline{\overline{A_i}\,\overline{B_i}\,\overline{C_{i-1}} + \overline{A_i}B_iC_{i-1} + A_i\overline{B_i}C_{i-1} + A_iB_i\overline{C_{i-1}}} \\ C_i = \overline{\overline{A_i}\,\overline{B_i} + \overline{A_i}\,\overline{C_{i-1}} + \overline{B_i}\,\overline{C_{i-1}}} \end{cases}$$

（4）电路图如图 12.9（a）所示。

（5）逻辑符号如图 12.9（b）所示。

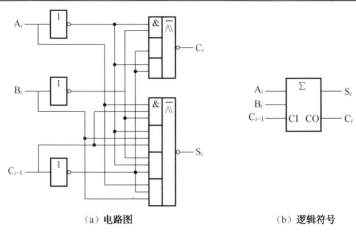

（a）电路图　　　　　　　　　　（b）逻辑符号

图 12.9　全加器逻辑电路及其逻辑符号

12.3.2　编码器

编码是指按一定的规律，把输入信号转换为二进制代码，每一组二进制代码被赋予固定的含义。用来完成编码的数字电路称为编码器。

按照编码方式的不同，编码器可分为普通编码器和优先编码器；按照输出代码种类的不同，编码器可分为二进制编码器和非二进制编码器。

1．二进制编码器

在编码过程中，要注意二进制代码的位数。1 位二进制代码能确定 2 种特定含义；2 位二进制代码能确定 4 种特定含义；3 位二进制代码能确定 8 种特定含义；以此类推，n 位二进制代码能确定 2^n 种特定含义。若输入信号的个数 N 与输出变量的位数 n 满足关系式 $N=2^n$，则此电路称为二进制编码器。常见的编码器有 8 线-3 线编码器、16 线-4 线编码器等。下面以 74LS148 为例介绍二进制编码器。

74LS148 是 8 线-3 线优先编码器。优先编码器的特点是当多个输入端同时有信号时，电路按照输入信号的优先级别依次进行编码。图 12.10 所示是 74LS148 的引脚图及逻辑符号，其中 $\overline{I_0} \sim \overline{I_7}$ 为信号输入端，$\overline{S}$ 是使能输入端，$\overline{Y_0} \sim \overline{Y_2}$ 是三个输出端，$\overline{Y_S}$ 和 $\overline{Y_{EX}}$ 是用于扩展功能的输出端。

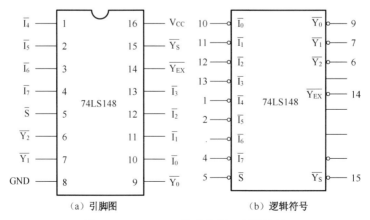

（a）引脚图　　　　　　　　　　（b）逻辑符号

图 12.10　74LS148 的引脚图及逻辑符号

74LS148 的功能如表 12-9 所示。

表 12-9　74LS148 的功能表

使能输入	输入								输出			扩展输出	使能输出
$\overline{S}$	$\overline{I_7}$	$\overline{I_6}$	$\overline{I_5}$	$\overline{I_4}$	$\overline{I_3}$	$\overline{I_2}$	$\overline{I_1}$	$\overline{I_0}$	$\overline{Y_2}$	$\overline{Y_1}$	$\overline{Y_0}$	$\overline{Y_{EX}}$	$\overline{Y_S}$
1	×	×	×	×	×	×	×	×	1	1	1	1	1
0	1	1	1	1	1	1	1	1	1	1	1	1	0
0	0	×	×	×	×	×	×	×	0	0	0	0	1
0	1	0	×	×	×	×	×	×	0	0	1	0	1
0	1	1	0	×	×	×	×	×	0	1	0	0	1
0	1	1	1	0	×	×	×	×	0	1	1	0	1
0	1	1	1	1	0	×	×	×	1	0	0	0	1
0	1	1	1	1	1	0	×	×	1	0	1	0	1
0	1	1	1	1	1	1	0	×	1	1	0	0	1
0	1	1	1	1	1	1	1	0	1	1	1	0	1

从表 12-9 可知，输入和输出均为低电平有效。当 $\overline{S}$ =1 时，编码器禁止编码；当 $\overline{S}$ =0 时，编码器允许编码。

输入信号中 $\overline{I_7}$ 优先级最高，$\overline{I_0}$ 优先级最低，即只要 $\overline{I_7}$ =0，此时即使其他输入端为 0，也对 $\overline{I_7}$ 编码，对应的输出 $\overline{Y_2}\ \overline{Y_1}\ \overline{Y_0}$ = 000。

$\overline{Y_S}$ 为使能输出端，在 $\overline{S}$ =0 时，若 $\overline{I_0}$ ～ $\overline{I_7}$ 端有信号输入，则 $\overline{Y_S}$ =1；若 $\overline{I_0}$ ～ $\overline{I_7}$ 端无信号输入，则 $\overline{Y_S}$ =0。

$\overline{Y_{EX}}$ 为扩展输出端，当 $\overline{S}$ =0 时，只要有编码信号，$\overline{Y_{EX}}$ =0。利用 $\overline{S}$、$\overline{Y_S}$ 和 $\overline{Y_{EX}}$ 三个特殊功能端可以将编码器进行扩展。

2. 二-十进制编码器

二-十进制编码器是指用四位二进制代码表示一位十进制数（0～9）的编码电路，也称为 10 线-4 线编码器。下面以 74LS147 为例介绍二-十进制（8421）优先编码器。74LS147 有 9 个输入端（$\overline{I_1}$ ～ $\overline{I_9}$），有 4 个输出端（$\overline{Y_3}\ \overline{Y_2}\ \overline{Y_1}\ \overline{Y_0}$）。其引脚图及逻辑符号如图 12.11 所示。

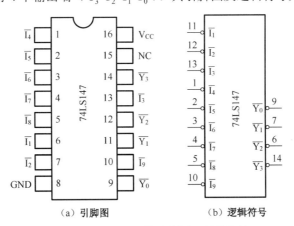

（a）引脚图　　　　　　　　（b）逻辑符号

图 12.11　74LS147 的引脚图及逻辑符号

74LS147 的功能如表 12-10 所示。

表 12-10　74LS147 的功能表

输　入									输　出			
$\overline{I_9}$	$\overline{I_8}$	$\overline{I_7}$	$\overline{I_6}$	$\overline{I_5}$	$\overline{I_4}$	$\overline{I_3}$	$\overline{I_2}$	$\overline{I_1}$	$\overline{Y_3}$	$\overline{Y_2}$	$\overline{Y_1}$	$\overline{Y_0}$
1	1	1	1	1	1	1	1	1	1	1	1	1
1	1	1	1	1	1	1	1	0	1	1	1	0
1	1	1	1	1	1	1	0	×	1	1	0	1
1	1	1	1	1	1	0	×	×	1	1	0	0
1	1	1	1	1	0	×	×	×	1	0	1	1
1	1	1	1	0	×	×	×	×	1	0	1	0
1	1	1	0	×	×	×	×	×	1	0	0	1
1	1	0	×	×	×	×	×	×	1	0	0	0
1	0	×	×	×	×	×	×	×	0	1	1	1
0	×	×	×	×	×	×	×	×	0	1	1	0

由表 12-10 可知，输入信号 $\overline{I_9}$ 优先级别最高，$\overline{I_1}$ 优先级别最低。编码器的输出端 $\overline{Y_3}\,\overline{Y_2}\,\overline{Y_1}\,\overline{Y_0}$ 以反码的形式输出，$\overline{Y_3}$ 为最高位，$\overline{Y_0}$ 为最低位。输入信号为低电平有效，若输入信号无效，即 9 个输入信号全部为"1"，表示输入的十进制数为"0"，则输出 $\overline{Y_3}\,\overline{Y_2}\,\overline{Y_1}\,\overline{Y_0}=1111$（0 的反码）。若输入信号有效，则根据输入信号的优先级别，输出优先级别最高的信号的编码。

12.3.3　译码器

译码是编码的逆过程，是把每一组输入的二进制代码"翻译"成为一个特定的输出信号的过程。实现译码功能的数字电路称为译码器。译码器分为变量译码器和显示译码器。

1．二进制译码器

将二进制代码"翻译"成对应的输出信号的电路，称为二进制译码器。常见的二进制译码器有 2 线-4 线译码器、3 线-8 线译码器、4 线-16 线译码器等。下面以 3 线-8 线集成译码器 74LS138 为例介绍二进制译码器。74LS138 的引脚图和逻辑符号如图 12.12 所示，A_2、A_1、A_0 为译码器的三个输入端，$\overline{Y_0}\sim\overline{Y_7}$ 为译码器的输出端（低电平有效）。

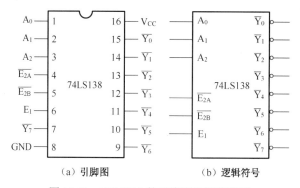

（a）引脚图　　　　　（b）逻辑符号

图 12.12　74LS138 的引脚图和逻辑符号

74LS138 的功能如表 12-11 所示。

表 12-11　74LS138 的功能表

输　　　入					输　　　出							
E_1	$\overline{E_{2A}}+\overline{E_{2B}}$	A_2	A_1	A_0	$\overline{Y_7}$	$\overline{Y_6}$	$\overline{Y_5}$	$\overline{Y_4}$	$\overline{Y_3}$	$\overline{Y_2}$	$\overline{Y_1}$	$\overline{Y_0}$
×	1	×	×	×	1	1	1	1	1	1	1	1
0	×	×	×	×	1	1	1	1	1	1	1	1
1	0	0	0	0	1	1	1	1	1	1	1	0
1	0	0	0	1	1	1	1	1	1	1	0	1
1	0	0	1	0	1	1	1	1	1	0	1	1
1	0	0	1	1	1	1	1	1	0	1	1	1
1	0	1	0	0	1	1	1	0	1	1	1	1
1	0	1	0	1	1	1	0	1	1	1	1	1
1	0	1	1	0	1	0	1	1	1	1	1	1
1	0	1	1	1	0	1	1	1	1	1	1	1

由表 12-11 可知，当 $E_1=1$，且 $\overline{E_{2A}}=\overline{E_{2B}}=0$ 时，74LS138 译码器才工作，否则该译码器不工作。74LS138 译码器正常工作时，输出与输入的逻辑关系为：

$$\overline{Y_0}=\overline{\overline{A_2}\,\overline{A_1}\,\overline{A_0}}\,;\qquad \overline{Y_1}=\overline{\overline{A_2}\,\overline{A_1}A_0}\,;\qquad \overline{Y_2}=\overline{\overline{A_2}A_1\overline{A_0}}\,;\qquad \overline{Y_3}=\overline{\overline{A_2}A_1A_0}$$

$$\overline{Y_4}=\overline{A_2\overline{A_1}\,\overline{A_0}}\,;\qquad \overline{Y_5}=\overline{A_2\overline{A_1}A_0}\,;\qquad \overline{Y_6}=\overline{A_2A_1\overline{A_0}}\,;\qquad \overline{Y_7}=\overline{A_2A_1A_0}$$

2．二-十进制译码器

将 4 位二进制代码"翻译"成对应的输出信号的电路，称为二-十进制译码器。下面以 74LS42 为例介绍二-十进制译码器。74LS42 的引脚图和逻辑符号如图 12.13 所示。该译码器有 $A_0\sim A_3$ 共 4 个输入端，$\overline{Y_0}\sim\overline{Y_9}$ 共 10 个输出端，故属于 4 线-10 线译码器。

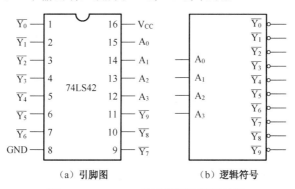

（a）引脚图　　　　　　（b）逻辑符号

图 12.13　74LS42 的引脚图和逻辑符号

74LS42 的功能如表 12-12 所示。

表 12-12　74LS42 的功能表

输　　入				输　　出									
A_3	A_2	A_1	A_0	$\overline{Y_9}$	$\overline{Y_8}$	$\overline{Y_7}$	$\overline{Y_6}$	$\overline{Y_5}$	$\overline{Y_4}$	$\overline{Y_3}$	$\overline{Y_2}$	$\overline{Y_1}$	$\overline{Y_0}$
0	0	0	0	1	1	1	1	1	1	1	1	1	0
0	0	0	1	1	1	1	1	1	1	1	1	0	1
0	0	1	0	1	1	1	1	1	1	1	0	1	1
0	0	1	1	1	1	1	1	1	1	0	1	1	1

续表

输　　入				输　　　出									
0	1	0	0	1	1	1	1	1	0	1	1	1	1
0	1	0	1	1	1	1	1	0	1	1	1	1	1
0	1	1	0	1	1	1	0	1	1	1	1	1	1
0	1	1	1	1	1	0	1	1	1	1	1	1	1
1	0	0	0	1	0	1	1	1	1	1	1	1	1
1	0	0	1	0	1	1	1	1	1	1	1	1	1

由表 12-12 可知，Y_0 的输出为 $Y_0 = \overline{\overline{A_3 A_2 A_1 A_0}}$。在输入 $A_3 A_2 A_1 A_0 = 0000$（它对应的十进制数为 0）时，输出 $\overline{Y_0} = 0$。

12.3.4　数据选择器

数据选择器是按要求从多个输入中选择一个作为输出的逻辑电路，也称为多路开关。根据输入端的个数不同，数据选择器可以分为 4 选 1、8 选 1 数据选择器等。

74LS151 是一个 8 选 1 的数据选择器，74LS151 的引脚图和逻辑符号如图 12.14 所示。它有 3 个地址输入端 A_2、A_1、A_0，8 个数据输入端 $D_0 \sim D_7$，两个互补的输出端 W 和 $\overline{W}$。

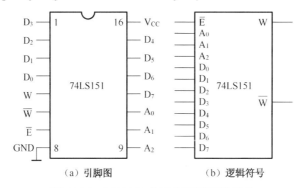

（a）引脚图　　　　　（b）逻辑符号

图 12.14　74LS151 的引脚图和逻辑符号

74LS151 的功能如表 12-13 所示。

表 12-13　74LS151 的功能表

使 能 输 入	输　　　入			输　　　出	
$\overline{E}$	A_2	A_1	A_0	W	$\overline{W}$
1	×	×	×	0	1
0	0	0	0	D_0	$\overline{D_0}$
0	0	0	1	D_1	$\overline{D_1}$
0	0	1	0	D_2	$\overline{D_2}$
0	0	1	1	D_3	$\overline{D_3}$
0	1	0	0	D_4	$\overline{D_4}$
0	1	0	1	D_5	$\overline{D_5}$
0	1	1	0	D_6	$\overline{D_6}$
0	1	1	1	D_7	$\overline{D_7}$

由表 12-13 可知，当 $\overline{E} = 0$ 时，74LS151 处于工作状态；否则 74LS151 被禁止，即此刻在地

址输入端输入任何数据，输出 W=0，说明数据选择器处于不工作状态。当数据选择器 74LS151 正常工作时，输出与输入的逻辑关系如下。

$$W=\overline{A_2}\,\overline{A_1}\,\overline{A_0}D_0+\overline{A_2}\,\overline{A_1}A_0D_1+\overline{A_2}A_1\overline{A_0}D_2+\overline{A_2}A_1A_0D_3+A_2\overline{A_1}\,\overline{A_0}D_4$$
$$+A_2\overline{A_1}A_0D_5+A_2A_1\overline{A_0}D_6+A_2A_1A_0D_7$$

12.4　Multisim 仿真实验：三人裁判表决电路

1. 仿真电路

打开仿真软件 Multisim，在工作窗口搭建如图 12.15 所示的裁判表决仿真电路。

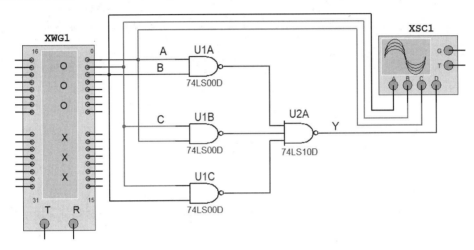

图 12.15　裁判表决仿真电路

2. 仿真结果分析及拓展

（1）设置好上述电路中的字信号发生器，然后开始仿真，双击示波器，可以看到如图 12.16 所示的输入、输出信号波形。

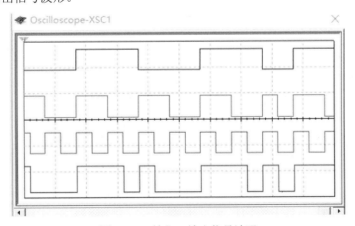

图 12.16　输入、输出信号波形

（2）根据仿真电路中的波形完成本电路的真值表，并进一步理解本电路的表决功能。

（3）根据本仿真电路，完成带有主裁判的表决仿真电路，即三裁判中两人及两人以上（包含主裁判）同意，事件成立。自己搭建仿真电路，记录对应波形，并填写对应真值表。

本章小结

（1）逻辑函数的运算定律有结合律、交换律及摩根定律等；运算规则有代入规则、反演规则等；逻辑函数的化简方法有公式化简法、卡诺图化简法。

（2）组合逻辑电路的分析方法：得出逻辑函数表达式→化简逻辑函数表达式→列出真值表→确定逻辑功能。

（3）组合逻辑电路的设计方法：列出真值表→写出逻辑函数表达式→化简逻辑函数表达式→画出逻辑图→选择元器件。

（4）本章着重介绍了具有特定功能的常用的一些组合逻辑电路，如编码器、译码器、数据选择器、全加器等，详细讲解了它们的逻辑功能、集成芯片及集成电路的扩展和应用。

自我评价

一、填空题

1．组合逻辑电路任何时刻的输出信号，与该时刻的输入信号_____，与以前的输入信号_____。

2．8 线-3 线优先编码器 74LS148 的优先编码顺序是 $\overline{I_7}$、$\overline{I_6}$、$\overline{I_5}$、…、$\overline{I_0}$，输出为 $\overline{Y_2}$ $\overline{Y_1}$ $\overline{Y_0}$。输入、输出均为低电平有效。当输入 $\overline{I_7}$ $\overline{I_6}$ $\overline{I_5}$ … $\overline{I_0}$ 为 11010101 时，输出 $\overline{Y_2}$ $\overline{Y_1}$ $\overline{Y_0}$ 为_____。

3．3 线-8 线译码器 74HC138 处于译码状态时，当输入 A2A1A0=001 时，输出 $\overline{Y_7} \sim \overline{Y_0}$ =_____。

4．一位数值比较器，输入信号为两个要比较的一位二进制数，用 A、B 表示，输出信号为比较结果：$Y_{(A>B)}$、$Y_{(A=B)}$ 和 $Y_{(A<B)}$，则 $Y_{(A>B)}$ 的逻辑函数表达式为_____。

5．能完成两个一位二进制数相加，并考虑到低位进位的器件称为_____。

二、选择题

6．组合逻辑电路中的化简是由_____引起的。

    A．电路未达到最简   B．电路有多个输出

    C．电路中的时延   D．逻辑门类型不同

7．译码器 74HC138 的 $E_1 \overline{E_2} \overline{E_3}$ 取值为_____时，处于允许译码状态。

    A．001   B．100   C．101   D．010

8．数据分配器和_____有着相同的基本电路结构形式。

    A．加法器   B．编码器   C．数据选择器   D．译码器

9．在二进制译码器中，若输入有 4 位代码，则输出有_____个信号。

    A．2   B．4   C．8   D．16

10．比较两位二进制数 $A=A_1A_0$ 和 $B=B_1B_0$，当 A>B 时输出 F=**1**，则 F 的表达式是_____。

    A．$F=A_1\overline{B_1}$ B．$F=A_1\overline{A_0}+B_1+\overline{B_0}$

    C．$F=A_1\overline{B_1}+\overline{A_1 \oplus B_1}A_0\overline{B_0}$ D．$F=A_1\overline{B_1}+A_0+\overline{B_0}$

11．在图 12.17 所示电路中，能实现函数 $F=\overline{AB}+B\overline{C}$ 的电路为_____。

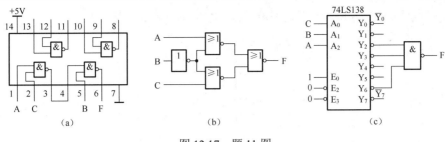

图 12.17　题 11 图

A. 电路（a）　　　　B. 电路（b）　　　　C. 电路（c）　　　　D. 都不是

习题 12

12-1. 组合逻辑电路如图 12.18 所示，试写出逻辑函数表达式，并化简。

12-2. 组合逻辑电路如图 12.19 所示，试写出逻辑函数表达式，并化简。列出电路的状态真值表。

12-3. 组合逻辑电路如图 12.20 所示，试写出逻辑函数表达式，并化简。列出电路的状态真值表。

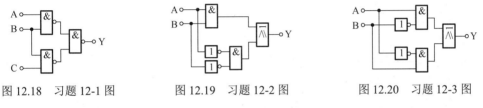

图 12.18　习题 12-1 图　　　　图 12.19　习题 12-2 图　　　　图 12.20　习题 12-3 图

12-4. 组合逻辑电路如图 12.21 所示，试写出逻辑函数表达式。

12-5. 已知逻辑电路如图 12.22 所示，试分析其逻辑功能。

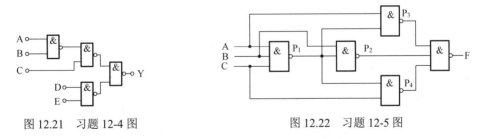

图 12.21　习题 12-4 图　　　　图 12.22　习题 12-5 图

12-6. 试用与非门设计一个组合逻辑电路，其输入为 3 位二进制数，当输入中有奇数个"1"时输出为 1，否则输出为 0。

12-7. 有一个 4 位无符号二进制数 A（$A_3A_2A_1A_0$），请设计一个组合逻辑电路实现：当 $0 \leqslant A < 8$ 或 $12 \leqslant A < 15$ 时，F 输出 1；否则，F 输出 0。

12-8. 约翰和简妮夫妇有两个孩子乔和苏，全家外出吃饭一般要么去汉堡店，要么去炸鸡店。每次出去吃饭前，全家要表决以决定去哪家餐厅。表决的规则是如果约翰和简妮都同意或多数同意吃炸鸡，则他们去炸鸡店，否则就去汉堡店。试设计一个组合逻辑电路实现上述表决功能。

12-9. 试设计一个全减器组合逻辑电路。全减器可以计算三个数 X、Y、BI 的差，即 $D=X-Y-$BI。当 $X < Y+$BI 时，借位输出端 BO 置位。

12-10．写出图 12.23 所示电路的逻辑函数，并化简为最简与或表达式。

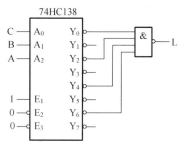

图 12.23　习题 12-10 图

12-11．试用一片 3 线-8 线译码器 74HC138 和最少的门电路设计一个奇偶校验器，要求当输入变量 A、B、C、D 中有偶数个"1"时输出为 1，否则为 0。（ABCD 为 0000 时视作偶数个"1"）。

12-12．用一个 8 线-3 线优先编码器 74HC148 和一个 3 线-8 线译码器 74HC138 实现 3 位格雷码→3 位二进制数的转换。

12-13．根据图 12.24 所示 4 选 1 数据选择器，写出输出 Z 的最简与或表达式。

12-14．由 4 选 1 数据选择器和门电路构成的组合逻辑电路如图 12.25 所示，试写出输出 E 的最简逻辑函数表达式。

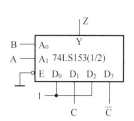

图 12.24　习题 12-13 图

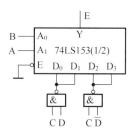

图 12.25　习题 12-14 图

12-15．由 4 选 1 数据选择器构成的组合逻辑电路如图 12.26 所示，请画出在图 12.26 所示输入信号作用下 L 的输出波形。

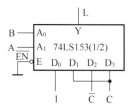

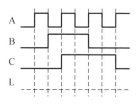

图 12.26　习题 12-15 图

第13章

时序逻辑电路

知识目标

①了解触发器的基本特性及基本 RS 触发器的工作原理；②熟悉各种触发器的逻辑功能及触发方式；③掌握寄存器、计数器等时序逻辑器件的工作原理、功能及应用。

技能目标

①初步掌握常用集成触发器的应用，能应用集成计数器设计各种进制计数器；②能对集成时序逻辑器件的逻辑功能进行分析，从而掌握其使用方法。

第 12 章介绍了组合逻辑电路，它在任一时刻的输出量仅决定于该时刻的输入信号，而与电路原来的状态无关。还有一类数字逻辑电路称为时序逻辑电路，该电路任一时刻的输出量不仅决定于该时刻的输入信号，还与电路原来的状态有关，即具有记忆功能。时序逻辑电路一般由组合逻辑电路和各种类型的触发器构成。时序逻辑电路按是否由统一的时钟控制，可分为同步时序逻辑电路和异步时序逻辑电路；按功能不同可分为寄存器、计数器等。

13.1 RS 触发器

能够存储一位二进制数字信号的逻辑电路称为触发器(Flip-Flop,简称 FF)。触发器是具有记忆功能的单元器件，是构成各种时序电路的基本逻辑单元。

微课：RS 触发器

触发器的两个基本特性：①有两个稳定状态。触发器有一个或多个输入端，有两个输出端 Q 与 $\overline{Q}$，Q 与 $\overline{Q}$ 的电平总是以互补状态出现。通常用 Q 端的输出状态来表示触发器的状态，即把 Q = 0（$\overline{Q}$ = 1）称为触发器的"0"状态；而把 Q = 1（$\overline{Q}$ = 0）称为触发器的"1"状态。②在一定的外部信号的作用（触发）下，触发器可以由一种稳定状态转换到另一种稳定状态，外部触发信号消失后电路仍能维持原来的稳定状态，这就使得触发器能够记忆二进制信息，常作为二进制存储单元。因此触发器是一个具有记忆功能的基本逻辑单元，有着广泛的应用。在时序逻辑电路中，利用触发器可以构成计数器、分频器、寄存器、时钟脉冲控制器等。

触发器的种类很多，根据电路结构的不同，触发器可分为基本 RS 触发器、同步触发器、主从触发器、维持-阻塞触发器等；根据逻辑功能的不同，常用的触发器有 RS 触发器、JK 触发器、D 触发器、T 触发器和 T′触发器等；根据触发方式的不同，触发器又分为电平触发器、边沿触发器、脉冲触发器等。

描述触发器的逻辑功能的方法有特性功能表、特征方程、时序波形图等。

13.1.1　基本 RS 触发器

1．电路组成

图 13.1（a）所示为由两个与非门交叉耦合构成的基本 RS 触发器，它是无时钟控制、低电平触发有效的触发器。$\overline{R}$ 与 $\overline{S}$ 为信号输入端，Q 与 $\overline{Q}$ 为两个互补的信号输出端。逻辑符号如图 13.1（b）所示，输入端 $\overline{R}$、$\overline{S}$ 下端的小圆圈表示输入低电平触发有效。

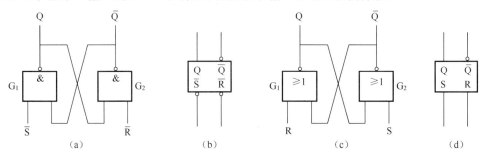

图 13.1　基本 RS 触发器及其逻辑符号

2．输入与输出的逻辑关系

当 $\overline{S}$=0、$\overline{R}$=1 时，与非门 G_1 因 $\overline{S}$ = 0，输出 $\overline{Q}$=1，与非门 G_2 输入全为 1 时，输出 $\overline{Q}$=0，触发器被置"1"；通常称 $\overline{S}$ 为置"1"端，又称置位端。

当 $\overline{R}$=0、$\overline{S}$=1 时，与非门 G_2 因 $\overline{R}$=0，输出 $\overline{Q}$=1，与非门 G_1 输入全为 1 时，输出 Q=0，触发器被置"0"；通常称 $\overline{R}$ 为置"0"端，又称复位端。

当 $\overline{S}$ = $\overline{R}$ =1 时，触发器保持原状态不变；

当 $\overline{S}$ = $\overline{R}$ =0 时，触发器状态不确定，应避免此种情况发生。

由以上分析可知：基本 RS 触发器具有置"0"、置"1"和"保持"三种功能。输入低电平有效，在置位端加负脉冲（$\overline{S}$ =0）即可置位；在复位端加负脉冲（$\overline{R}$=0）即可复位；但不可同时加负脉冲，同时为低电平。

基本 RS 触发器也可以由两个或非门交叉耦合组成，此时输入高电平触发有效；电路组成及逻辑符号如图 13.1（c）、图 13.1（d）所示。

3．特性功能表

通常用 Q^n 表示现态，即输入信号作用前的输出状态；用 Q^{n+1} 表示次态，即输入信号作用后的输出状态。触发器的次态 Q^{n+1} 与输入信号 $\overline{R}$、$\overline{S}$（R、S）及现态 Q^n 之间的关系的真值表称为特性功能表。表 13-1 为基本 RS 触发器的特性功能表。

表 13-1　基本 RS 触发器的特性功能表

与非门组成			或非门组成		
$\overline{R}$	$\overline{S}$	Q^{n+1}	R	S	Q^{n+1}
0	0	不定	0	0	Q^n（保持）
0	1	0（置零）	0	1	1（置 1）
1	0	1（置 1）	1	0	0（置零）
1	1	Q^n（保持）	1	1	不定

4．时序波形图

时序波形图是触发器输出波形随输入信号波形变化而变化的图形。

【例 13.1】已知基本 RS 触发器的初始状态 Q = 0，$\overline{S}$、$\overline{R}$ 端输入波形如图 13.2 所示，试求触发器输出端 Q 和 $\overline{Q}$ 的波形。

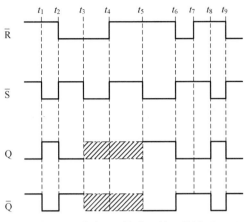

图 13.2　基本 RS 触发器的工作波形

初始状态 Q = 0，t_1 时刻，$\overline{R}$ =1，$\overline{S}$ =0，触发器到 1 状态；t_2 时刻，$\overline{R}$ =0，$\overline{S}$ =1，触发器到 0 状态；t_3 时刻，$\overline{R}$ =0，$\overline{S}$ =0，触发器到不定状态（见图 13.2 中虚线阴影部分）；t_4 时刻，$\overline{R}$ =1，$\overline{S}$ =1，触发器保持不定状态；t_5 时刻，$\overline{R}$ =1，$\overline{S}$ =0，触发器到 1 状态；t_6 时刻，$\overline{R}$ =0，$\overline{S}$ =1，触发器到 0 状态；t_7 时刻，$\overline{R}$ =1，$\overline{S}$ =1，触发器保持原来 0 状态；t_8 时刻，$\overline{R}$ =1，$\overline{S}$ =0，触发器到 1 状态；t_9 时刻，$\overline{R}$ =0，$\overline{S}$ =1，触发器到 0 状态。

基本 RS 触发器是各种触发器的基本模块，它的主要缺点是对输入信号有限制，存在的问题是会出现不定状态，且不受控制。

13.1.2　同步 RS 触发器

上面介绍的基本 RS 触发器是由 $\overline{R}$、$\overline{S}$（R、S）端的输入信号直接控制的。在实际工作中，还要求触发器按照一定的节拍翻转，即要求触发器可以被控制，为此，需要加入一个时钟控制脉冲输入端 CP，只有在 CP 端出现时钟控制脉冲情况下，触发器的状态才能随输入信号 R、S 而变化。具有时钟脉冲控制的 RS 触发器称为同步 RS 触发器，又称钟控 RS 触发器，该触发器状态的改变与时钟脉冲同步。

1. 电路组成

同步 RS 触发器在基本 RS 触发器的基础上增加了两个有时钟脉冲 CP 控制的与非门 G_3、G_4，其电路结构和逻辑符号如图 13.3 所示。CP 为时钟控制脉冲输入端，简称钟控端或 CP 端，R、S 为信号输入端。

2. 逻辑功能

当 CP = 0 时，与非门 G_3、G_4 被封锁，都输出 1，此时无论 R 端、S 端的输入信号如何变化，即无论 R、S 取何值，触发器的状态保持不变，即 $Q^{n+1}=Q^n$。

当 CP=1 时，与非门 G_3、G_4 解除封锁，R 端和 S 端的输入信号能通过这两个门使基本 RS 触发器的状态翻转。其输出状态仍由 R 端和 S 端的输入信号和电路的原有状态 Q^n 决定。

由以上分析可知：在同步 RS 触发器中，R 端和 S 端的输入信号决定了电路状态如何翻转，而时钟控制脉冲 CP 则决定了电路状态翻转的时刻，这样就实现了对电路状态翻转时刻的控制，这种在 CP 规定的电平下（电平有效期内），触发器的状态才允许翻转的触发方式称为电平触发，它可分为高电平触发和低电平触发。上面分析的问题显然属于高电平触发。

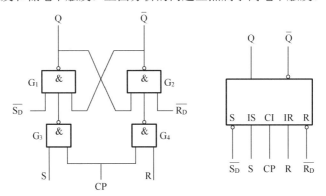

图 13.3　同步 RS 触发器的电路结构和逻辑符号

3. 同步 RS 触发器存在的问题

同步 RS 触发器在基本 RS 触发器的基础上增加了一个时钟控制脉冲输入端，解决了触发器受控问题，电平触发方式会导致"空翻"现象。

如图 13.4 所示，在 CP 为高电平 1 期间，当同步 RS 触发器的输入信号 R 和 S 发生多次变化时，其输出状态也会相应发生多次变化，这种现象称为同步 RS 触发器的"空翻"。要求在电平有效期，输入端 R 和 S 上所加的信号不能发生两次以上的变化，否则同步 RS 触发器状态会发生相应的变化，即同步 RS 触发器不受控制了，易造成同步 RS 触发器动作混乱，因此抗干扰能力较差。不仅发器，所有同步触发器都存在"空翻"现象，因此不能用作计数器、移位寄存器和存储器等逻辑器件，给使用带来不便。

为了提高同步 RS 触发器的抗干扰能力和处理信号的同步性，在同步 RS 触发器电路上进行改进，形成了维持-阻塞触发器和主从触发器，它们分别采用边沿触发和主从触发方式，这两种触发方式只能在触发脉冲的上升沿或下降沿触发，可以避免"空翻"现象，提高了触发器工作的可靠性。边沿触发器的逻辑符号如图 13.5 所示。

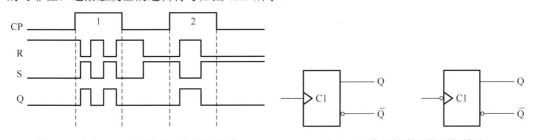

图 13.4　同步 RS 触发器的"空翻"现象　　　　图 13.5　边沿触发器的逻辑符号

对于维持-阻塞触发器和主从触发器，这里不再讨论它们的内部结构及工作原理，使用触发器时应注意熟悉各类型触发器的逻辑功能和触发方式。

13.2　功能触发器

微课：功能触发器

本节介绍 RS 触发器、JK 触发器、D 触发器、T 触发器和 T′ 触发器等。触发器的逻辑功能包括有两个方面：一方面是触发器的次态 Q^{n+1} 与输入信号及现态 Q^n 的关系；另一方面是该触发器的触发方式。

13.2.1　RS 触发器逻辑功能的描述

无论是基本 RS 触发器、同步 RS 触发器还是主从 RS 触发器，其逻辑功能基本相同，不同的是它们的触发方式。下面以同步 RS 触发器为例，介绍 RS 触发器的逻辑功能。

1. 特性功能表

同步 RS 触发器的特性功能表如表 13-2 所示。

表 13-2　同步 RS 触发器的特性功能表

输　入			输　出	功 能 说 明
R	S	CP	Q^{n+1}	
×	×	0	Q^n	保持
0	0	1	Q^n	保持
0	1	1	1	置1
1	0	1	0	置0
1	1	1	不定	不允许

2. 特征方程

触发器的次态 Q^{n+1} 与输入信号 R、S 及现态 Q^n 之间关系的逻辑函数表达式称为触发器的特征方程。由表 13-2 可知，在 CP=1 期间，当 R=S=1 时，触发器的输出状态不定，为避免这种情况的出现，对输入信号应有约束，应使 RS=0。因此 RS 触发器的特征方程为

$$\begin{cases} Q^{n+1} = S + \overline{R}Q^n \\ RS=0\,(CP=1\text{期间有效}) \end{cases}$$

3. 时序波形图

同步 RS 触发器的时序波形图如图 13.6 所示。其原理是：在 CP=0 期间，无论输入信号 R、S 是否发生了变化，输出信号 Q 都不会发生变化，直到 CP =1 期间，才根据 RS 触发器的特性功能表动作。

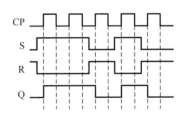

图 13.6　同步 RS 触发器的时序波形图

13.2.2　边沿 D 触发器

1. 逻辑符号

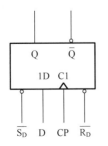

图 13.7　维持-阻塞 D 触发器的逻辑符号

图 13.7 所示为维持-阻塞 D 触发器的逻辑符号，框内"∧"表示动态输入。维持-阻塞为电路的一种结构（这里不做介绍），这种结构决定了它在时钟控制脉冲 CP 的上升沿到达时刻被有效触发，即 CP 由 0 跃变为 1 的瞬间触发，所以维持-阻塞 D 触发器又称边沿 D 触发器。

2. 特性功能表

上升沿触发的边沿 D 触发器特性功能表如表 13-3 所示。

表13-3　上升沿触发的边沿 D 触发器特性功能表

输　　入		输　　出	功 能 说 明
CP	D	Q^{n+1}	
↑	0	0	置0
↑	1	1	置1
非↑	×	Q^n	保持

3．特征方程

$$Q^{n+1}=D \qquad （CP↑）$$

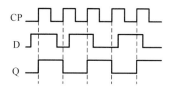

图13.8　边沿 D 触发器的时序波形图

4．时序波形图

边沿 D 触发器的时序波形图如图 13.8 所示，在 CP=0、CP=1 期间以及 CP 由 1 跃变为 0 瞬间，无论输入信号 D 为何值，触发器的状态均保持不变，只有在 CP 由 0 跃变为 1 瞬间，即 CP 的上升沿到达瞬间，触发器的输出才会根据输入信号 D 的值做相应的动作。

5．集成 D 触发器

1）TTL D 触发器 74LS74

74LS74 是具有强制置 0 或置 1 功能（低电平有效）的上升沿触发的双 D 触发器，其引脚排列如图 13.9（a）所示。

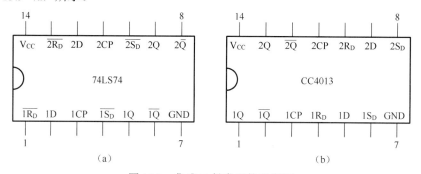

图13.9　集成 D 触发器的引脚图

其特性功能表如表 13-4 所示。

表13-4　74LS74 双 D 触发器的特性功能表

输　　入				输　　出		功 能 说 明
$\overline{R_D}$	$\overline{S_D}$	D	CP	Q^{n+1}	$\overline{Q}^{n+1}$	
0	1	×	×	0	1	异步置0
1	0	×	×	1	0	异步置1
1	1	0	↑	0	1	置0
1	1	1	↑	1	0	置1
1	1	×	0	Q^n	$\overline{Q}^n$	保持
0	0	×	×	不定	不定	不允许

74LS74 的时序波形图如图 13.10 所示，当 $\overline{R_D}$ =0，$\overline{S_D}$ =1 时，无论 D、CP 为何值，触发器强制置 0，因无须 CP 配合，又称异步置 0；当 $\overline{R_D}$ =1，$\overline{S_D}$ =0 时，无论 D、CP 为何值，触发器

强制置 1，又称异步置 1；当 $\overline{R_D}$ =1， $\overline{S_D}$ =1 时，触发器
按照边沿 D 触发器的逻辑功能动作。

2）CMOS　D 触发器 CC4013

CC4013 是由 CMOS 传输门构成的边沿 D 触发器，
是具有强制置 0 或置 1 功能（高电平有效）的上升沿触发
的双 D 触发器，其引脚排列如图 13.9（b）所示。

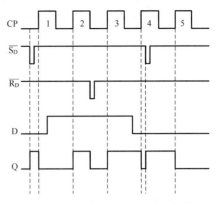

图 13.10　74LS74 的时序波形图

13.2.3　边沿 JK 触发器

1. 逻辑符号

在信号输入端为双端的情况下，JK 触发器是功能完
善、无输入限制、使用灵活和通用性较强的一种触发器。

图 13.11 所示为边沿 JK 触发器的逻辑符号，J、K 为信号输入端，框内"∧"表示动态输
入，框外有小圆圈表示逻辑非，它表示用时钟脉冲 CP 的下降沿触发，即边沿 JK 触发器只在 CP
的下降沿到达时刻有效，如图 13.11（a）所示。框外无小圆圈表示用时钟控制脉冲 CP 的上升沿
触发，即边沿 JK 触发器只在 CP 的上升沿到达时刻有效，如图 13.11（b）所示。

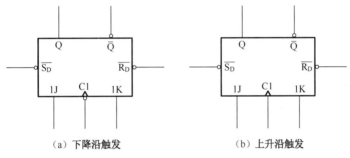

（a）下降沿触发　　　　　　　　　（b）上升沿触发

图 13.11　边沿 JK 触发器的逻辑符号

2. 特性功能表

下降沿触发 JK 触发器的特性功能表如表 13-5 所示。

表 13-5　下降沿触发 JK 触发器的特性功能表

输　　入		输　出	功　能　说　明
CP	J　　K	Q^{n+1}	
↓	0　　0	Q^n	保持
↓	0　　1	0	置 0
↓	1　　0	1	置 1
↓	1　　1	$\overline{Q^n}$	翻转（计数）

3. 特征方程

$Q^{n+1} = J\overline{Q^n} + \overline{K}Q^n$　（CP 的下降沿到达有效）

4. 时序波形图

边沿 JK 触发器的时序波形图如图 13.12 所示，工作原理请同学们自己分析。

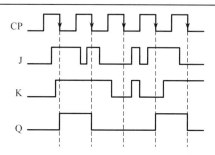

图 13.12 边沿 JK 触发器的时序波形图

5. 常用 JK 触发器典型芯片介绍

1）上升沿触发 JK 触发器 CC4027

CC4027 为 CMOS 器件，为双 JK 触发器，是上升沿触发的边沿触发器，有强制置 0 或置 1 功能，其引脚排列如图 13.13（a）所示。置位输入端 S 和复位输入端 R：高电平有效。

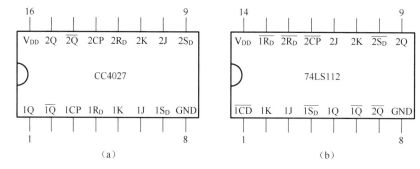

（a）　　　　　　　　　　　　　　　　　　（b）

图 13.13 集成 JK 触发器的引脚图

2）下降沿触发 JK 触发器 74LS112

74LS112 为 TTL 器件，为双 JK 触发器，是下降沿触发的边沿触发器，有强制置 0 或置 1 功能，低电平有效，其引脚排列如图 13.13（b）所示。置位输入端 S 和复位输入端 R：低电平有效。其特性功能表如表 13-6 所示。

表 13-6　74LS112 的特性功能表

输　入					输　出		功能说明
$\overline{R_D}$	$\overline{S_D}$	J	K	CP	Q^{n+1}	$\overline{Q^{n+1}}$	
0	1	×	×	×	0	1	异步置 0
1	0	×	×	×	1	0	异步置 1
1	1	0	0	↓	Q^n	$\overline{Q^n}$	保持
1	1	0	1	↓	0	1	置 0
1	1	1	0	↓	1	0	置 1
1	1	1	1	↓	$\overline{Q^n}$	Q^n	计数（翻转）
1	1	×	×	1	Q^n	$\overline{Q^n}$	保持
0	0	×	×	×	不定	不定	不允许

JK 触发器 74LS112 的时序波形图如图 13.14 所示，当 $\overline{R_D}$ =0，$\overline{S_D}$ =1 时，无论 J、K、CP 为何值，触发器强制置 0，因无须 CP 配合，又称异步置 0；当 $\overline{R_D}$ =1，$\overline{S_D}$ =0 时，无论 J、K、CP 为何值，触发器强制置 1，又称异步置 1；当 $\overline{R_D}$ =1，$\overline{S_D}$ =1 时，触发器按照边沿 JK 触发器的逻辑功能动作。

13.2.4 T 和 T′触发器

1. T 触发器的逻辑符号

T 触发器的逻辑符号如图 13.15 所示。

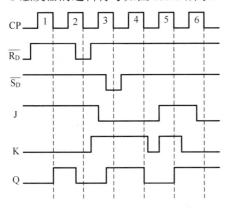

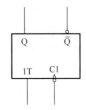

图 13.14 74LS112 的时序波形图   图 13.15 T 触发器的逻辑符号

2. T 触发器的特性功能表

T 触发器的特性功能表如表 13-7 所示。

表 13-7 T 触发器的特性功能表

输　　入		输　　出
CP	T	Q^{n+1}
↓	0	Q^n
↓	1	$\overline{Q^n}$

3. T 触发器的特征方程

$$Q^{n+1} = T\overline{Q^n} + \overline{T}Q^n$$

4. T 触发器的时序波形图

T 触发器的时序波形图如图 13.16 所示。

5. T′触发器的特性功能表

T′触发器没有专门的产品和专门的逻辑符号。其功能为每来一个 CP 脉冲，触发器输出状态就翻转一次，相当于将 CP 脉冲二分频。其特征方程为 $Q^{n+1} = \overline{Q^n}$，其时序波形图如图 13.17 所示。

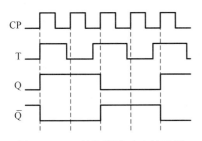

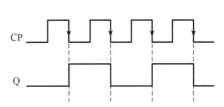

图 13.16 T 触发器的时序波形图   图 13.17 T′触发器的时序波形图

13.2.5 不同功能触发器之间的转换

不同功能触发器之间常用和有实用价值的转换有如下两种。

（1）JK 触发器转换为 T 和 T′触发器（见图 13.18）。

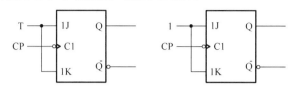

图 13.18 JK 触发器转化为 T 和 T′触发器

（2）D 触发器转换为 T 和 T′触发器（见图 13.19）。

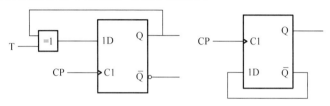

图 13.19 D 触发器转化为 T 和 T′触发器

13.3 寄存器

寄存器是一种常用的时序逻辑器件，在数字系统中常用来暂时存放参与运算的数据和运算结果。它由具有记忆功能的触发器和具有控制功能的门电路构成。若需要将数据存放在寄存器中，可以通过时钟控制信号存入，同样从寄存器中取出需要的数据也通过时钟控制信号取出，且可以一次存放、反复取出。一个触发器只能存放一位二进制数，要存放多位二进制数据或二进制编码时需要多个触发器，常用的寄存器有 4 位寄存器、8 位寄存器及 16 位寄存器等。寄存器按其功能可以分为数码寄存器和移位寄存器。

13.3.1 数码寄存器

微课：寄存器

1. 4 位数码寄存器

图 13.20 所示为由 $FF_0 \sim FF_3$ 4 个 D 触发器组成的 4 位数码寄存器，输入信号为 $D_0 \sim D_3$，输出信号为 $Q_0 \sim Q_3$，4 个 D 触发器均由同一个 CP 脉冲控制，CP 脉冲作为寄存控制信号，$\overline{R_D}$ 为强制置 0 端，低电平有效，工作时为高电平。

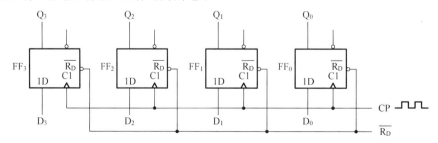

图 13.20 由 4 个 D 触发器组成的 4 位数码寄存器

当 $\overline{R_D}=1$ 时，CP 上升沿到达时，根据 D 触发器的功能，输入信号 $D_0 \sim D_3$ 分别寄存到 $FF_0 \sim FF_3$，并从 $Q_0 \sim Q_3$ 输出，即完成数码的接收和寄存功能。这种输入和输出方式称为并行输入、并行输出。$\overline{R_D}$ 为低电平时，无论 $D_0 \sim D_3$ 及 CP 为何值，各 D 触发器全部置 0，称为异步清零。由此可见，数码寄存器中的数码可以反复输出；每当数码寄存器按照接收脉冲存入新的数码时，数码寄存器中原来存入的数码就自动清除；若要求数码寄存器的状态全部置 0，可在置零端 $\overline{R_D}$ 上加置零信号。

2. 集成数码寄存器

常用的集成数码寄存器产品有 74LS175（4 位数码寄存器）、74LS174（6 位数码寄存器）、74LS377（8 位数码寄存器）、74LS373（8 位数码锁存器）等。图 13.21 所示为集成 8 位数码寄存器 74LS377 的引脚图，其中 11 脚 CLK 为触发脉冲输入端，1 脚 $\overline{G}$ 为门控端，低电平有效，其作用是当 $\overline{G}=0$ 时，在触发脉冲作用下，允许从 D 端输入数据信号；当 $\overline{G}=1$ 时，禁止工作，输出状态不变，其特性功能表如表 13-8 所示。

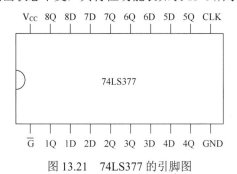

图 13.21　74LS377 的引脚图

表 13-8　74LS377 特性功能表

$\overline{G}$	CLK	D	Q^{n+1}
1	×	×	Q^n
0	↑	0	0
0	↑	1	1
×	0	×	Q^n

13.3.2　移位寄存器

移位寄存器不仅有寄存数码的功能，还具有移位功能。移位是指每来一个移位脉冲，触发器的状态便向左或向右移动一位。移位在计算机系统中的二进制算术运算和逻辑运算中应用广泛。将多位数据左移一位，相当于乘 2 运算；右移一位，相当于除 2 运算。移位寄存器可以将并行数据转换成串行数据，也可以将串行数据转换成并行数据。移位寄存器可分为单向移位寄存器和双向移位寄存器，单向移位寄存器又分为左移位寄存器和右移位寄存器。

1. 单向移位寄存器

图 13.22 所示电路是由 4 个上升沿触发 D 触发器组成的左移位寄存器，4 个 D 触发器由同一个时钟脉冲控制，该电路属于同步时序逻辑电路。数码从 FF_0 的 D_I 端串行输入，其工作原理如下：移位寄存前，在清零端输入一个负脉冲，各触发器状态为 $Q_3 Q_2 Q_1 Q_0 = 0000$。若串行输入数码 $D_I = 1011$，当输入第一个数码 1 时，$D_0 = 1$、$D_1 = Q_0 = 0$、$D_2 = Q_1 = 0$、$D_3 = Q_2 = 0$、$Q_3 = 0$，在第一个脉冲上升沿到达时，FF_0 由 0 翻转为 1，即 $Q_0 = 1$，第一位数码 1 就存入 FF_0，其原来的状态 0 就移入 FF_1 中，数码向左移动一位，同理，FF_1、FF_2 和 FF_3 中的数码依次向左移动一位，各触发器的状态为 $Q_3 Q_2 Q_1 Q_0 = 0001$。当输入第二个数码 0，在第二个脉冲上升沿到达时，FF_0 由 1 翻转为 0，即第二个数码 0 存入 FF_0，$Q_0 = 0$，其原来的状态 1 向左移到 FF_1 中，$Q_1 = 1$，各触发器状态为 $Q_3 Q_2 Q_1 Q_0 = 0010$。输入第三个数码 1，在第三个脉冲上升沿到达时，各触发器状态为 $Q_3 Q_2 Q_1 Q_0 = 0101$。最后输入第四个数码 1，在第四个脉冲上升沿到达时，各触发器状态为 $Q_3 Q_2 Q_1 Q_0 = 1011$。经过 4 个移位脉冲，输入的 4 位串行数码 1011 全部寄存到左移位寄存器中，其移位情况如表 13-9 所示。

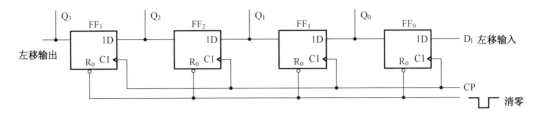

图 13.22　左移位寄存器电路原理图

表 13-9　左移位寄存器的移位情况

移位脉冲 CP	输 入 数 据	Q_3	Q_2	Q_1	Q_0
0		0	0	0	0
1	1	0	0	0	1
2	0	0	0	1	0
3	1	0	1	0	1
4	1	1	0	1	1
5		0	1	1	0
6		1	1	0	0
7		1	0	0	0
8		0	0	0	0

移位寄存器中的数码可由并行输出，也可由串行输出，这时需要继续输入 4 个脉冲才能从寄存器中取出存放的 4 位数码 1011，从第 4 个脉冲到第 7 个脉冲，Q_3 端依次串行输出 1、0、1、1 共 4 位数码。

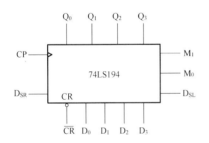

图 13.23　74LS194 的逻辑功能示意图

2．集成双向移位寄存器

图 13.23 所示为 4 位双向移位寄存器 74LS194 的逻辑功能示意图，图中 $\overline{CR}$ 为置零端，低电平有效，$D_0 \sim D_3$ 为并行数码输入端，D_{SR} 为右移串行数码输入端，D_{SL} 为左移串行数码输入端，$Q_0 \sim Q_3$ 为并行数码输出端，M_0 和 M_1 为工作方式控制端，CP 为移位脉冲输入端。其特性功能表如表 13-10 所示。

表 13-10　74LS194 的特性功能表

输　　入										输　　出				功 能 说 明
$\overline{CR}$	M_1	M_0	CP	D_{SL}	D_{SR}	D_3	D_2	D_0	D_1	Q_3^{n+1}	Q_2^{n+1}	Q_1^{n+1}	Q_0^{n+1}	
0	×	×	×	×	×	×	×	×	×	0	0	0	0	置 0
1	×	×	0	×	×	×	×	×	×	Q_3^n	Q_2^n	Q_1^n	Q_0^n	保持
1	1	1	↑	×	×	d_3	d_2	d_1	d_0	d_3	d_2	d_1	d_0	并行置数
1	0	1	↑	×	d	×	×	×	×	d	Q_3^n	Q_2^n	Q_1^n	右移输入
1	1	0	↑	d	×	×	×	×	×	Q_2^n	Q_1^n	Q_0^n	d	左移输入
1	0	0	×	×	×	×	×	×	×	Q_3^n	Q_2^n	Q_1^n	Q_0^n	保持

由表 13-10 可知，74LS194 的逻辑功能如下：

（1）置 0 功能。只要 $\overline{CR}$ =0，双向移位寄存器置 0，即 Q_3、Q_2、Q_1、Q_0 全为 0。

（2）保持功能。当 $\overline{CR}=1$，CP$=0$，或 $\overline{CR}=1$，$M_1M_0=00$ 时，双向移位寄存器的状态保持不变。

（3）并行输入、并行输出功能。当 $\overline{CR}=1$，$M_1M_0=11$ 时，在 CP 上升沿到达时，使 $D_3\sim D_0$ 端输入的数码 $d_3\,d_2\,d_1\,d_0$ 并行置入寄存器中，即 $Q_3\,Q_2\,Q_1\,Q_0=d_3\,d_2\,d_1\,d_0$

（4）右移串行置数功能。当 $\overline{CR}=1$，$M_1M_0=01$ 时，在 CP 上升沿到达时，双向移位寄存器执行右移位功能，从 D_{SR} 端输入的数码依次存入寄存器中。

（5）左移串行置数功能。当 $\overline{CR}=1$，$M_1M_0=10$ 时，在 CP 上升沿到达时，双向移位寄存器执行左移位功能，从 D_{SL} 端输入的数码依次存入寄存器中。

13.4 计数器

统计输入脉冲个数的过程称为计数，实现计数功能的数字电路称为计数器，它主要由触发器组成。计数器不仅用来对脉冲计数，而且广泛用于分频、定时、延时、计时和数字运算等方面。计数器按照计数长度可分为二进制计数器、十进制计数器及 N 进制计数器；按触发器是否由统一的时钟控制可分为同步计数器和异步计数器；按计数增减趋势可分为加法计数器、减法计数器和可逆计数器。

13.4.1 异步计数器

微课：计数器

计数脉冲未加到组成计数器的所有触发器的 CP 端，只作用于部分触发器 CP 端的计数器称为异步计数器。异步计数器中各触发器动作的时刻不同，因而分析异步计数器时，要特别注意各触发器的时钟条件是否满足。

1. 异步二进制加法计数器

图 13.24（a）所示电路是由 4 个 JK 触发器组成的异步二进制加法计数器，各触发器 JK$=11$，构成下降沿触发的 T' 触发器，即每来一个脉冲下降沿，电路就翻转一次。FF_0 的时钟脉冲为计数脉冲 CP，低位触发器的 Q 端输出作为相邻高位触发器的时钟脉冲，也就是 FF_1、FF_2 和 FF_3 的时钟脉冲分别为 Q_0、Q_1、Q_2，即 FF_1、FF_2 和 FF_3 分别在 Q_0、Q_1、Q_2 的下降沿到达时翻转。其时序波形图如图 13.24（b）所示。

图 13.25（a）所示电路是由 4 个 D 触发器组成的异步二进制加法计数器，$\overline{Q}$ 端和 D 端相连，构成上升沿触发的 T' 触发器，低位触发器的 $\overline{Q}$ 端输出作为相邻高位触发器的时钟脉冲，也就是 FF_1、FF_2 和 FF_3 的时钟脉冲分别为 $\overline{Q_0}$、$\overline{Q_1}$、$\overline{Q_2}$（图中未标出），即 FF_1、FF_2 和 FF_3 分别在 $\overline{Q_0}$、$\overline{Q_1}$、$\overline{Q_2}$ 的上升沿到达时翻转。其时序波形图如图 13.25（b）所示。表 13-11 为其状态表。由 4 位异步二进制加法计数器可知，当输入第 16 个计数脉冲时，触发器 $Q_3\,Q_2\,Q_1\,Q_0$ 返回起始状态"0000"，它能计数的最大十进制数为 $15=2^4-1$，从"0000"至"1111"，共 $2^4=16$ 个有效状态，即最大构成十六进制计数器，N 位二进制计数器能计数的最大十进制数为 $15=2^N-1$，最大可构成 2^N 进制计数器。

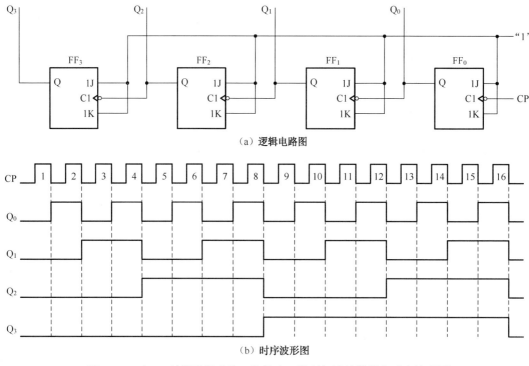

（a）逻辑电路图

（b）时序波形图

图 13.24　由 JK 触发器组成的 4 位异步二进制加法计数器和时序波形图

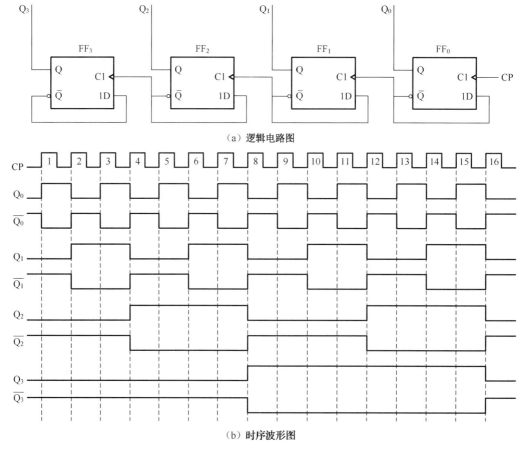

（a）逻辑电路图

（b）时序波形图

图 13.25　由 D 触发器组成的 4 位异步二进制加法计数器和时序波形图

表 13-11　4 位二进制加法计数器的状态表

计 数 顺 序	计数器状态			
	Q_3	Q_2	Q_1	Q_0
0	0	0	0	0
1	0	0	0	1
2	0	0	1	0
3	0	0	1	1
4	0	1	0	0
5	0	1	0	1
6	0	1	1	0
7	0	1	1	1
8	1	0	0	0
9	1	0	0	1
10	1	0	1	0
11	1	0	1	1
12	1	1	0	0
13	1	1	0	1
14	1	1	1	0
15	1	1	1	1
16	0	0	0	0

将图 13.25（a）中低位触发器的 $\overline{Q}$ 端输出作为相邻高位触发器的时钟脉冲，或将图 13.25（a）中低位触发器的 Q 端输出作为相邻高位触发器的时钟脉冲，即构成异步二进制减法计数器，其工作原理同学们可以自己分析，然后列出二进制减法计数器的状态表。

由 4 位二进制计数器的工作波形可知，FF_0 的输出 Q_0 的波形频率为计数脉冲 CP 频率的 1/2，即二分频电路，FF_1、FF_2 和 FF_3 的输出 Q_1、Q_2、Q_3 的频率分别为计数脉冲 CP 频率的 1/4、1/8、1/16，说明计数器有分频作用，又是分频器。

2．异步十进制计数器

人们日常生活习惯用十进制计数，十进制计数有 0～9 共 10 个数码，需要 4 个触发器才能满足要求，但是 4 个触发器共有 $2^4 = 16$ 个有效状态，其中将 0000～1001（对应 0～9 采用 8421BCD 码）作为有效状态，将 1010～1111 六个状态作为无效状态，予以剔除。

图 13.26（a）所示为异步十进制计数器的逻辑电路。实际上，FF_0 为一个二进制计数器，FF_1、FF_2 和 FF_3 组成一个五进制计数器，二进制计数器和五进制计数器串联而成十进制计数器（$2 \times 5 = 10$）。在 $CP_0 \sim CP_8$ 时，计数器按二进制数正常进位到 $Q_3 Q_2 Q_1 Q_0 = 1000$，CP_8 下降沿到后，使 $J_3 K_3 = 01$，而 Q_0 用作 FF_3 的时钟脉冲。在 CP_9 到来时，Q_3 保持不变，$Q_3 Q_2 Q_1 Q_0 = 1001$；在 CP_{10} 到来时，Q_0 产生下降沿，使 FF_3 的状态翻转，$Q_3 Q_2 Q_1 Q_0 = 0000$，返回初始状态。当 $Q_3 Q_2 Q_1 Q_0 = 1001$ 时，进位输出脉冲 $C = Q_3 Q_0 = 1$，其时序波形图如图 13.26（b）所示，其状态表如表 13-12 所示。

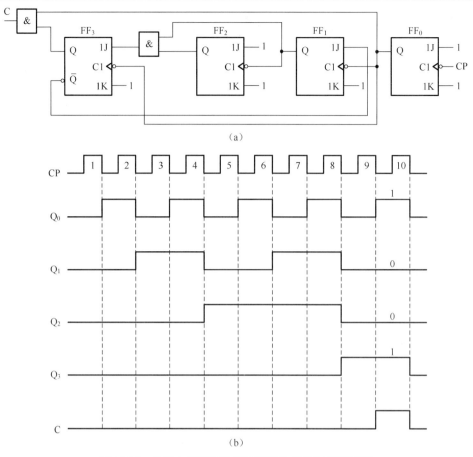

图 13.26 异步十进制计数器的逻辑电路和时序波形图

表 13-12 十进制计数器的状态表

计 数 顺 序	计数器状态				进位 C
	Q_3	Q_2	Q_1	Q_0	
0	0	0	0	0	0
1	0	0	0	1	0
2	0	0	1	0	0
3	0	0	1	1	0
4	0	1	0	0	0
5	0	1	0	1	0
6	0	1	1	0	0
7	0	1	1	1	0
8	1	0	0	0	0
9	1	0	0	1	1
10	0	0	0	0	0

3．异步计数器的特点

异步计数器的电路结构简单，组成计数器的各触发器的翻转时刻不同。由于异步计数器的高位触发器的触发脉冲需依靠低位触发器的输出，而每个触发信号的传递均有一定的延时，因此异步计数器工作速度较慢，信号频率不能太高，另外，译码时容易出错。集成异步计数器的产品不多，集成异步计数器有 74LS290 等，这里不做专门介绍。

13.4.2 集成同步计数器

计数脉冲同时加到各触发器的时钟输入端，在时钟脉冲触发有效的同时动作的计数器称为同步计数器。同步计数器的电路结构比异步计数器要复杂些，由于计数脉冲同时触发计数器中的所有触发器，因此其工作速度较快，允许有较高的工作频率，译码时也不容易出错。图 13.27 所示为同步二进制加法计数器，这里不做分析。随着电子技术的发展，一般使用集成计数器构成具有各种功能的数字电路。

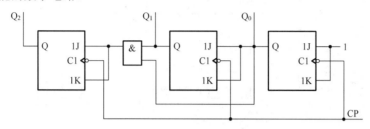

图 13.27　同步二进制加法计数器

1. 集成同步二进制计数器 74LS161/163

74LS161/163 为 4 位二进制可预置的同步计数器，其最大计数值为 16。74LS161 有异步复位功能，而 74LS163 有同步复位功能，其他功能完全相同，引脚排列也相同。图 13.28 所示为集成同步二进制计数器 74LS161/163 的引脚图，表 13-13 为 74LS161 的特性功能表。

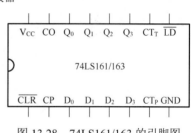

图 13.28　74LS161/163 的引脚图

表 13-13　74LS161 的特性功能表

$\overline{\text{CLR}}$	$\overline{\text{LD}}$	CP	CT_T	CP_P	功　能
0	×	×	×	×	异步清零
1	0	↑	×	×	同步置数
1	1	↑	1	1	计数
1	1	×	0	×	保持
1	1	×	×	0	保持

74LS161 的功能说明：

$\overline{\text{CLR}}$ 异步清零端：低电平有效，只要 $\overline{\text{CLR}}$ =0，则 $Q_3 Q_2 Q_1 Q_0$ =0000，称为异步清零。

$\overline{\text{LD}}$ 同步置数端：低电平有效，$\overline{\text{CLR}}$ =1，$\overline{\text{LD}}$ =0 时，在 CP 上升沿，将并行数据 $D_3 D_2 D_1 D_0$ 置入片内触发器，并从 $Q_3 Q_2 Q_1 Q_0$ 端输出，$Q_3 Q_2 Q_1 Q_0$ = $D_3 D_2 D_1 D_0$。$\overline{\text{LD}}$ 为 0 还需要配合，称为同步置数。

CT_T、CP_P 计数允许控制端：$\overline{\text{CLR}}$ =1，$\overline{\text{LD}}$ =1，当 $\text{CT}_T \text{CP}_P$ =11 时，允许计数；当 $\text{CT}_T \text{CP}_P$ =00 时，禁止计数，保持原来的状态。

$D_3 D_2 D_1 D_0$ 为计数器预置数据输入端。

$Q_3 Q_2 Q_1 Q_0$ 为计数器输出端。

CO 为计数器进位输出端。

CP 为计数器的计数脉冲输入端，上升沿触发有效。

【例 13.2】利用 74LS161 组成十二进制计数器。

　解：（1）反馈置数法。

如图 13.29（a）所示，当 $Q_3 Q_2 Q_1 Q_0$ =1011 时，$Q_3 Q_1 Q_0$ 全为 1，通过与非门 G 输出 0，反馈给 $\overline{LD}$ =0，低电平为置数信号，计数器置入 0000，由于计数器为同步置数（见功能表同步置数功能），这时计数器并不能置零，需要再来一个计数脉冲 CP，计数器状态 $Q_3 Q_2 Q_1 Q_0$ 才变为 0000，其状态转换图如图 13.29（b）所示，有效状态有 12 个，即构成十二进制计数器。

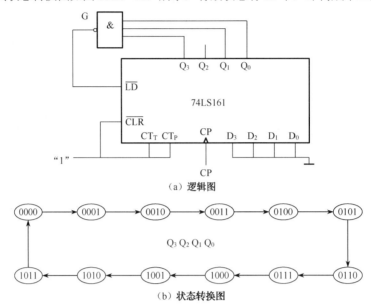

（a）逻辑图

（b）状态转换图

图 13.29　反馈置数法构成十二进制计数器

（2）反馈复位法。如图 13.30（a）所示，当 $Q_3 Q_2 Q_1 Q_0$ =1100 时，$Q_3 Q_2$ 全为 1，通过与非门 G 输出 0，反馈给 $\overline{CLR}$ =0，低电平为清零信号，由于计数器为异步清零（见功能表异步清零功能），不需要再来一个计数脉冲 CP，计数器状态 $Q_3 Q_2 Q_1 Q_0$ 即刻复位，变为 0000，这里 1100 为过渡状态，即无效状态，其状态转换图如图 13.30（b）所示，有效状态仍为 12 个，即构成十二进制计数器。

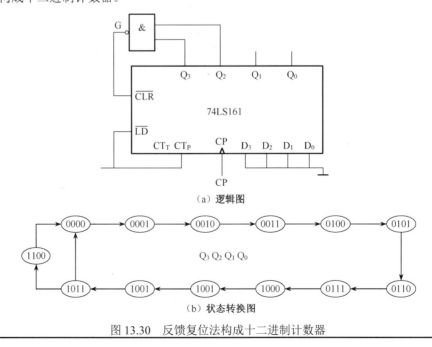

（a）逻辑图

（b）状态转换图

图 13.30　反馈复位法构成十二进制计数器

2．集成同步十进制计数器 74LS160/162

74LS160/162 为 4 位二进制可预置的同步计数器，其最大计数值为 10，其有效状态从 "0000" 到 "1001"，再来一个计数脉冲，计数器返回 "0000"。它们的区别在于 74LS160 有异步置 0 功能，而 74LS162 有同步置 0 功能，其他功能完全相同。它们的引脚排列与 74LS161/163 相同。表 13-14 为 74LS160 的特性功能表。

表 13-14　74LS160 的特性功能表

输　入									输　出				说　明
$\overline{CLR}$	$\overline{LD}$	CP	CT_T	CP_P	D_3	D_2	D_1	D_0	Q_3	Q_2	Q_1	Q_0	
0	×	×	×	×	×	×	×	×	0	0	0	0	异步置零
1	0	↑	×	×	d_3	d_2	d_1	d_0	d_3	d_2	d_1	d_0	$CO=CT_T Q_3 Q_0$
1	1	↑	1	1	×	×	×	×	计数				$CO=Q_3 Q_0$
1	1	×	0	×	×	×	×	×	保持				
1	1	×	×	0	×	×	×	×	保持				

思考：如何用两片十进制计数器 74LS160 构成六十进制和二十四进制计数器？

3．集成十进制可逆计数器 74LS192

74LS192 为可预置的十进制可逆计数器，其引脚图如图 13.31 所示，其特性功能表如表 13-15 所示。

图 13.31　74LS192 的引脚图

表 13-15　74LS192 的特性功能表

输　入								输　出				说　明
CLR	$\overline{LD}$	CP_U	CP_D	D_3	D_2	D_1	D_0	Q_3	Q_2	Q_1	Q_0	
1	×	×	×	×	×	×	×	0	0	0	0	异步清零
0	0	×	×	d_3	d_2	d_1	d_0	d_3	d_2	d_1	d_0	异步置数
0	1	↑	1	×	×	×	×	加法计数				$\overline{CO}=\overline{Q_3 Q_0}$
0	1	1	↑	×	×	×	×	减法计数				$\overline{BO}=Q_3+Q_2+Q_1+Q_0$

功能说明：

CLR 为异步清零端，高电平有效。只要 CLR =1，则 $Q_3 Q_2 Q_1 Q_0$ =0000。

$\overline{LD}$ 为异步置数端，低电平有效。CLR =0，$\overline{LD}$ =0，将并行数据置入 $d_3 d_2 d_1 d_0$，并从 Q_3、Q_2、Q_1、Q_0 端输出，$Q_3 Q_2 Q_1 Q_0$ =$d_3 d_2 d_1 d_0$，不需要 CP 配合，称为异步置数。

CP_U、CP_D 为加减计数脉冲输入端，上升沿有效。加法计数时，计数脉冲从 CP_U 输入，CP_D 接高电平；减法计数时，计数脉冲从 CP_D 输入，CP_U 接高电平。

$D_3 D_2 D_1 D_0$ 为计数器预置数据输入端。

$Q_3 Q_2 Q_1 Q_0$ 为计数器输出端。

$\overline{\text{CO}}$、$\overline{\text{BO}}$ 分别为进位、借位输出端，低电平有效。在加法计数至最大值 1001 后，$\overline{\text{CO}}$ 输出一个负脉冲，表示进位信号；在减法计数至最小值 0000 后，$\overline{\text{BO}}$ 输出一个负脉冲，表示借位信号。

利用 74LS192 可以很方便地组成可逆计数器，如图 13.32 所示，加减控制端为 1 时是加法计数器，加减控制端为 0 时是减法计数器。

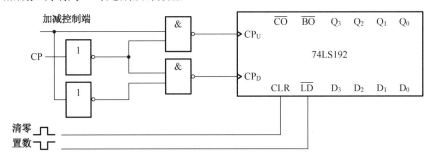

图 13.32　可逆计数器

【例 13.3】用两片 74LS192 构成一个二十四进制计数器，输出两位 8421BCD 码。

解：图 13.33 所示电路中，74LS192（Ⅰ）为个位片，计数脉冲 CP 从其 CP_U 端输入，其进位输出端 $\overline{\text{CO}}$ 与十位片 74LS192（Ⅱ）的加减计数脉冲输入端 CP_U 相连，$\overline{\text{CO}}$ 端输出作为十位片的加法计数脉冲，且两芯片均预置了 $D_3 D_2 D_1 D_0 = 0000$。当个位片 $Q_3 Q_2 Q_1 Q_0 = 0100$（十进制数为 4）、十位片 $Q_3 Q_2 Q_1 Q_0 = 0010$（十进制数为 2）时，通过与非门同时给两芯片低电平置数脉冲信号，由于芯片的异步置数功能，不需要等下一个计数脉冲 CP，瞬间两芯片输出均回到预置的 0000 状态，两芯片的有效状态为 24 个，即构成一个二十四进制计数器。

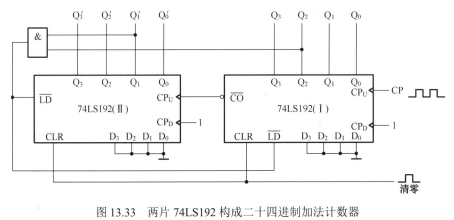

图 13.33　两片 74LS192 构成二十四进制加法计数器

13.5　时序逻辑电路应用举例

13.5.1　第一信号鉴别电路

图 13.34 所示为由 4 个 JK 触发器组成的第一信号鉴别电路，其功能为判别按键 $S_0 \sim S_3$ 送入的 4 个信号中哪一个信号最先到达。该电路又称为抢答电路。其工作原理如下。

开始工作前，先按下复位开关 S_R，$FF_0 \sim FF_3$ 因 R =0 全部被置 0，$Q_0 \sim Q_3$ 输出低电平，而它们的非端都输出高电平 1，发光二极管 $LED_0 \sim LED_3$ 不发光。此时与非门 G_1 输入全为高电平 1 而输出低电平 0，G_2 反向输出高电平 1，这样 $FF_0 \sim FF_3$ 的 J=K=1，且 CP 端均为高电平 1，4 个触发器处于接收输入信号的状态。

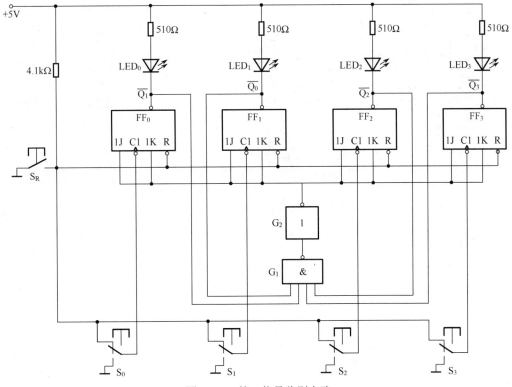

图 13.34　第一信号鉴别电路

抢答开始，在 $S_0 \sim S_3$ 的 4 个按键中如果 S_2 最先按下，则 FF_2 的 CP 端由 1 跃变为 0，即下降沿触发，FF_2 的 Q 非端输出由 1 变为 0，一方面会使 LED_2 发光，另一方面与非门 G_1 因有 0 输入而输出高电平 1，G_2 反向输出低电平 0，使另外三个触发器的 J=K=0，而执行保持功能，即保持原来状态不变，其对应的 LED 不发光。这样根据发光二极管 $LED_0 \sim LED_3$ 的发光情况可以判断按键 $S_0 \sim S_3$ 送入的 4 个信号中谁是第一个按下的。

完成一次抢答后，需要重复进行抢答，则在下一次抢答前先按下复位开关 S_R，使 4 个触发器 $FF_0 \sim FF_3$ 处于接收输入信号的状态。

13.5.2　数字钟

图 13.35 所示为数字钟原理图，石英晶体振荡器产生的振荡信号（频率为 32768Hz）经分频/计数器 CC4060 和二分频器共 15 级分频后得到秒基准信号（频率为 1Hz），秒基准信号作为秒个位十进制计数器的 CP 脉冲，时、分、秒的十位和个位均通过七段显示译码器显示十进制数码，同时作为秒闪烁冒号驱动信号，秒和分计数器均为六十进制计数器，而时计数器为二十四进制计数器。当时计数器中数为 23，秒和分计数器中数均为 59 时，再来一个秒脉冲，分和秒均回到 00，同时二十四进制的时计数器产生一个复位脉冲，使时计数器清零。

具体电路如图 13.36 所示，即用两片十进制计数器 74LS160 分别构成六十进制和二十四进制计数器。

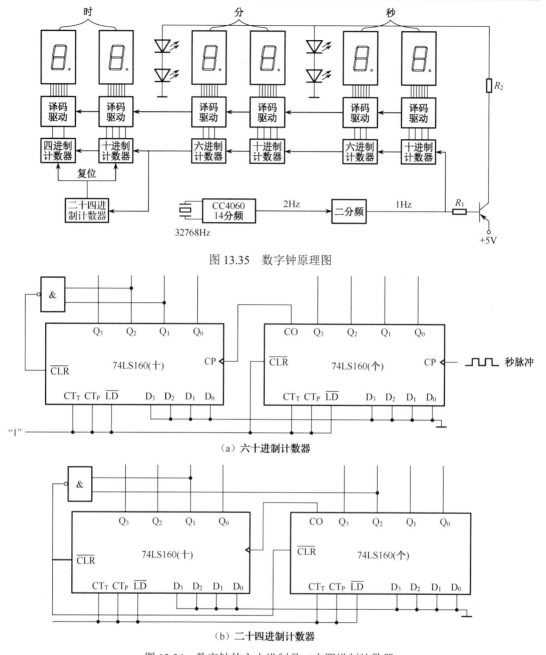

图 13.35　数字钟原理图

（a）六十进制计数器

（b）二十四进制计数器

图 13.36　数字钟的六十进制及二十四进制计数器

13.6　Multisim 仿真实验：集成计数器 74LS161

1．仿真电路

打开仿真软件 Multisim，在工作窗口搭建如图 13.37 所示的十六进制加法计数器仿真电路。

2．仿真结果分析及拓展

（1）图 13.37 中对 74LS161 的控制是直接将结果置为 3。

（2）根据 74LS161 控制端的功能说明，通过调整按键 C、L，实现清零以及计数功能，进一步理解 74LS161 的功能。

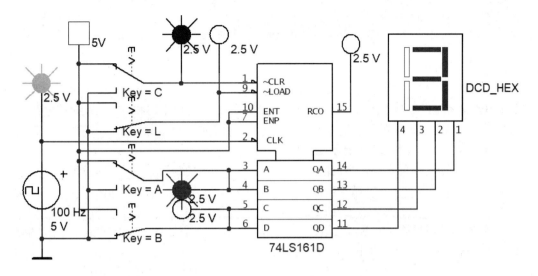

图 13.37　十六进制加法计数器仿真电路

（3）依据图 13.37 所示仿真电路，利用 74LS161 的清零或置数功能，完成电路调整，实现十进制计数。

本章小结

（1）时序逻辑电路一般由组合逻辑电路和各种不同类型的触发器构成。该电路任一时刻的输出量不仅决定于该时刻的输入信号，还与电路原来的状态有关，即具有记忆功能。时序逻辑电路按是否由统一的时钟控制，可分为同步时序逻辑电路和异步时序逻辑电路；按功能不同可分为寄存器、计数器等。

（2）触发器的次态 Q^{n+1} 与输入信号 R 、S 及现态 Q^n 之间关系的逻辑函数表达式称为触发器的特征方程。

RS 触发器的特征方程：
$$\begin{cases} Q^{n+1} = S + \overline{R}Q^n \\ RS = 0 \left(CP = 1 期间有效 \right) \end{cases}$$

D 触发器的特征方程：
$$Q^{n+1} = D$$

JK 触发器的特征方程：
$$Q^{n+1} = J\overline{Q^n} + \overline{K}Q^n$$

T 触发器的特征方程：
$$Q^{n+1} = T\overline{Q^n} + \overline{T}Q^n$$

T′ 触发器的特征方程：
$$Q^{n+1} = \overline{Q^n}$$

（3）寄存器按其功能可以分为数码寄存器和移位寄存器。移位寄存器可分为单向移位寄存器和双向移位寄存器，单向移位寄存器又分为左移位寄存器和右移位寄存器。移位寄存器可以将并行数据转换成串行数据，也可以将串行数据转换成并行数据。

（4）计数器是快速统计输入脉冲个数的时序逻辑器件。计数器按照计数长度，可分为二进制、十进制及 N 进制计数器；按触发器是否由统一的时钟控制，可分为同步计数器和异步计数器；按计数增减趋势，可分为加法计数器、减法计数器和可逆计数器。中等规模集成计数器的功能完善，使用方便灵活。特性功能表是正确使用计数器的依据。

自我评价

一、填空题

1. 数字电路按是否有记忆功能通常可以分为_____逻辑电路和_____逻辑电路；时序逻辑电路按其触发器是否由统一时钟控制可分为_____时序电路和_____时序电路。

2. 基本RS触发器是各种触发器的基本模块，它的主要缺点是对_____有限制，存在的问题是会有_____状态出现，且不受控制。

3. 根据逻辑功能的不同，常用的触发器有_____触发器、_____触发器、_____触发器、_____和_____触发器等。触发器的触发方式有三种，分别是_____触发、_____触发和_____触发，它是由电路的_____决定的。

4. 触发器的逻辑符号中框内 C 端的"∧"表示_____，它的触发方式为_____触发，框外有小圆圈表示_____触发，框外无小圆圈表示_____触发。

5. 移位寄存器可分为_____移位寄存器和_____移位寄存器，它可以将_____数据转换成_____，也可以将_____数据转换成_____。

6. 4 位移位寄存器串行输入 4 位数码，需要经过_____个时钟脉冲，再经过_____个时钟脉冲，串行输出全部 4 位数码。

7. N 个触发器最大可构成_____进制计数器，其数码最大值为_____。一个 N 进制计数器和一个 M 进制计数器串联，最大可构成_____进制计数器。

二、判断题

8. 基本 RS 触发器可以由与非门组成，也可以由或非门组成。　　　（　　）

9. 触发器的电路结构与触发方式之间没有固定的对应关系。　　　（　　）

10. JK 触发器具有与 RS 触发器相同的功能，且输出无不定状态。　　　（　　）

11. 将 T 触发器的 T 端接低电平，就构成 T′ 触发器。　　　（　　）

12. D 触发器的特征方程：$Q^{n+1} = D$，而与 Q^n 无关，所以 D 触发器不是时序电路。

　　　　　　　　　　　　　　　　　　　　　　　　　　　　　　　（　　）

13. 同步时序逻辑电路具有统一的时钟脉冲 CP 控制。　　　（　　）

14. 利用异步反馈置零电路组成 N 进制计数器时，不能立刻为零，应有短暂的过渡状态。

　　　　　　　　　　　　　　　　　　　　　　　　　　　　　　　（　　）

15. 把两个六进制计数器串联可以得到十二进制计数器。　　　（　　）

16. N 个触发器寄存的二进制数码的最大值为 2^N。　　　（　　）

17. N 进制计数器可用作 N 分频器。　　　（　　）

三、选择题

18. 以下不属于触发器特点的是（　　）。

　　A. 有两个稳定状态

　　B. 在一定条件下，可以由一种稳定状态转换到另一种稳定状态

　　C. 具有记忆功能

　　D. 有不定输出状态

19. 由两个或非门交叉耦合组成的基本 RS 触发器，其输入状态不允许出现（　　）。

　　A. RS = 00　　　　　　　　　　　　　B. RS = 01

　　C. RS = 10　　　　　　　　　　　　　D. RS = 11

20. 欲使 D 触发器按 $Q^{n+1}=\overline{Q^n}$ 动作，应使输入 D 端接（ ）。

    A．Q 端   B．$\overline{Q}$ 端

    C．低电平   D．高电平

21. 欲使 JK 触发器按 $Q^{n+1}=\overline{Q^n}$ 动作，应使输入 J、K 取值为（ ）。

    A．J = K =1   B．J =0，K =1

    C．J =1，K =0   D．J = K =0

22. 欲使 JK 触发器按 $Q^{n+1}=1$ 动作，下列哪种输入组合不能实现（ ）。

    A．J =1，K =0   B．J = K =$\overline{Q}$

    C．J =$\overline{Q}$，K =0   D．J =0，K =1

23. 下列逻辑电路中，属于时序逻辑电路的是（ ）。

    A．编码器   B．译码器

    C．数据选择器   D．计数器

24. 以下哪种电路可以实现数据的串并行转换（ ）。

    A．计数器   B．移位寄存器

    C．加法器   D．数据比较器

25. 若移位寄存器的时钟脉冲频率为 100 kHz，欲将存放在该寄存器中的二进制数码右移 8 位，完成该操作需要（ ）。

    A．10 μs   B．80 μs

    C．100 μs   D．800 μs

26. 分频器将 32768Hz 的脉冲转化为 1Hz 的秒脉冲，该分频器至少需要（ ）个触发器。

    A．15   B．16

    C．32   D．32768

27. 与异步计数器比较，同步计数器的显著优点是（ ）。

    A．工作速度快   B．触发器利用率高

    C．电路结构简单   D．不受时钟脉冲 CP 控制

习题 13

13-1. 已知基本 RS 触发器的输入波形如图 13.38（a）、（b）所示，试画出其输出波形。

13-2. 已知同步 RS 触发器的输入信号 CP、R、S 的波形如图 13.39 所示，试画出其输出波形。

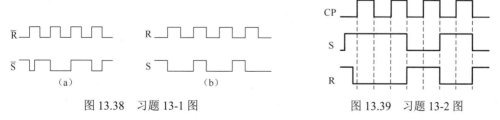

图 13.38 习题 13-1 图   图 13.39 习题 13-2 图

13-3. 已知同步 JK 触发器的输入信号 CP、J、K 的波形如图 13.40 所示，试画出其输出波形。

13-4. 已知上升沿触发的边沿 JK 触发器的输入信号 CP、J、K 的波形如图 13.41 所示，

试画出其输出波形（设初始状态 Q =0）。

13-5．已知下降沿触发的边沿 JK 触发器的输入信号 CP、J、K 的波形如图 13.41 所示，试画出其输出波形（设初始状态 Q =0）。

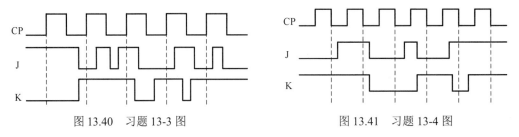

图 13.40　习题 13-3 图　　　　　　　　　图 13.41　习题 13-4 图

13-6．已知时钟脉冲的波形如图 13.42（b）所示，试分别画出图 13.42（a）中各触发器的输出波形（设各触发器初始状态均为 0）。

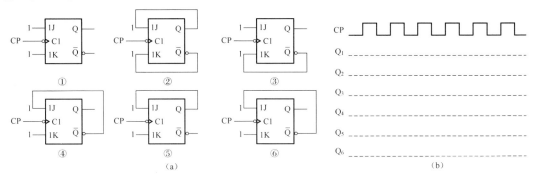

图 13.42　习题 13-6 图

13-7．已知同步 D 触发器的输入信号 CP、D 的波形如图 13.43 所示，试画出其输出波形（设初始状态 Q =0）。

13-8．已知上升沿触发的边沿 D 触发器的输入信号 CP、D 的波形如图 13.43 所示，试画出其输出波形（设初始状态 Q =0）。

13-9．已知下降沿触发的边沿 D 触发器的输入信号 CP、D 的波形如图 13.43 所示，试画出其输出波形（设初始状态 Q =0）。

13-10．已知集成 D 触发器 74LS74 的输入信号 CP、D、$\overline{R_D}$、$\overline{S_D}$ 的波形如图 13.44 所示，试画出其输出波形（设初始状态 Q =0）。

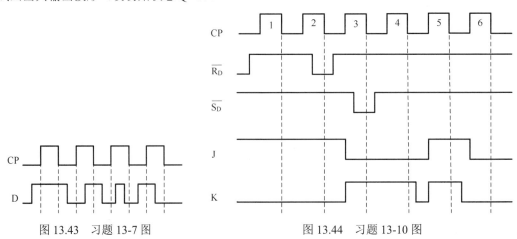

图 13.43　习题 13-7 图　　　　　　　　　图 13.44　习题 13-10 图

13-11. 已知集成 JK 触发器 74LS112 的输入信号 CP、J、K、$\overline{R_D}$、$\overline{S_D}$ 的波形如图 13.45 所示，试画出其输出波形（设初始状态 Q =0）。

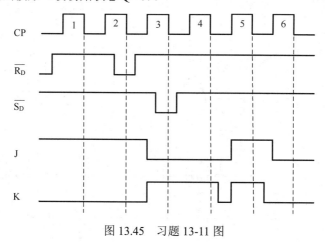

图 13.45　习题 13-11 图

13-12. 将 D 触发器接成图 13.46（a）所示电路，CP、A、B 端的输入波形如图 13.46（b）所示，试画出其输出波形（设初始状态 Q =0）。

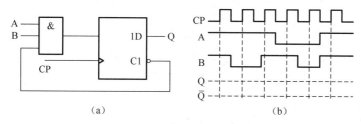

(a) 　　　　　　　　(b)

图 13.46　习题 13-12 图

13-13. 将 JK 触发器接成图 13.47（a）所示电路，CP、A、B 端的输入波形如图 13.47（b）所示，试画出其输出波形（设初始状态 Q =0）。

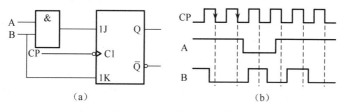

(a) 　　　　　　　　(b)

图 13.47　习题 13-13 图

13-14. 分析图 13.48 所示电路中，集成同步二进制计数器 74LS161（具有异步复位、同步置数功能）分别构成多少进制计数器。

13-15. 分析图 13.49 所示电路中，两片集成同步十进制计数器 74LS160（具有异步复位功能）组成多少进制计数器。

13-16. 分析图 13.50 所示电路中，两片集成十进制可逆计数器 74LS192（具有同步置数功能）组成多少进制计数器。

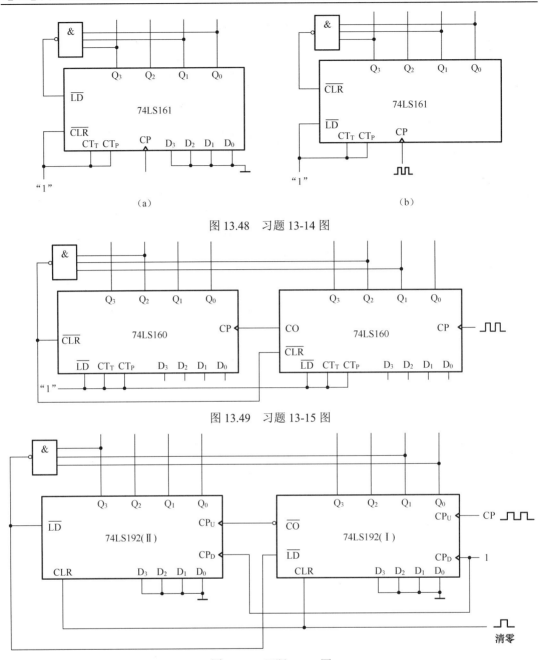

（a） （b）

图 13.48 习题 13-14 图

图 13.49 习题 13-15 图

图 13.50 习题 13-16 图

第 14 章

脉冲波形的产生和整形

知识目标

①了解施密特触发器的工作原理；②掌握单稳态电路的组成及工作原理；③了解多谐振荡器的工作原理；④掌握 555 定时器的组成、工作原理及应用。

技能目标

①能够对所学的施密特触发器、单稳态电路的应用有所了解；②能利用多谐振荡器及 555 定时器构成简单的应用电路。

本章主要讲述施密特触发器的电路构成、逻辑功能与应用，单稳态触发器的电路构成、逻辑功能以及应用，多谐振荡器的电路结构及工作原理，最后介绍了 555 定时器的内部电路结构、工作原理，以及由 555 定时器构成的施密特触发器、单稳态触发器和多谐振荡器。

14.1 施密特触发器

14.1.1 施密特触发器的电压传输特性

微课：施密特触发器

施密特触发器是典型的脉冲整形电路，能够把不规则的输入波形变成良好的矩形波。

1. 施密特触发器的特点

施密特触发器在性能上有如下两个重要特点。

第一为电平触发。触发信号 u_I 可以是变化缓慢的模拟信号，u_I 达某一电平值时，输出电压 u_O 突变。所以 u_O 为脉冲信号。

第二为电压滞后传输。输入信号 u_I 从低电平上升过程中电路状态转换时对应的输入电平，与 u_I 从高电平下降过程中电路状态转换时对应的输入电平不同。

利用上述两个特点，施密特触发器不仅能将边沿缓慢变化的信号波形整形为边沿陡峭的矩形波，还可以将叠加在矩形脉冲高、低电平上的噪声信号有效地清除。

2. 施密特触发器的电压传输特性

施密特触发器的输出信号与输入信号之间的关系可用电压传输特性表示，如图 14.1 所示，图中同时给出了它们的逻辑符号。由图 14.1 可知，电压传输特性的最大特点是：该电路有两个稳态：一个稳态输出高电平 U_{OH}，另一个稳态输出低电平 U_{OL}。但是这两个稳态要靠输入信号电平来维持。

施密特触发器的另一个特点是输入、输出信号的回差特性。当输入信号幅值增大或者减少时，电路状态的翻转对应不同的阈值电压 U_{T+} 和 U_{T-}，而且 $U_{T+} > U_{T-}$，U_{T+} 与 U_{T-} 的差值称为回差电压。

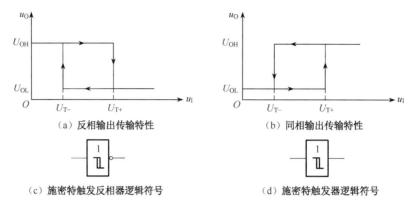

（a）反相输出传输特性　　　　　　　　（b）同相输出传输特性

（c）施密特触发反相器逻辑符号　　　　（d）施密特触发器逻辑符号

图 14.1　施密特触发器的电压传输特性

由门电路可构成施密特触发器，但其具有阈值电压稳定性差、抗干扰能力弱等缺点，不能满足实际数字系统的需要。而集成施密特触发器以其性能一致性好、触发阈值电压稳定、可靠性高等优点，在实际中得到广泛的应用。TTL 集成施密特触发器有 74LS13、74LS14、74LS132 等。74LS13 为施密特触发的双 4 输入与非门，74LS14 为施密特触发的六反相器，74LS132 为施密特触发的四 2 输入与非门。CMOS 集成施密特触发器有 74C14、74HC14 等。

14.1.2　施密特触发器的应用

1．波形变换

利用施密特触发的反相器可以把正弦波、三角波等变化缓慢的波形变换成矩形波，如图 14.2 所示。

2．脉冲整形

有些信号在传输过程中或放大时会发生畸变。通过施密特触发器电路，可对这些信号进行整形。施密特触发器电路作为整形电路时，如果要求输出与输入相同，则可在上述施密特触发的反相器之后再接一个反相器。脉冲整形波形如图 14.3 所示。

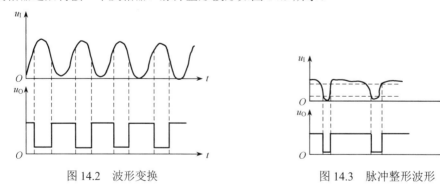

图 14.2　波形变换　　　　　　　　　图 14.3　脉冲整形波形

3．幅度鉴别

施密特触发器的翻转取决于输入信号是否大于 U_{T+} 以及是否小于 U_{T-}。利用这一特点可将它用作幅度鉴别电路。例如，将一串幅度不等的脉冲信号输入施密特触发器，只有那些幅度大于 U_{T+} 的信号才会在输出端形成一个脉冲，而幅度小于 U_{T+} 的输入信号则被忽略，如图 14.4 所示。

4．构成多谐振荡器

图 14.5 所示电路为由 7414 施密特触发器构成的多谐振荡器。该电路非常简单，仅由两个施密特触发器、一个电阻和一个电容组成。该电路的工作原理如下。

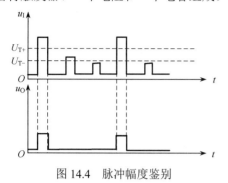

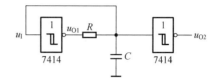

图 14.4　脉冲幅度鉴别　　　　　图 14.5　施密特触发器构成的多谐振荡器

接通电源瞬间，电容 C 上的电压为 0，因此输出 u_{O1} 为高电平。此时 u_{O1} 通过电阻 R 对电容 C 充电，电压 u_I 逐渐升高。当 u_I 达到 U_{T+} 时，施密特触发器翻转，输出 u_{O1} 为低电平。此后电容 C 又通过 R 放电，u_I 随之下降。当 u_I 降到 U_{T-} 时，触发器又发生翻转。如此周而复始地形成振荡。其输出波形如图 14.6 所示。

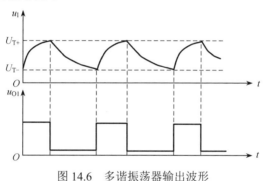

图 14.6　多谐振荡器输出波形

该电路的工作频率由充放电回路的电阻值和电容值确定。由于 TTL 反相器具有一定的输入阻抗，它对电容的放电影响较大，因此放电回路的电阻值不能太大，否则放电电压将不会低于触发器的下限触发电平 U_{T-}。通常放电回路的电阻值小于 1 kΩ，如果需要改变输出信号的频率，可以通过改变电容值来实现。其输出的振荡频率为

$$f \approx 0.7 / RC \tag{14.1}$$

图 14.5 所示电路中的第二个施密特触发器主要用于改善输出波形，提高驱动负载的能力，以免影响振荡器的工作。该电路也可以使用 CMOS 集成施密特触发器 74C14 来代替 7414。由于 CMOS 反相器的输入阻抗非常高（近似为 10 MΩ），CMOS 集成施密特触发器的输入端对放电回路的影响非常小，因此充放电回路的电阻和电容可以取任意值。另外，CMOS 集成施密特触发器采用+5V 电源供电时，回差电压为 2V（TTL 集成施密特触发器的典型值为 1V）。如果供电电压提高，则其回差电压还可以增加。

14.2　单稳态触发器

14.2.1　集成单稳态触发器

微课：单稳态触发器

由门电路和电阻、电容元件构成的单稳态触发器电路简单，但输出脉宽的稳定性差，调节

范围小，且触发方式单一。因此在数字系统中，广泛使用集成单稳态触发器。单片集成单稳态触发器只需要外接电阻、电容元件就可方便地使用，而且有多种不同的触发方式和输出方式。

目前使用的集成单稳态触发器有不可重复触发和可重复触发之分，不可重复触发的单稳态触发器一旦被触发进入暂稳态之后，即使再有触发脉冲作用，电路的工作过程也不受其影响，直到该暂稳态结束后，它才接受下一个脉冲触发而再次进入暂稳态。可重复触发单稳态触发器在暂稳态期间，若有触发脉冲作用，电路会被重新触发，使暂稳态继续延迟一个 t_W 时间。两种单稳态触发器的工作波形如图 14.7 所示。

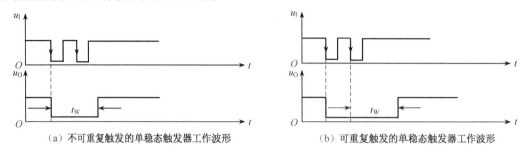

（a）不可重复触发的单稳态触发器工作波形 　　 （b）可重复触发的单稳态触发器工作波形

图 14.7　两种单稳态触发器的工作波形

集成单稳态触发器中，74121、74LS121、74221、74LS221 等是不可重复触发的单稳态触发器。74122、74123、74LS123 等是可重复触发的单稳态触发器。下面以不可重复触发的单稳态触发器 74LS121 为例加以介绍。

74LS121 单稳态触发器的引脚图和逻辑符号如图 14.8（a）、（b）所示，外接电阻 R_{ext} 的取值范围为 $2k\Omega \sim 40k\Omega$，外接电容 C_{ext} 的值为 $10pF \sim 1000\mu F$。C_{ext} 接在 10、11 脚之间，R_{ext} 接在 11、14 脚之间，此时 9 脚开路。当需要的电阻值较小时，可以直接使用阻值约为 $2k\Omega$ 的内部电阻 R_{int}，此时将 R_{int} 接 V_{CC} 端，即 9、14 脚相接。它的输出脉宽为

$$t_W = 0.7RC \qquad\qquad (14.2)$$

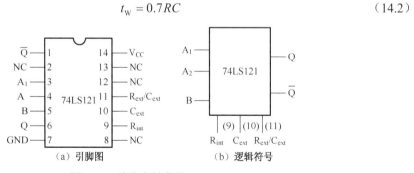

（a）引脚图　　　　　　　　　（b）逻辑符号

图 14.8　单稳态触发器 74LS121

式（14.2）中的 R 可以是 R_{ext}，也可以是芯片的内部电阻 R_{int}。其功能表如表 14-1 所示。74LS121 的主要功能如下。

（1）电路在输入信号 A1、A2、B 的所有静态组合下均处于稳态 $Q=0$，$\overline{Q}=1$。

（2）有两种边沿触发方式。输入 A1 或 A2 是下降沿触发，输入 B 是上升沿触发。从功能表可见，当 A1、A2 或 B 中的任一端输入相应的触发脉冲时，在 Q 端可以输出一个正向定时脉冲，$\overline{Q}$ 端输出一个负向脉冲。

表 14-1　74LS121 的功能表

A_1	A_2	B	Q　$\bar{Q}$
L	×	H	L　H
×	L	H	L　H
×	×	L	L　H
H	H	×	L　H
H	↓	H	⊓　⊔
↓	H	H	⊓　⊔
↓	↓	H	⊓　⊔
L	×	↑	⊓　⊔
×	L	↑	⊓　⊔

14.2.2　单稳态触发器的应用

1．脉冲整形

脉冲信号在传输过程中，常会受到干扰导致其波形发生变化。由于 74LS121 内部采用了施密特触发输入结构，故对于边沿较差的输入信号也能输出一个宽度和幅度恒定的矩形脉冲。利用这一特点，可将宽度和幅度不规则的脉冲整形为规则的脉冲，如图 14.9 所示。

2．定时控制

利用单稳态触发器能够输出一定时间 t_W 的矩形脉冲这一特性，去控制某一系统，使其在 t_W 时间内动作（或不动作），从而起到定时控制的作用。如图 14.10 所示，在定时时间 t_W 内，D 端输出脉冲信号，而在其他时间，D 端不输出脉冲信号。

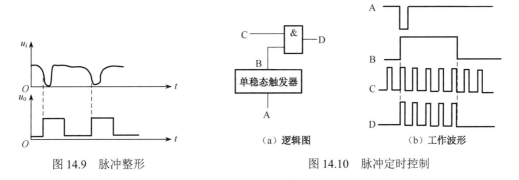

图 14.9　脉冲整形　　　　　　　（a）逻辑图　　　（b）工作波形

图 14.10　脉冲定时控制

3．脉冲延时

脉冲延时一般包括两种情况，一是边沿延时，如图 14.11（a）所示，输出脉冲信号的下降沿相对于输入脉冲信号的下降沿延时 t_W；二是脉冲信号整体延迟一段时间，如图 14.11（b）所示。第一种情况利用一个单稳态触发器即可实现，第二种情况可采用两个单稳态触发器来实现。其中，第一个单稳态触发器采用上升沿触发，其输出脉冲宽度等于所要求的延时时间；第二个单稳态触发器采用下降沿触发，并使其输出脉冲宽度等于第一个单稳态触发器输入脉冲宽度即可。

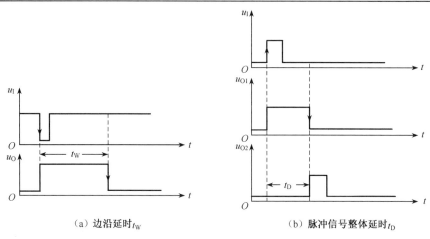

（a）边沿延时 t_W　　　　　　　　　（b）脉冲信号整体延时 t_D

图 14.11　脉冲延时

14.3　多谐振荡器

多谐振荡器是一种无稳态电路，它不须外加触发信号，在电源接通后，就可自动产生一定频率和幅度的矩形波或方波。

14.3.1　门电路构成的多谐振荡器

微课：多谐振荡器

利用门电路的传输延迟时间，将奇数个非门首尾相接就构成一个简单的多谐振荡器，如图 14.12 所示。这个电路没有稳定状态，从任何一个非门的输出端都可得到高、低电平交替出现的方波。该电路的输出波形如图 14.13 所示。

假设三个非门的传输延迟时间均为 t_{pd}，在某一时刻输出 u_O 由低电平 0 跳变为高电平 1（如图中 u_O 波形的箭头所示），则 G_1 门、G_2 门和 G_3 门将依次翻转，经过三级门的传输延迟时间 $3t_{pd}$ 后，输出 u_O 又由高电平 1 跳变为低电平 0，如此循环跳变而形成矩形波。由图 14.13 可见，其振荡周期为 $6t_{pd}$。这种简单的多谐振荡器周期小、频率高，且频率不易调整和不稳定，所以在实际电路中很少使用。

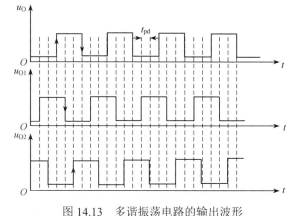

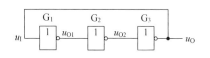

图 14.12　奇数个非门构成的多谐振荡器　　　　图 14.13　多谐振荡电路的输出波形

为了克服上述多谐振荡器的缺点，可在图 14.12 所示电路中引入 RC 延迟环节，构成如图 14.14 所示电路。图中 R_S 为限流电阻，对 G_3 门起保护作用。由于 R_S 一般较小（100Ω 左右），u_A 仍可看作 G_3 门的输入电压。通常 RC 电路产生的延迟时间远远大于门电路本身的传输延迟时间，所以分析时可以忽略 t_{pd}。下面对该电路的工作原理进行简单的定性分析。

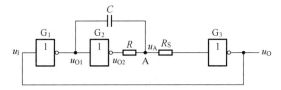

图 14.14 带 RC 延迟环节的多谐振荡器

设在 t_0 时刻，$u_1=u_O$ 为低电平，则 u_{O1} 为高电平，u_{O2} 为低电平。此时 u_{O1} 经电容 C、电阻 R 到 u_{O2} 形成电容的充电回路。随着充电过程的进行，电容 C 上的电压逐渐增大，A 点的电压相应减小，当接近门电路的阈值电压 U_{TH} 时，形成下述正反馈过程。

$$u_A \downarrow \rightarrow u_O \uparrow \rightarrow u_{O1} \downarrow$$

正反馈的结果是电路在 t_1 时刻，$u_1=u_O$ 变为高电平，则 u_{O1} 为低电平，u_{O2} 为高电平。考虑到电容两端的电压不能突变，在 u_{O1} 由高电平变为低电平时，A 点电压出现下跳，其幅度与 u_{O1} 的变化幅度相同。此时 u_{O2} 经电阻 R、电容 C 到 u_{O1} 形成电容的放电回路。随着放电过程的进行，A 点的电压逐渐增大，当接近门电路的阈值电压时，形成下述正反馈过程。

$$u_A \uparrow \rightarrow u_O \downarrow \rightarrow u_{O1} \uparrow$$

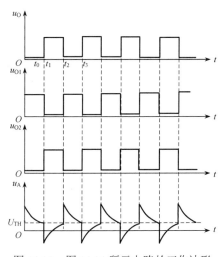

正反馈的结果是电路在 t_2 时刻，返回 $u_1=u_O$ 为低电平，u_{O1} 为高电平，u_{O2} 为低电平的状态，同样考虑到电容两端的电压不能突变，在 u_{O1} 由低电平变为高电平时，A 点电压出现上跳，其幅度与 u_{O1} 的变化幅度相同。此后，电路重复上述过程，周而复始地从一个暂稳态转换到另一个暂稳态，从而在 G_3 门的输出端得到连续的方波。该电路的工作波形如图 14.15 所示。

由上述分析可看出，多谐振荡器的两个暂稳态之间的转换过程是通过电容 C 的充、放电作用实现的。电容 C 的充、放电作用又集中反映在图 14.14 所示电路中电压 u_A 的变化上，因此 A 点电压的变化是决定电路工作状态的关键。

图 14.15 图 14.14 所示电路的工作波形

通过定量计算（在此略去计算过程）可得该电路的振荡周期为

$$T \approx RC\ln\left(\frac{U_{TH} - 2U_{OH}}{U_{TH} - U_{OH}} \cdot \frac{U_{TH} + U_{OH}}{U_{TH}}\right) \qquad (14.3)$$

14.3.2 采用石英晶体的多谐振荡器

上述多谐振荡器的振荡周期或频率不仅与时间常数 RC 有关，还取决于门电路的阈值电压 U_{TH}。由于 U_{TH} 本身易受温度、电源电压及干扰的影响，因此频率稳定性较差，不能适应频率稳定性要求较高的电路。

在对频率稳定性要求较高的电路中，通常采用频率稳定性很高的石英晶体振荡器。

石英晶体的选频特性非常好，具有一个极为稳定的串联谐振频率 f_s。而 f_s 只由石英晶体的结晶方向和外尺寸所决定。目前，具有各种谐振频率的石英晶体（简称"晶振"）已被制成标准化和系列化的产品。

图 14.16 给出了两种常见的石英晶体振荡器电路。图 14.16（a）所示电路中，电阻 R 的作用是使反相器工作在线性放大区，对于 TTL 门电路，其值通常在 $0.5\text{k}\Omega\sim2\text{k}\Omega$ 之间；对于 CMOS 门电路，其值通常在 $5\text{M}\Omega\sim100\text{M}\Omega$ 之间。电容 C 用于两个反相器的耦合，电容 C 选择时应使其在频率为 f_s 时的容抗可以忽略不计。该电路的振荡频率为 f_s，而与其他参数无关。

在图 14.16（b）所示电路中，反相器 G_1 用于振荡，$10\text{M}\Omega$ 电阻为反相器 G_1 提供静态工作点。石英晶体和两个电容 C_1、C_2 构成一个 π 型网络，用于完成选频功能。电路的振荡频率仅取决于石英晶体的谐振频率 f_s。为了改善输出波形，增强其带负载能力，通常在该振荡器的输出端再接一个反相器 G_2。

石英晶体振荡器的突出优点是具有极高的频率稳定度，且工作频率的范围非常宽，从几百赫兹到几百兆赫兹，多用于要求高精度时基的数字系统中。

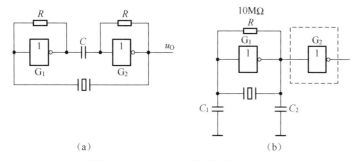

（a）   （b）

图 14.16   两种石英晶体振荡器电路

14.4   555 定时器

14.4.1   555 定时器的电路组成及工作原理

1. 电路内部结构

555 定时器的内部结构和电路符号如图 14.17 所示。

微课：555 定时器

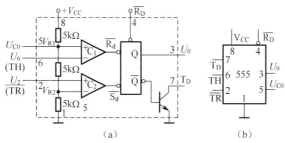

（a）   （b）

图 14.17   555 定时器的内部结构和电路符号

（1）三个阻值为 $5\text{k}\Omega$ 的电阻组成分压器，分得的电压分别为 U_{R1} 和 U_{R2}。

（2）两个电压比较器 C_1 和 C_2，比较原理（见图 14.18）为：

图 14.18   电压比较器

$$u_+>u_-,\ u_O=1;$$

$$u_+<u_-,\ u_O=0。$$

（3）一个基本 RS 触发器，0 触发有效。

（4）一个放电三极管 T_D。

2．工作原理

（1）5 脚（C0 端）悬空时，电压比较器 C_1 的比较电压为 $U_{R1} = \frac{2}{3}V_{CC}$；电压比较器 C_2 的比较电压为 $U_{R2} = \frac{1}{3}V_{CC}$。

① 当 $U_6 > \frac{2}{3}V_{CC}$，$U_2 > \frac{1}{3}V_{CC}$ 时，电压比较器 C_1 输出低电平，C_2 输出高电平，基本 RS 触发器被置 0，输出端 U_O 为低电平，放电三极管 T_D 导通。

② 当 $U_6 < \frac{2}{3}V_{CC}$，$U_2 < \frac{1}{3}V_{CC}$ 时，电压比较器 C_1 输出高电平，C_2 输出低电平，基本 RS 触发器被置 1，输出端 U_O 为高电平，放电三极管 T_D 截止。

③ 当 $U_6 < \frac{2}{3}V_{CC}$，$U_2 > \frac{1}{3}V_{CC}$ 时，电压比较器 C_1 输出高电平，C_2 也输出高电平，基本 RS 触发器的状态不变，电路保持原状态不变。

（2）5 脚（C0 端）不悬空时。

如果在外接电压控制端（5 脚）施加一个外加电压 U_{C0}（其值在 $0 \sim V_{CC}$ 之间），电压比较器 C_1 的比较电压 $V_{R1} = U_{C0}$；电压比较器 C_2 的比较电压为 $\frac{1}{2}U_{C0}$。由于电压比较器的参考电压发生了变化，所以电路的工作状态也将发生变化（读者可自行分析）。

另外，$\overline{R_D}$ 端为复位输入端，当 $\overline{R_D} = 0$ 时，不管其他输入端的状态如何，输出 U_O 为低电平，即 $\overline{R_D}$ 的控制级别最高。正常工作时，一般应将其接高电平。

3．555 定时器的功能表（见表 14-2）

表 14-2　555 定时器功能表

阈值输入（U_6）	触发输入（U_2）	复位（$\overline{R_D}$）	输出（U_O）	放电三极管 T_D
×	×	0	0	导通
$< \frac{2}{3}V_{CC}$	$< \frac{1}{3}V_{CC}$	1	1	截止
$> \frac{2}{3}V_{CC}$	$> \frac{1}{3}V_{CC}$	1	0	导通
$< \frac{2}{3}V_{CC}$	$> \frac{1}{3}V_{CC}$	1	不变	不变

555 定时器的电源电压变化范围很宽，双极型的电源电压范围为 5～16V，最大负载电流可达 200mA，具有较大的驱动能力；单极型的电源电压范围为 3～18V，最大负载电流在 4mA 以下，驱动能力相对小一些，但它具有低功耗、输入阻抗高等优点。

14.4.2　555 定时器构成施密特触发器

将 555 定时器的 2、6 脚连在一起作为信号的输入端，即可组成施密特触发器，如图 14.19 所示。

假设输入信号是一个三角波，根据 555 定时器的功能表可知，当输入 u_I 从 0 逐渐增大时，若 $u_I < \frac{1}{3}V_{CC}$，则 555 定时器输出高电平；若 u_I 增加到 $u_I > \frac{2}{3}V_{CC}$ 时，则 555 定时器输出低电平。

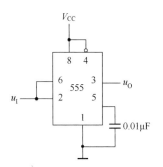

图 14.19　555 定时器构成施密特触发器

当 u_1 从 $u_1 > \frac{2}{3}V_{CC}$ 逐渐下降到 $\frac{1}{3}V_{CC} < u_1 < \frac{2}{3}V_{CC}$ 时，555 定时器输出仍保持低电平不变；若继续减小到 $u_1 < \frac{1}{3}V_{CC}$ 时，555 定时器输出又变为高电平。如此连续变化，则在输出端可得到一个矩形波，其工作波形如图 14.20 所示。

从工作波形上可以看出，上限阈值电压为 $\frac{2}{3}V_{CC}$，下限阈值电压为 $\frac{1}{3}V_{CC}$，回差电压为 $\frac{1}{3}V_{CC}$。如果在 5 脚加控制电压，则可改变回差电压值。回差电压越大，电路的抗干扰能力越强。

14.4.3　555 定时器构成单稳态触发器

图 14.21 所示为由 555 定时器及外接元件 R、C 构成的单稳态触发器。根据表 14-2，可分析其工作原理。

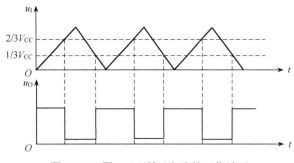

图 14.20　图 14.19 所示电路的工作波形

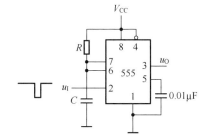

图 14.21　由 555 定时器和 R、C 构成单稳态触发器

1．稳定状态 0

接通电源瞬间，电路有一个稳定的过程。即电源通过电阻 R 向电容 C 充电，使 u_C（u_{I6}）上升。当 u_C 上升到 $\frac{2}{3}V_{CC}$ 且 2 脚为高电平（$u_{I2} > \frac{1}{3}V_{CC}$）时，其输出为低电平 0。此时，放电三极管导通，电容 C 又通过三极管迅速放电，使 u_C 急剧下降，直到 u_C 为 0，输出保持低电平 0。如果没有外加触发脉冲到来，则该输出状态一直保持不变。

2．暂稳状态 1

当外加负触发脉冲（$u_{I2} < \frac{1}{3}V_{CC}$）时，触发器发生翻转，使输出为 1，电路进入暂稳态。这时，三极管截止，电源可通过 R 给 C 充电，u_C 逐渐上升。当负触发脉冲撤消（$u_{I2} > \frac{1}{3}V_{CC}$）后，输出状态保持暂稳态 1 不变。当电容 C 继续充电到大于 $\frac{2}{3}V_{CC}$ 时，电路又发生翻转，输出回到 0，三极管导通，电容 C 放电，电路自动恢复至稳态。可见，暂稳态时间由 R、C 参数决定。若忽略的饱和压降，则电容 C 上电压从 0 上升到 $\frac{2}{3}V_{CC}$ 的时间，就是暂稳态的持续时间。通过计算可

得输出脉冲的宽度为

$$t_{\mathrm{W}} = RC \ln 3 \approx 1.1RC \qquad (14.4)$$

通常 R 为几百欧姆到几兆欧姆，电容为几百皮法到几百微法。因此，电路产生的脉冲宽度可从几微秒到数分钟，精度可达 0.1%。这种单稳态触发器的工作波形如图 14.22 所示。

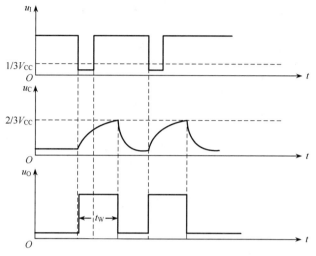

图 14.22　图 14.21 所示单稳态触发器的工作波形

通过上述分析可以看出，它要求触发脉冲的宽度小于 t_{W}，并且其周期要大于 t_{W}。如果触发脉冲的宽度大于 t_{W}，可通过 RC 微分电路变窄后再输入 555 定时器的 2 脚。

14.4.4　555 定时器构成多谐振荡器

555 定时器构成的多谐振荡器如图 14.23 所示。根据表 14-2，可分析其工作原理。

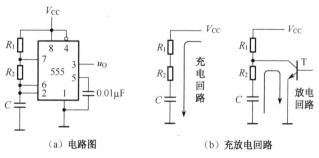

（a）电路图　　　　　　　（b）充放电回路

图 14.23　555 定时器构成多谐振荡器

当接通电源后，电容 C 上的初始电压为 0V，使电路输出为 1，放电三极管截止，电源通过 R_1、R_2 向 C 充电。当 u_{C} 上升到 $\frac{1}{3}V_{\mathrm{CC}}$ 时，电路状态保持不变，当 u_{C} 继续充电到 $\frac{2}{3}V_{\mathrm{CC}}$ 时，电路发生翻转，输出变为 0。这时放电三极导通，电容 C 通过 R_2、T 到地放电，u_{C} 开始下降。当 u_{C} 降到 $\frac{1}{3}V_{\mathrm{CC}}$ 时，输出又回到 1 状态，放电三极管 T 截止，电容 C 又开始充电。如此周而复始，就可在 3 脚输出连续的矩形波信号，工作波形如图 14.24 所示。

由图 14.24 可见，u_{C} 将在 $\frac{1}{3}V_{\mathrm{CC}}$ 与 $\frac{2}{3}V_{\mathrm{CC}}$ 之间变化，因而可求得电容 C 上的充电时间 T_1 和放电时间 T_2。

$$T_1 = (R_1 + R_2)C \ln 2 \approx 0.7(R_1 + R_2)C$$

$$T_1 = R_2 C \ln 2 \approx 0.7 R_2 C$$

所以输出波形的周期为： $T = T_1 + T_2 = (R_1 + 2R_2)C \ln 2 \approx 0.7(R_1 + 2R_2)C$

振荡频率为：

$$f = \frac{1}{T} \approx \frac{1.44}{(R_1 + 2R_2)C}$$

输出波形的占空比为：

$$q = \frac{T_1}{T} \approx \frac{R_1 + R_2}{R_1 + 2R_2} > 50\%$$

为了实现占空比小于50%，可以对图14.23所示的电路稍加修改，使得电容 C 只从 R_1 充电，从 R_2 放电。这可通过将一个二极管 VD 并联在 R_2 两端实现，并让 R_1 小于 R_2，就可以实现占空比小于50%。

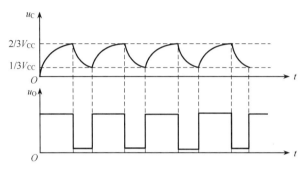

图 14.24 图 14.23 所示多谐振荡器的工作波形

需要说明的是，在包含电容器的振荡电路中，如果电路发生故障，如输出信号的频率时快时慢，则大多数情况下是由电容的泄漏造成的。严重的电容泄漏将使信号频率产生漂移，甚至导致电路停止工作。

例如，有一个555定时器构成的多谐振荡器电路，其故障现象为：555定时器工作频率较正常时高。查找故障的方法如下：①用示波器测量555定时器的引脚2的波形，观察电容充放电变化情况。其波形与正常充放电波形相似，但上、下限触发电平不是 $2V_{CC}/3$ 和 $V_{CC}/3$，而是有所降低。原因是引脚5上的电容发生泄漏使触发电平降低，从而导致工作频率升高。

14.5 Multisim 仿真实验：555 定时器构成的多谐振荡器

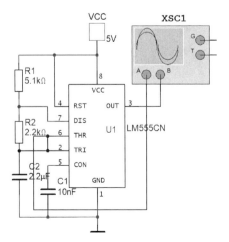

图 14.25 多谐振荡器仿真电路

1. 仿真电路

打开仿真软件 Multisim，在工作窗口中搭建如图 14.25 所示的多谐振荡器仿真电路。

2. 仿真结果分析及拓展

（1）图 14.25 中示波器 A 通道是对电容 C2 充放电波形的监测，B 通道是对 555 定时器 3 号引脚输出波形的监测。

（2）调整电阻 R2，比较电阻变化前和变化后输出信号周期的变化，加深对 555 定时器工作原理的理解。

（3）同学们可以在此电路基础上完成占空比为 50% 的多谐振荡器的仿真。

本章小结

（1）施密特触发器和单稳态触发器，可以把其他形状的信号变换成为矩形波，为数字系统提供标准的脉冲信号。

（2）多谐振荡器是一种自激振荡电路，不需要外加输入信号，就可以自动地产生矩形脉冲。石英晶体多谐振荡器的主要特点是 f_s 的稳定性极好。

（3）555 定时器是一种用途很广的集成电路，能组成施密特触发器、单稳态触发器和多谐振荡器等各种应用电路。

自我评价

一、判断题

1. 当微分电路的时间常数 $\tau = RC \ll t_W$ 时，此 RC 电路会成为耦合电路。　　　（　　）

2. 积分电路也是一个 RC 串联电路，它是从电容两端上取出输出电压的。　　　（　　）

3. 微分电路是一种能够将输入的矩形脉冲变换为正负尖脉冲的波形变换电路。　　（　　）

4. 施密特触发器可将三角波变换成正弦波。　　　（　　）

5. 施密特触发器有两个稳态。　　　（　　）

6. 施密特触发器的正向阈值电压一定大于负向阈值电压。　　　（　　）

7. 单稳态触发器的暂稳态时间与输入触发脉冲宽度成正比。　　　（　　）

8. 单稳态触发器的暂稳态维持时间用 t_W 表示，与电路中 R、C 成正比。　　（　　）

9. 多谐振荡器的输出信号的周期与阻容元件的参数成正比。　　　（　　）

10. 石英晶体多谐振荡器的振荡频率与电路中的 R、C 成正比。　　　（　　）

二、填空题

11. 施密特触发器有＿＿＿个阈值电压，分别称为＿＿＿＿＿和＿＿＿＿＿。

12. 施密特触发器具有＿＿＿＿现象，又称＿＿＿＿滞后＿＿＿＿特性；单稳态触发器最重要的参数为＿＿＿＿。

13. 某单稳态触发器在无外触发信号时输出为 0，在外加触发信号时，输出跳变为 1，因此，其稳态为＿＿态，暂稳态为＿＿态。

14. 单稳态触发器有＿＿＿个稳定状态；多谐振荡器有＿＿＿个稳定状态。

15. 占空比 q 是指矩形波＿＿＿＿持续时间与其＿＿＿＿之比。

16. ＿＿＿＿触发器能将缓慢变化的非矩形脉冲变换成边沿陡峭的矩形脉冲。

17. 常见的脉冲产生电路有＿＿＿，常见的脉冲整形电路有＿＿＿、＿＿＿。

18. 为了实现高的频率稳定度，常采用＿＿＿振荡器；单稳态触发器受到外触发时进入＿＿＿态。

三、选择题

19. TTL 单定时器型号的最后几位数字为（　　）。

　　A. 555　　　　　　B. 556　　　　　　C. 7555　　　　　　D. 7556

20. 用 555 定时器组成施密特触发器，当输入控制端 CO 外接 10V 电压时，回差电压为（　　）。

　　A. 3.33V　　　　　B. 5V　　　　　　C. 6.66V　　　　　D. 10V

21．555 定时器可以组成（　　　）。

    A．多谐振荡器　　　　　B．单稳态触发器　　　C．施密特触发器　　　D．JK 触发器

22．图 14.26 所示为 TTL 门电路微分型单稳态触发器，对 R_1 和 R 的选择应使稳态时：（　　　）

    A．与非门 G_1、G_2 都导通（低电平输出）　　　B．G_1 导通，G_2 截止

    C．G_1 截止，G_2 导通　　　　　　　　　　　　D．G_1、G_2 都截止

23．图 14.27 所示单稳态电路的输出脉冲宽度为 $t_W = 4\mu s$，恢复时间 $t_{re} = 1\mu s$，则输出信号的最高频率为（　　　）。

    A．$f_{max} = 250kHz$　　　　B．$f_{max} \geqslant 1MHz$　　　C．$f_{max} \leqslant 200kHz$

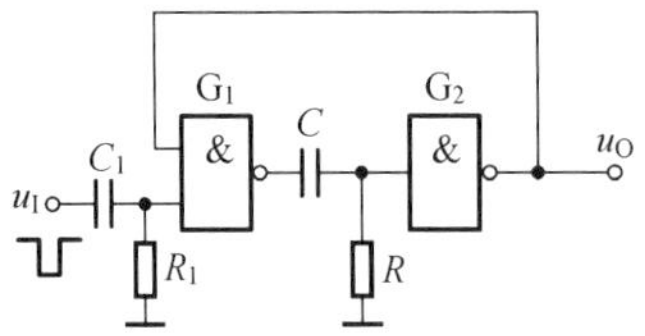

图 14.26　题 22 图 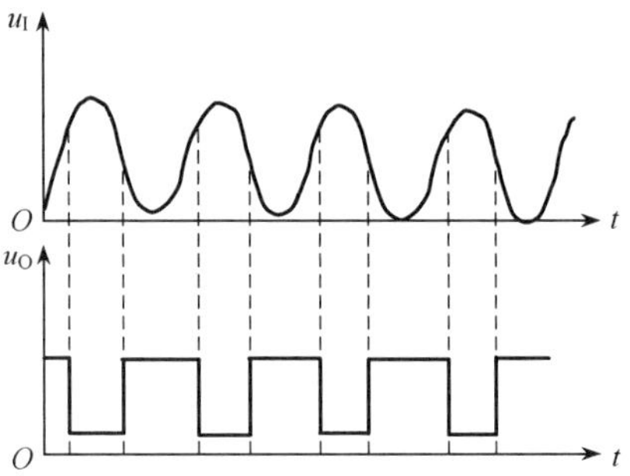　　　　　　　　　　　图 14.27　题 23 图

24．多谐振荡器可产生（　　　）。

    A．正弦波　　　　　　　B．矩形脉冲　　　　　C．三角波　　　　　　D．锯齿波

25．石英晶体多谐振荡器的突出优点是（　　　）。

    A．速度高　　　　　　　B．电路简单

    C．振荡频率稳定　　　　D．输出波形边沿陡峭

26．能将正弦波变成同频率方波的电路为（　　　）。

    A．单稳态触发器　　　　B．施密特触发器　　　C．双稳态触发器　　　D．无稳态触发器

27．能把 2kHz 正弦波转换成 2kHz 矩形波的电路是（　　　）。

    A．多谐振荡器　　　　　B．施密特触发器　　　C．单稳态触发器　　　D．二进制计数器

28．能把三角波转换为矩形脉冲信号的电路为（　　　）。

    A．多谐振荡器　　　　　B．DAC　　　　　　　C．ADC　　　　　　　D．施密特触发器

29．为了方便地构成单稳态触发器，应采用（　　　）。

    A．DAC　　　　　　　　B．ADC　　　　　　　C．施密特触发器　　　D．JK 触发器

30．用来鉴别脉冲信号幅度时，应采用（　　　）。

    A．单稳态触发器　　　　B．双稳态触发器　　　C．多谐振荡器　　　　D．施密特触发器

31．输入 2kHz 矩形脉冲信号时，欲得到 500 Hz 矩形脉冲信号输出，应采用（　　　）。

    A．多谐振荡器　　　　　B．施密特触发器　　　C．单稳态触发器　　　D．二进制计数器

32．脉冲整形电路有（　　　）。

    A．多谐振荡器　　　　　B．单稳态触发器　　　C．施密特触发器　　　D．555 定时器

33．以下各电路中，（　　　）可以产生定时脉冲。

    A．多谐振荡器　　　　　　　　　　　　　　　　B．单稳态触发器

    C．施密特触发器　　　　　　　　　　　　　　　D．石英晶体多谐振荡器

习题 14

14-1．试用 555 定时器组成一个施密特触发器，要求如下。

（1）画出电路接线图。

（2）画出该施密特触发器的电压传输特性曲线。

（3）若电源电压为 6V，输入电压是以 $u_i=6\sin\omega t\mathrm{V}$ 为包络线的单相脉动波形，试画出相应的输出电压波形。

14-2．图 14.28 所示为 555 定时器构成的施密特触发器，当输入信号为图示周期性心电波形时，试画出经施密特触发器整形后的输出电压波形。

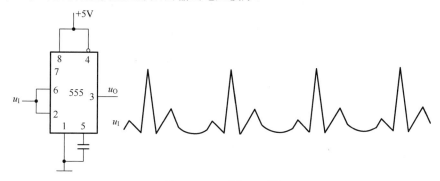

图 14.28　习题 14-2 图

14-3．图 14.29 所示为 555 定时器构成的施密特触发器用作光控路灯开关的电路图，分析其工作原理。

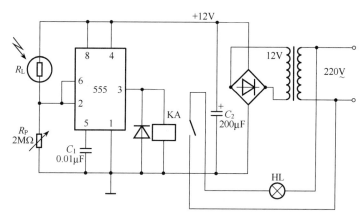

图 14.29　习题 14-3 图

14-4．由 555 定时器构成的单稳态触发器电路如图 14.30（a）所示，试回答下列问题。

（1）该电路的暂稳态持续时间 t_W 等于多少？

（2）根据 t_W 的值确定图 14.30（b）中哪个信号适合作为电路的输入触发信号，并画出与其相对应的 u_C 和 u_O 波形。

14-5．在使用图 14.31 所示的由 555 定时器组成的单稳态触发器电路时，对触发脉冲的宽度有无限制？当输入脉冲的低电平持续时间过长时，电路应做何修改？

14-6．用 555 定时器设计一个多谐振荡器，要求振荡周期 $T=1\sim10\mathrm{s}$，选择电阻、电容的参数，并画出连线图。

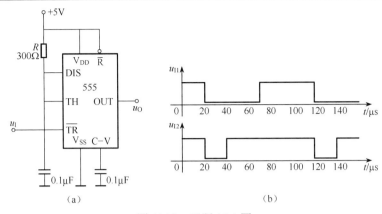

图 14.30　习题 14-4 图

14-7．图 14.32 为一通过可变电阻 R_W 实现占空比调节的多谐振荡器，图中 $R_W = R_{W1} + R_{W2}$，试分析电路的工作原理，求振荡频率 f 和占空比 q 的表达式。

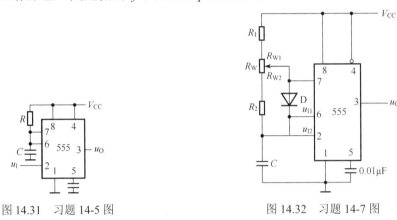

图 14.31　习题 14-5 图　　　　　　　图 14.32　习题 14-7 图

14-8．图 14.33 为由一个 555 定时器和一个 4 位二进制加法计数器组成的可调计数式定时器。试解答下列问题。

（1）电路中 555 定时器接成何种电路？

（2）若计数器的初态 $Q_4Q_3Q_2Q_1 = 0000$，当开关 S 接通后大约经过多少时间发光二极管变亮（设电位器以最大阻值接入电路）？

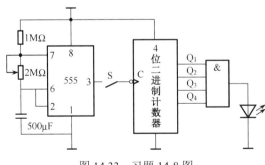

图 14.33　习题 14-8 图

14-9．图 14.34 所示为用两个 555 定时器接成的延时报警器。当开关 S 断开后，经过一定的延迟时间后，扬声器开始发声。如果在延迟时间内开关 S 重新闭合，扬声器不会发出声音。在图中给定的参数下，试求延迟时间的具体数值和扬声器发出声音的频率。图中 G_1 是 CMOS

反相器，其输出的高、低电平分别为 $U_{OH}=12V$，$U_{OL}\approx0V$。

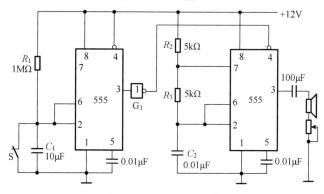

图 14.34　习题 14-9 图

14-10. 图 14.35 所示为救护车扬声器发声电路。在图中给定的电路参数下，设电源电压为 12V 时，555 定时器输出的高、低电平分别为 11V 和 0.2V，输出电阻小于 100Ω，试计算扬声器发声的高、低音的持续时间。

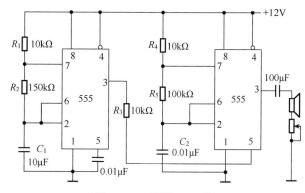

图 14.35　习题 14-10 图

14-11. 在图 14.36（a）所示的施密特触发器电路中，已知 $R_1=10k\Omega$，$R_2=30k\Omega$。G_1 和 G_2 为 CMOS 反相器，V_{DD} 为 15V。

（1）试计算电路的正向阈值电压 U_{T+}、负向阈值电压 U_{T-} 和回差电压 ΔU_T。

（2）若将图 14.36（b）给出的电压信号加到图 14.36（a）所示电路的输入端，试画出输出电压的波形。

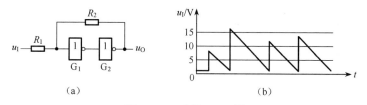

图 14.36　习题 14-11 图

第 15 章

D/A、A/D 转换电路

知识目标

①掌握采样、保持、量化、编码的基本概念和要求；②掌握 D/A 转换器、A/D 转换器的基本工作原理和技术指标及特点。

技能目标

①熟悉权电阻网络型 D/A 转换器、R-2R 倒 T 型电阻网络 D/A 转换器以及并联型 A/D 转换器、逐次逼近型 A/D 转换器和双积分型 A/D 转换器的特点和应用要求；②能正确识别和读懂常用集成 D/A 转换器、A/D 转换器的应用电路图；③了解常用 D/A 转换器、A/D 转换器典型芯片的特点与应用。

随着计算机技术的发展与普及，人类从事的许多工作，从工业生产的过程控制、物流运输管理到办公自动化、智能家用电器等各行各业，几乎都要借助计算机或微处理器来完成。计算机是基于二进制数运算的系统，它只能接收、处理和输出数字信号，但现实系统中的实际处理对象往往是一些模拟量（如温度、压力、位移等），因此首先要将这些模拟信号转换成数字信号；而经计算机分析、处理后输出的数字量通常也需要将其转换成为相应的模拟信号才能被执行机构接收。因此就需要一种能在模拟信号与数字信号之间起桥梁作用的转换电路，即模拟–数字转换电路（简称 A/D 转换电路或 ADC 电路）和数字–模拟转换电路（简称 D/A 转换电路或 DAC 电路）。

典型的数字控制系统组成示意图如图 15.1 所示。

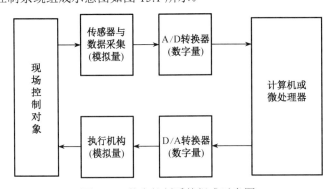

图 15.1 数字控制系统组成示意图

根据模拟量与数字量间相互转换技术的发展过程，A/D 转换器和 D/A 转换器各有多种转换机制和原理，D/A 转换器相对简单些，而且在某些 A/D 转换中要用到 D/A 转换原理，下面首先介绍 D/A 转换器。

15.1　D/A 转换器

D/A（Digital to Analog）转换器可将一组二进制代码转换成相应的电压或电流值输出，且输出的模拟量与参考电压或电流以及二进制数成比例，可用下面的式子表示模拟量输出和参考量及二进制数的关系。

$$X = K \times V_{REF} \times B$$

式中，X 为转换后得到的模拟量输出；K 为比例常数；V_{REF} 为参考电压（或参考电流）；B 为待转换的二进制数，通常 B 的位数为 4 位、8 位、12 位等。

D/A 转换器的类型有很多，本节介绍权电阻网络和 R-2R 倒 T 型电阻网络 D/A 转换器。

15.1.1　权电阻网络 D/A 转换器

数字量是用二进制代码来表示的，在一串二进制代码中，每位都有其权值，如 4 位二进制代码从高位到低位的权值分别为 8、4、2、1。为了将数字量转换成模拟量，必须将每一位的代码按其权的大小转换成相应的模拟量，然后将这些模拟量相加，得到与数字量成正比的总模拟量输出，这就是权电阻网络 D/A 转换器的基本原理。图 15.2 所示为 4 位权电阻网络 D/A 转换器电路。

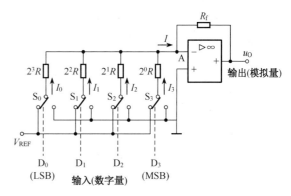

图 15.2　4 位权电阻网络 D/A 转换器电路

图 15.2 中，V_{REF} 为基准参考电压，S_0、S_1、S_2 和 S_3 为 4 个电子模拟开关，其状态分别受输入代码 D_0、D_1、D_2 和 D_3 4 个数字信号控制。每个开关上接有电阻，电阻的阻值是按对应的 4 位二进制数的位权来取值的，低位最高（$2^3 R$），高位最低（$2^0 R$），从低位到高位依次减半。输入代码 D_i 为 1 时，开关 S_i 将参考电压 V_{REF} 通过该位的权电阻接入运算放大器的反相输入端，此时该支路电流 I_i 流向放大器的 A 点。输入代码 D_i 为 0 时，开关 S_i 倒向接地端，节点 A 处无电流流入。4 个数字信号共同作用时流入节点 A 的总电流 I 可以按运算放大器反馈求和得到：

$$I = (I_0 + I_1 + I_2 + I_3) = \sum I_i$$

$$= \left(\frac{1}{2^3 R} D_0 + \frac{1}{2^2 R} D_1 + \frac{1}{2^1 R} D_2 + \frac{1}{2^0 R} D_3 \right) V_{REF}$$

$$= \frac{V_{REF}}{2^3 R} \left(2^3 D_3 + 2^2 D_2 + 2^1 D_1 + 2^0 D_0 \right)$$

由上式可以看出，运算放大器的输入电流（模拟量）与输入的二进制数成正比，如果反馈电阻 R_f 取 $R/2$，则运算放大器输出的模拟电压值为

$$u_O = -I R_f$$

$$= -\frac{V_{REF}}{2^3 R} \cdot \frac{1}{2} R \left(2^3 D_3 + 2^2 D_2 + 2^1 D_1 + 2^0 D_0 \right)$$

$$= -\frac{V_{REF}}{2^4} \left(2^3 D_3 + 2^2 D_2 + 2^1 D_1 + 2^0 D_0 \right)$$

将上述结论推广到 n 位权电阻网络 D/A 转换器，输出电压的公式可写成：

$$u_\mathrm{O} = -\frac{V_\mathrm{REF}}{2^n}\left(2^{n-1}D_{n-1} + 2^{n-2}D_{n-2} + \cdots + 2^1 D_1 + 2^0 D_0\right)$$

【例 15.1】 设参考电压为 2.5V，求 4 位数字量 1101 经权电阻网络 D/A 转换器转换的输出模拟电压。

解： 4 位权电阻网络 D/A 转换器的输出模拟电压 u_O 为：

$$u_\mathrm{O} = -\frac{2.5}{2^4}\left(2^3 \times 1 + 2^2 \times 1 + 2^1 \times 0 + 2^0 \times 1\right) \approx 2.03 \ (\mathrm{V})$$

权电阻网络 D/A 转换器的优点是电路简单，电阻使用量少，转换原理容易掌握；缺点是所用电阻值依次相差一半，需要转换的位数越多，电阻值差别就越大，在集成制造工艺上就越难以实现。为了克服这个缺点，常用的 D/A 转换器还有只用两种电阻值的 R-2R 倒 T 型电阻网络 D/A 转换器。

15.1.2　R-2R 倒 T 型电阻网络 D/A 转换器

图 15.3 为 4 位 R-2R 倒 T 型电阻网络 D/A 转换器原理图，V_REF 为基准参考电压，S_0、S_1、S_2 和 S_3 为四个电子模拟开关，其状态分别受输入代码 $D_3D_2D_1D_0$ 四位数字信号控制（图中开关处于输入 0011 时的位置）。电阻网络中各电阻值为 R 或 $2R$，由于运算放大器"虚地"可看作 0V，因此电阻网络中 A、B、C、D 各点向右看的二端网络的等效电阻都为 R，且与四个开关的状态无关。

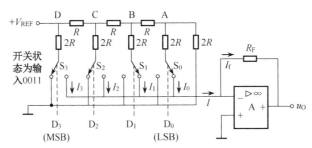

图 15.3　4 位 R-2R 倒 T 型电阻网络 D/A 转换器原理图

根据运算放大器的特性和电路参数，可推算出在 $R_\mathrm{F}=R$ 时，该电路的输出电压表达式与权电阻网络 D/A 转换器相同，即 n 位 R-2R 倒 T 型电阻网络 D/A 转换器的输出电压为

$$u_\mathrm{O} = -\frac{V_\mathrm{REF}}{2^n}\left(2^{n-1}D_{n-1} + 2^{n-2}D_{n-2} + \cdots + 2^1 D_1 + 2^0 D_0\right)$$

因此该电路与权电阻网络 A/D 转换器具有相同的 D/A 转换功能，但只用到 R 和 $2R$ 两种阻值的电阻，便于制造集成电路。AD7520 就是 10 位输入 CMOS 工艺的 R-2R 倒 T 型电阻网络 D/A 转换器，其内部电路与引脚图如图 15.4 所示。

15.1.3　D/A 转换器的主要技术指标

1．分辨率

分辨率是 D/A 转换器输出最小电压的能力，为输入数字量仅最低位为 1 时转换得到的最小输出电压与输入数字量为全 1 时转换得到的最大输出电压之比，因此 n 位 D/A 转换器的分辨率可表示为：$\dfrac{1}{2^n - 1}$。

如果参考电压 V_{REF}=10V，则 8 位 D/A 转换器的分辨率为 0.0039，最小输出电压为 39mV；10 位 D/A 转换器的分辨率为 0.000978，最小输出电压为 9.7mV。因此，D/A 转换器的位数越多，输出最小电压的能力越强，也可以用输出位数来表示分辨率，如 8 位 D/A 转换器的分辨率即 8 位。

从以上 8 位和 10 位 D/A 转换器最小输出电压的数值可以看出，10 位 D/A 转换器的分辨率比 8 位 D/A 转换器要高得多。

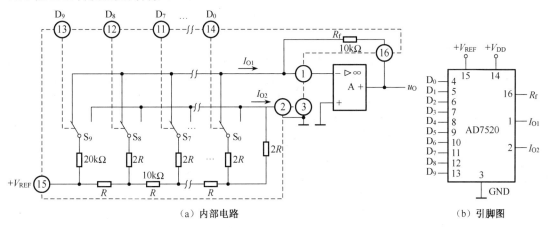

图 15.4 D/A 转换器 AD7520 内部电路与引脚图

2．转换精度

转换精度是指 D/A 转换器实际输出的模拟电压值与理论输出的模拟电压值之间的最大静态误差，差值越小，电路的转换精度越高。影响转换误差的因素很多，包括基准电压的漂移、运放零点漂移和增益误差等。转换精度不仅与 D/A 转换器中的元器件精度有关，还与环境温度及D/A 转换器的位数有关。要获得较高精度的 D/A 转换结果，一定要选用合适位数的 D/A 转换器，还要选用低漂移、高精度的求和运算放大器。

一般情况下要求 D/A 转换器的误差小于最小输出电压的一半。

3．转换时间

转换时间也称建立时间，是指 D/A 转换器从输入数字信号开始到输出模拟电压（电流）达到稳定值时所用的时间，通常定义为 D/A 转换器的输入由全 0 变为全 1（或由全 1 变为全 0）时，模拟输出达到稳定值所需的时间。转换时间越短，工作速度就越高。

15.2 A/D 转换器

A/D（Analog to Digital）转换器用来将模拟电压转换成相应的二进制数码，是模拟系统和数字系统之间的接口电路。A/D 转换器的类型比较多，按输入模拟量的极性，有单极型和双极型之分；按 A/D 转换器的数字量输出方式，有并行方式和串行方式之分；按 A/D 转换器的转换原理，有积分型、逐次逼近型和并联比较型之分。

15.2.1 A/D 转换的基本概念

由于 A/D 转换器输入量是随时间连续变化的模拟量，而输出量是随时间断续变化的离散数字信号，因此无论哪种形式的 A/D 转换器，都要求转换期间输入的模拟电压保持不变。转换过程分为采样与保持、量化与编码四个阶段。

1．采样与保持

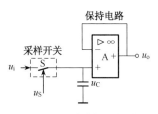

保持电路

采样开关

图 15.5　采样保持电路

采样（又称抽样或取样）是按一定的微小的时间单位对模拟信号进行周期性取样的过程，将时间上连续变化的模拟信号转换为时间上离散、幅度上等于采样时间内模拟信号大小的模拟信号。采样输出为一系列等间隔的脉冲，采样保持电路如图 15.5 所示，图中 u_i 为输入的模拟信号，u_S 为控制采样开关的采样脉冲，电容作为保持电路的存储电容，运算放大器组成电压跟随器起缓冲和隔离作用，u_o 为输出的采样保持信号。

采样保持电路的工作波形如图 15.6 所示。在采样脉冲 u_S 有效期（高电平期间）内，采样开关 S 闭合，输入电压对电容充电，可以认为 u_C 的变化与 u_i 相同，即输出电压等于输入电压，$u_o=u_i$；在采样脉冲 u_S 无效期（低电平期间）内，采样开关 S 断开，此时电容上的电压 u_C 所保持下来的电压值为采样结束时刻 t_1 所对应的 u_i 值，并在整个保持期间不变，即 $u_o=u_C$。当 u_S 按照一定频率 f_S 变化时，输入的模拟信号就被连续采样为一系列的样值脉冲。在时间一定的情况下采样的点数多（f_S 越高），输出脉冲的包络线就越接近输入的模拟信号。

为了不失真地用采样后的输出信号 u_o 来表示输入模拟信号 u_i，采样频率 f_S 必须大于输入模拟信号最高频率分量的两倍，即

$$f_S \geqslant 2f_{max}$$

上式称为奈奎斯特采样定理，其中 f_{max} 为输入信号 u_i 的上限频率（最高次谐波分量的频率）。工程应用中采样频率 f_S 通常取 f_{max} 的 5～10 倍，使采样输出完整地保留原始模拟信号中的信息。

值得注意的是，输入的模拟信号经采样保持电路后，得到的是阶梯形模拟信号，它们是连续模拟信号在给定时刻上的瞬时值，仍然不是数字信号。必须对阶梯形模拟信号进行量化后编码，才能得到转换后的数字信号。

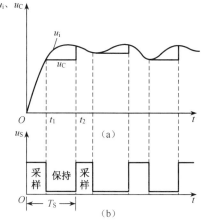

图 15.6　采样保持电路的工作波形

2．量化与编码

在 A/D 转换器中，将模拟电压转换成数字信号，其数字信号最低位 LSB=1 所对应的模拟电压大小称为量化单位 S。转换时，首先将阶梯形模拟信号各级电平化为量化单位 S 的整数倍 N，这个过程即量化。但阶梯形模拟信号各级电平不可能正好是量化单位 S 的整数倍 N，两者之间的误差称为量化误差。量化误差 $\delta=u_C-N \cdot S$。

将量化的结果 N 用一组相应的数字代码表示称为编码，编码的结果即 A/D 转换器输出的数字量。

15.2.2　A/D 转换器的分类

A/D 转换器的种类很多，按转换过程可以分为直接型和间接型两大类，如图 15.7 所示。在直接型 A/D 转换器中，输入模拟信号不需要转变成中间变量就直接被转换为相应的数字信号输出，如计数型 A/D 转换器、逐次逼近型 A/D 转换器和并联比较型 A/D 转换器等，其特点是工作速度快，调校方便，转换精度容易保证。在间接型 A/D 转换器中，输入模拟信号先被转换成

某种中间变量（如时间、频率等），然后中间变量被量化为数字量输出，如单次积分型 A/D 转换器、双积分型 A/D 转换器等，其特点是工作速度较慢，但转换精度较高，且抗干扰性好，一般在测试仪表中用得较多。

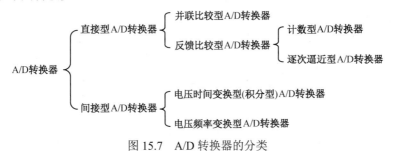

图 15.7 A/D 转换器的分类

下面将以最常用的并联比较型 A/D 转换器、逐次逼近型 A/D 转换器、电压时间变换双积分型 A/D 转换器为例，介绍 A/D 转换器的基本工作原理。

1. 并联比较型 A/D 转换器

并联比较型 A/D 转换器的电路如图 15.8 所示。它由电阻分压器、电压比较器及编码电路（优先编码器）组成，输出的各位数码是一次形成的，因而它是转换速度最快的一种 A/D 转换器。

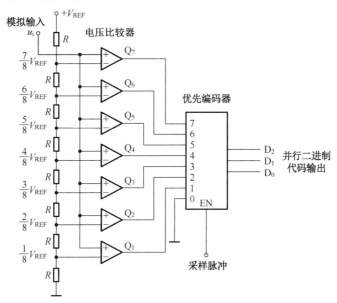

图 15.8 并联比较型 A/D 转换器的电路

图 15.8 中由 8 个阻值相等的电阻串联构成电阻分压器，产生不同数值的参考电压，形成 $V_{REF}/8 \sim 7V_{REF}/8$ 共 7 个量化电平，7 个量化电平分别加在 7 个电压比较器的反相输入端，模拟输入电压 u_i 加在电压比较器的同相输入端。当 u_i 大于或等于量化电平时，比较器输出为 1，否则输出为 0，从而完成对采样电压的量化。电压比较器的输出被送到优先编码器进行编码，得到 3 位二进制代码 $D_2D_1D_0$。

并联比较型 A/D 转换器的转换精度主要取决于量化电平的划分，划分得越精细，精度越高。其最大优点是具有较快的转换速度。如果要求输出数字量的位数较多，电路所用电压比较器和其他硬件也多，转换电路将更复杂。因此，并联比较型 A/D 转换器适用于高速度、低精度要求的场合。

2．逐次逼近型 A/D 转换器

逐次逼近型 A/D 转换器是一种反馈比较型 A/D 转换器，其工作过程就好比用 1g、2g、4g 和 8g 四个砝码来称重 13g 的物体。天平的一端放着被称的物体，另一端加砝码，各砝码的质量按二进制关系设置，一个比一个质量减半。称重时，将砝码从大到小依次放在天平上，与被称物体比较，若砝码比物体轻，则该砝码予以保留（以"1"表示），反之去掉该砝码（以"0"表示）。依此类推，直到最小砝码为止，每加一次砝码后砝码总质量逐步逼近物体实际质量。这样最后得到称重 13g 物体所需砝码 8g（2^3）、4g（2^2）、1g（2^0），用二进制数表示为 1101。称重过程如表 15-1 所示。

表 15-1　逐次逼近法称重物体过程示例

顺　　序	砝码质量/g	比　　较	砝码取舍
1	8	8<13	取（1）
	4	12<13	取（1）
	2	14>13	舍（0）
2	1	13=13	取（1）
3		1101	

逐次逼近型 A/D 转换器一般由顺序脉冲发生器、逐次逼近寄存器、D/A 转换器和电压比较器、缓冲寄存器组成，其结构框图如图 15.9 所示。转换开始前先将缓冲寄存器清零，即送给 D/A 转换器的数字量为 0。开始转换后在时钟脉冲作用下，顺序脉冲发生器发出一系列节拍脉冲，缓冲寄存器受顺序脉冲发生器及控制电路的控制，逐位改变其中的数码。首先控制逻辑电路将缓冲寄存器的最高位置为 1，使其输出为 100……00，这串数码被转换成模拟电压 U_o，将 U_o 与待转换的输入信号 U_i 进行比较。若 $U_o>U_i$，说明缓冲寄存器输出数码过大，将最高位的 1 变成 0，同时将次高位置 1；若 $U_o \leq U_i$，说明缓冲寄存器输出数码还不够大，应将这一位的 1 保留。数码的取舍通过电压比较器的输出经控制电路来完成。与砝码称重一样，依此类推，直到最低位为止，最终缓冲寄存器里保留下来的数码即转换输出的数字量。

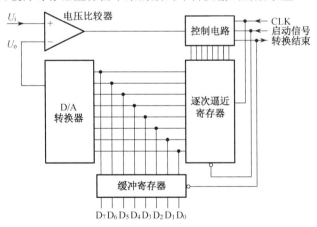

图 15.9　逐次逼近型 A/D 转换器结构框图

通常将逐次逼近型 A/D 转换器制造成单片集成电路，常见的芯片有 AD571、AD0809 等。ADC0809 是采用 CMOS 工艺制成的 8 位 8 通道 A/D 转换器，它有三个主要组成部分：由 256 个电阻组成的电阻阶梯及树状开关、逐次比较寄存器 SAR 和比较器。ADC0809 有 8 通道单端信号模拟开关和一个地址译码器，通过地址译码器选择 8 个模拟信号之一送入 ADC 进行 A/D

转换，因此常用于计算机多路数据采集和编程控制。

3. 电压时间变换双积分型 A/D 转换器

电压时间变换双积分型 A/D 转换器是一种间接型 A/D 转换器，其特点是转换精度高、转换速度较快，常用在数字式测量电路中。电压时间变换双积分型 A/D 转换器的电路原理框图和波形图如图 15.10 所示，它由两个电子开关 S_1 和 S_2、积分电阻 R、积分电容 C、积分器、电压比较器、计数器、逻辑控制电路等组成。它的工作过程分为如下三个阶段。

1）校零阶段

A/D 转换前，对计数器清零，开关 S_2 合上，使积分电容 C 完全放电，然后断开 S_2。

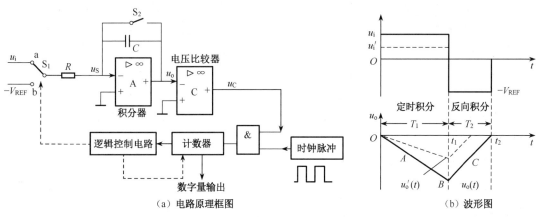

(a) 电路原理框图　　　　　(b) 波形图

图 15.10　电压时间变换双积分型 A/D 转换器

2）第一次积分

第一次积分也称为定时积分，是对输入模拟电压进行固定时间 T_1 的积分。具体过程是：将开关 S_1 拨到 a 位置，运算放大器 A、积分电阻 R 和积分电容 C 组成的积分电路对输入模拟电压 u_i 进行 T_1 时间的积分。由于 u_i 从积分运算放大器的反相端输入，因此积分输出 $u_o<0$，即 u_o 波形图中的 A 段，并到达负的最大值 B 点。

3）第二次积分

第二次积分也称为反相积分。当第一次积分时间 T_1 到时，开关 S_1 切换到 b 位置，将基准电压 $-V_{REF}$ 接入积分器。由于此时电容 C 上有初始电压（B 点电压），因此第二次积分是从 B 点开始的反相积分。随着反相积分的进行，积分器输出的负值逐步减小，形成 C 段波形，直到 u_o 过零时，电压比较器输出翻转，逻辑控制电路断开 S_1，反相积分所用时间为 T_2。

由于参考电压 $-V_{REF}$ 和积分时间 T_1 均为常数，因此输入的模拟电压 u_i 越小，反相积分时间 T_2 越小，T_2 的大小反映了输入模拟电压的大小，如波形图中虚线所示。整个采样期间，积分电容 C 上的充电电荷等于放电电荷，因而有

$$\frac{T_1 u_i}{RC} = -\frac{T_2 V_{REF}}{RC}$$

即

$$T_2 = T_1 \frac{u_i}{V_{REF}}$$

上式中 T_1 和 $-V_{REF}$ 均为常数，T_2 的表达式也说明了其大小与输入模拟电压成正比，因此对 T_2 计数得到的数字量就代表了模拟电压的大小，实现了模拟量与数字量的转换。

双积分型 A/D 转换器的精度高，但由于两次积分需要花费较多的时间，因而其转换速度比

较低，转换输出的结果与积分电阻和积分电容的大小无关。在数字式仪表中广泛应用了这种形式的单片集成电路，如3位半的14433、7106等，4位半的7135应用也比较广泛。

15.2.3 A/D 转换器的主要技术指标

1. 分辨率

A/D 转换器的分辨率又称分解度，常以 LSB 所对应的电压值表示。从理论上讲，n 位输出的 A/D 转换器能区分 2^n 个不同等级的输入模拟电压，能区分的输入电压的最小值为满量程输入的 $1/2n$。若输入的模拟电压满量程为 5V，则 8 位 A/D 转换器的分辨率为 $5/2^8=19.35$（mV），10 位 A/D 转换器的分辨率为 $5/2^{10}=4.88$（mV）。输出位数越多，分辨率越高。因此分辨率有时也可用 A/D 转换器输出的数据位数 n 表示。

2. 转换时间

转换时间是完成一次转换所需的时间，即 A/D 转换器从转换控制信号到来开始，到输出端得到稳定的数字信号所经过的时间。转换时间与 A/D 转换器的电路类型有关，并联比较 A/D 转换器的转换时间最短，逐次比较型 A/D 转换器次之（转换时间大多在 $10\sim50\mu s$ 内），双积分型 A/D 转换器转换时间最长（转换时间大都在几十毫秒至几百毫秒）。

3. 转换误差

转换误差通常以输出误差的最大值形式给出，它表示 A/D 转换器实际输出的数字量和理论上输出的数字量之间的差别，常用最低有效位的倍数表示。例如，给出相对误差 $\leqslant \pm\frac{1}{2}\text{LSB}$，表明实际输出的数字量和理论上应得到的输出数字量之间的误差小于最低有效位的半个字。

15.3 Multisim 仿真实验：倒 T 型电阻网络 D/A 转换器

1. 仿真电路

打开仿真软件 Multisim，在工作窗口中搭建如图 15.11 所示的 D/A 转换器仿真电路。

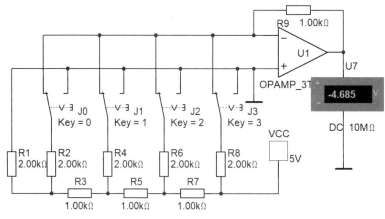

图 15.11 D/A 转换器仿真电路

2. 仿真结果分析及拓展

（1）图 15.11 所示仿真电路中，通过调节 J0、J1、J2、J3 四个按键不同的接地或是高电平的组合，观察直流电压表的读数。

（2）依据上述仿真电路，多增加几个按键，分析按键数量如何影响电压表读数，加深对倒 T 型电阻网络 D/A 转换器工作原理的理解。

本章小结

（1）D/A 转换器可将一组二进制代码转换成相应的电压或电流的模拟量。常用的 D/A 转换器有权电阻网络 D/A 转换器、R-2R 倒 T 型电阻网络 D/A 转换器等。D/A 转换器的技术指标包括分辨率、转换精度和转换时间等。

（2）A/D 转换器可将模拟电压转换成相应的二进制数码，其转换过程分为采样与保持、量化与编码四个阶段。A/D 转换器的类型比较多，按输入模拟量的极性，有单极型和双极型之分；按 A/D 转换器的数字量输出方式，有并行方式和串行方式之分；按 A/D 转换器的转换原理，有积分型、逐次逼近型和并联比较型之分。

并联比较型 A/D 转换器的转换精度主要取决于量化电平的划分位数，其最大优点是具有较快的转换速度。如果要求输出数字量的位数较多时，电路所用电压比较器和其他硬件也多，转换电路将更复杂。因此，并联比较型 A/D 转换器适用于高速度、低精度要求的场合。双积分型 A/D 转换器的精度高，但由于两次积分需要花费较多时间，因而其转换速度比较低，转换输出的结果与积分电阻和积分电容的大小无关。逐次逼近型 A/D 转换器常用于计算机多路数据采集和编程控制。

自我评价

一、填空题

1. D/A 转换器可将_____进制数字量转换成相应的_____信号输出。

2. A/D 转换器工作过程的四个阶段为_____、_____、_____、_____。

3. 为减少转换误差，A/D 转换器的采样频率必须大于输入模拟信号最高频率分量的_____倍。

4. 双积分型 A/D 转换器的第一次积分是对_____信号进行定时积分，第二次积分是对_____进行反相积分。

二、判断题

5. D/A 转换器的位数越多，则其可以转换输出的最小电压数值越小。　　　　（　　）

6. 双积分型 A/D 转换器对输入的模拟信号进行两次定时积分。　　　　　　（　　）

7. 并联比较型 A/D 转换器的量化电平划分得越细，则转换精度越高　　　　（　　）

8. 双积分型 A/D 转换器的输出结果与积分电阻和积分电容的大小无关。　　（　　）

三、选择题

9. 下列 A/D 转换器的类型中，属于间接转换型的是（　　　）。

　　A．并联比较型　　　　B．逐次逼近型　　　　C．双积分型

10. 下列 A/D 转换器的类型中，转换速度最高的是（　　　）。

　　A．并联比较型　　　　B、逐次逼近型　　　　C．双积分型

习题 15

15-1．何谓 A/D 转换和 D/A 转换？试列举几种电子产品应用到 A/D 转换器、D/A 转换器的实例。

15-2．D/A 转换器有哪些类型？试比较它们的优缺点。

15-3．现有一个 8 位 D/A 转换器，最大输出电压为 5V，则其最小输出电压是多少？

15-4．如果要求一个 D/A 转换器的最小输出电压为 5mV，最大满刻度输出电压为 10V，试确定选用 D/A 转换器的位数 n 及参考电压 V_{REF}。

15-5．A/D 转换器有哪些类型？试比较它们的优缺点。

15-6．简述双积分型 A/D 转换器的工作原理及过程。

常用国际单位及电工仪表符号

附表 A.1　常用电工量国际单位制（SI）单位

名　　称	单　位	符　　号	名　　称	单　位	符　　号
电流	安培	A	电阻	欧姆	Ω
电压	伏特	V	电感	亨利	H
频率	赫兹	Hz	电容	法拉	F
功率	瓦特	W	电荷	库仑	C
能量	焦耳	J	电导	西门子	S

附表 A.2　国际单位制（SI）单位前缀

因　数	10^{12}	10^9	10^6	10^3	10^2	10^{-2}	10^{-3}	10^{-6}	10^{-9}	10^{-12}
名称	太	吉	兆	千	百	厘	毫	微	纳	皮
符号	T	G	M	K	h	c	m	μ	n	p

附表 A.3　常用电工仪表及符号

序　　号	被　测　量	仪　表　名　称	符　　号
1	电流	电流表	(A)
		毫安表	(mA)
2	电压	电压表	(V)
		千伏表	(kV)
3	功率	功率表	(W)
4	相位差	相位表	(φ)
5	频率	频率表	(f)
6	电阻	电阻表	 (►)

集成运算放大器的分类

分　类			国 内 型 号	相当于国外型号
通用型	Ⅲ型单运算放大器		CF741	LM741、µA741、AD741
	双运算 放大器	单电源	CF158/258/358	LM158/258/358
		双电源	CF1558/1458	LM 158/258/358、MC1558/1458
	四运算 放大器	单电源	CF124/224/324	LM124/224/324
		双电源	CF148/248/348	LM 148/248/348
专用型	低功耗		CF253	µPC253/µpc253
			CF7611/7621/7631/7641	ICL7611/7621/7631/7641
	高精度		CF725	LM725、µA725、µPC725
			CF7600/7601	ICL7600/7601
	高阻抗		CF3140	CA3140
			CF351/353/354/347	LF351/353/354/347
	高速		CF2500/2505	HA2500/2505
			CF715	µA715
	宽带		CF1520/1420	MC1520/1420
	高电压		CF1536/1436	MC1536/1436

注：LM、LF——美国国家半导体公司；µA——美国仙童公司；AD——美国模拟器件公司；MC——美国摩托罗拉公司；µPC——日本电气公司；HA——日本日立公司；CA——美国无线电公司；ICL——美国英特锡尔公司。

数字集成器件型号的组成及符号意义

附表 C.1 TTL54/74 系列数字集成器件型号的组成及符号意义

第 1 部分	第 2 部分		第 3 部分		第 4 部分		第 5 部分	
前缀	产品系列		器件类型		器件功能		器件封装	
	符号	意义	符号	意义	符号	意义	符号	意义
代表产品制造厂商，如"CT"表示国产 TTL 电路；"SN"表示美国 TEXAS 公司制造	54	军用产品		标准电路	阿拉伯数字	器件功能	W	陶瓷扁平
			H	高速电路			B	塑料扁平
			S	肖特基电路			F	全密封扁平
	74	民用产品	LS	低功耗肖特基电路			D	陶瓷双列直插
			ALS	先进低功耗肖特基电路			P	塑料双列直插
			AS	先进肖特基电路				

附表 C.2 4000 系列 CMOS 数字集成器件型号的组成及符号意义

第 1 部分		第 2 部分		第 3 部分		第 4 部分	
型号前缀的意义		器件系列		器件种类		工作温度范围	
字母	代表制造厂商	符号	意义	符号	意义	符号	意义
CD	美国无线电公司产品	40	产品系列号	阿拉伯数字	器件功能	C	0～70℃
CC	中国制造产品	45				E	−40～85℃
TC	日本东芝公司产品					R	−55～85℃
MCI	美国摩托罗拉公司产品					M	−55～125℃

常用数字集成电路产品明细表

1. 部分常用 TTL 数字集成电路产品明细表

品种代号	产 品 名 称	品种代号	产 品 名 称
00	四 2 输入与非门	92	十二分频计数器
01	四 2 输入与非门（OC 门）	93	4 位二进制计数器
02	四 2 输入或非门	95	4 位移位寄存器（并行存取、左移/右移、串行输入）
03	四 2 输入或非门（OC 门）		
04	六反相器	98	4 位数据选择器/存储寄存器
05	六反相器（OC 门）	103	双下降沿 JK 触发器（有清除功能）
08	四 2 输入与门	112	双下降沿 JK 触发器（有清除和预置功能）
09	四 2 输入与门（OC 门）	116	双 4 位锁存器
10	三 3 输入与非门	121	单稳态触发器（有施密特触发器）
11	三 3 输入与门	122	可重复触发单稳态触发器
12	三 3 输入与非门（OC 门）	138	3 线-8 线译码器/多路分配器
15	三 3 输入与门（OC 门）	147	10 线-4 线优先编码器
20	双 4 输入与非门	148	8 线-3 线优先编码器
21	双 4 输入与门	150	16 选 1 数据选择器/多路转换器
22	双 4 输入与非门（OC 门）	151	8 选 1 数据选择器/多路转换器
27	三 3 输入或非门	154	4 线-16 线译码器/多路分配器
30	8 输入与非门	160	4 位十进制同步可预置计数器（异步清除）
32	四 2 输入或门	161	4 位二进制同步可预置计数器（异步清除）
36	四 2 输入或非门	162	4 位十进制同步计数器（同步清除）
42	4 线-10 线译码器（BCD 输入）	163	4 位二进制同步可预置计数器（同步清除）
43	4 线-10 线译码器（余 3 码输入）	164	8 位移位寄存器（串行输入、并行输出，异步清除）
47	4 线-七段译码器/驱动器		
56	50 分频器	190	4 位十进制可预置同步加/减计数器
57	60 分频器	191	4 位二进制可预置同步加/减计数器
68	双 4 位十进制计数器	192	4 位十进制可预置同步加/减计数器（双时钟、可清除）
69	双 4 位二进制计数器		
74	双上升沿 D 触发器	193	4 位二进制可预置同步加/减计数器（双时钟、可清除）
75	4 位双稳态锁存器		
76	双 JK 触发器（有预置、清除功能）	194	4 位双向通用移位寄存器（并行存取）
86	四 2 输入异或门	198	8 位双向通用移位寄存器（并行存取）
90	十进制计数器	221	双单稳态触发器
91	8 位移位寄存器	239	双 2 线-4 线译码器/多路分配器
		247	4 线-七段译码器/高压驱动器（BCD 输入、OC 门）
		253	双 4 选 1 数据选择器/多路转换器

2. 部分常用 CMOS 数字集成电路产品明细表

品种代号	产 品 名 称	品种代号	产 品 名 称
4000	双 3 输入或非门及反相器	4072	双 4 输入或门
4001	四 2 输入或非门	4073	三 3 输入与门
4009	六缓冲器/反相器	4075	三 3 输入或门
4011	四 2 输入与非门	4077	四异或非门
4012	双 4 输入与非门	4081	四 2 输入与门
4013	双上升沿 D 触发器	4082	双 4 输入与门
4014	8 位移位寄存器（串入/并出、串出）	4093	四 2 输入与非门（有施密特触发器）
4015	双 4 位移位寄存器（串入、并出）	4095	上升沿 JK 触发器
4017	十进制计数器/分频器	4097	双 8 选 1 模拟开关
4018	可预置 N 分频计数器	4098	双可重复触发单稳态触发器（有清除功能）
4019	四 2 选 1 数据选择器	4510	十进制同步加/减计数器（有预置功能）
4021	8 位移位寄存器（异步并入，同步串入/串出）	4511	BCD-七段译码器/驱动器（锁存输出）
4022	八计数器/分频器	4514	4 线-16 线译码器/多路分配器
4023	三 3 输入与非门	4516	4 位二进制同步加/减计数器（有预置）
4025	三 3 输入或非门	4518	双十进制同步计数器
4026	十进制计数器/分频器（七段译码输出）	4519	四 2 选 1 数据选择器
4027	双上升沿 JK 触发器	4520	双 4 位二进制同步计数器
4028	4 线-10 线译码器（BCD 输入）	4532	8 线-3 线优先编码器
4030	四异或门	4556	双 2 线-4 线译码器（反码输出）
4042	四 D 锁存器	4583	双施密特触发器
4043	四 RS 锁存器	4584	六施密特触发器
4046	锁相环	4585	4 位数值比较器
4047	非稳态/单稳态多谐振荡器	40102	8 位同步 BCD 减计数器
4049	六反相器	40103	8 位同步二进制减计数器
4051	8 选 1 模拟开关	40104	4 位双向移位寄存器
4052	双 4 选 1 模拟开关	40147	10 线-4 线优先编码器（BCD 输出）
4053	三 2 选 1 模拟开关	40160	十进制同步计数器（预置，异步清除）
4056	BCD-七段译码器（有选通、锁存功能）	40161	二进制同步计数器（预置，异步清除）
4060	14 位同步二进制计数器和振荡器	40162	二进制同步计数器（预置，同步清除）
4067	16 选 1 模拟开关	40163	十进制同步计数器（异步清除）
4071	四 2 输入或门	40174	六上升沿 D 触发器

Multisim 10 使用简介

本书所使用的电路仿真软件 Multisim 10 是基于 PC 平台的电子设计软件，是 Electronics Workbench（简称 EWB）电路设计软件的升级版本，它在目前常用的 PC 终端都可正常安装和使用。

以下将围绕如何搭建一个仿真电路并进行仿真进行说明。

1. 启动 Multisim 10

单击"开始"→"程序"→"National Instruments"→"Circuit Design Suite 10.0"→"Multisim"，启动 Multisim 10，可以看到如图 1 所示的 Multisim 的主窗口。

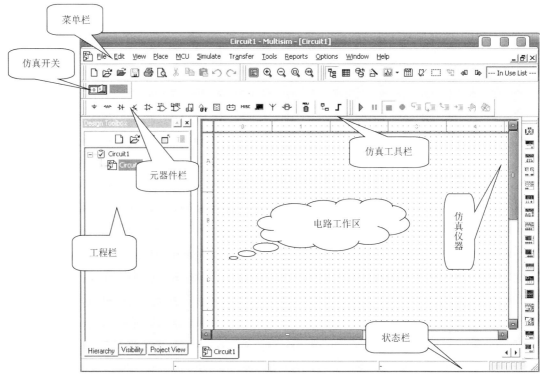

图 1　Multisim 10 仿真软件的主窗口

2. 新建一个仿真电路原理图

如图 2（Multisim 10 中文版）所示，单击"文件"→"新建"→"原理图"，新建原理图，再单击"文件"→"保存"，在弹出的对话框内设置保存路径和为新建的原理图命名。

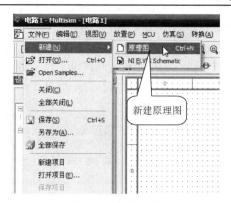

图 2　新建原理图

3．在电路工作区搭建电路

可以通过"放置"菜单进行元器件的选择和放置，也可通过元器件栏进行放置，这里以电阻为例进行说明，其他元器件操作类似。

单击元器件栏上的"〰"按钮，打开如图 3 所示的"选择元件"对话框，"数据库"栏中选择"主数据库"；"组"栏中选择"Basic"（基本元件）；"系列"栏中选择"RESISTOR"（电阻）。

然后在"元件"栏中选取所需电阻。单击"确定"按钮即可。

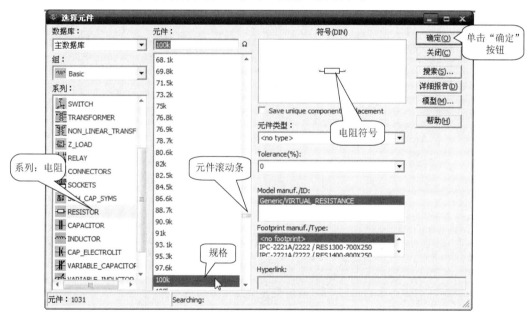

图 3　"选择元件"对话框

导线的连接。将鼠标指针指向一个元器件的端点，使其出现一个小圆点，按住鼠标左键并移动至另一个元器件的端点，使其出现小圆点，释放鼠标左键，则导线连接完成。

连接完成后，导线将自动选择合适的走向完成导线的连接。

4．电路仿真

可以利用软件右侧的仿真仪器按照电路测量的要求选择对应的电子仪表并接入仿真电路中，打开图 1 中所标示的仿真开关即可进行电路仿真。要想查看测量结果，可以单击仿真仪器，相应结果会显示在弹出的仪表盘或是仪表的显示屏中。

图 4 是仪器工具栏，集中了 Multisim 10 为用户提供的所有虚拟仪器仪表。仪器工具栏从左到右分别为：数字万用表、函数信号发生器、瓦特表、双通道示波器、四通道示波器、波特图仪、频率计、字信号发生器、逻辑分析仪、伏安特性分析仪、失真分析仪、频谱分析仪、网络分析仪、安捷伦函数发生器、安捷伦示波器、泰克示波器、测量探针、LabVIEW 虚拟仪器和电流探针。

图 4　仪器工具栏